OPTRONICS MOOK

株式会社 オプトロニクス社

紫外線・赤外線技術

基礎から応用、市場動向まで様々な視点で幅広く解説

OPTRONICS 株式会社 オプトロニクス社

OPTRONICS MOOK 紫外線・赤外線技術

収録記事一覧

技術解説編

市場編

レポート編

UV技術開発とその応用

編集部

　本特集「広がる応用！UV技術の可能性を探る」では，殺菌用途として注目を集める深紫外LEDの研究・開発の動向，全固体レーザーと非線形周波数変換による紫外・真空紫外光光源開発の現状，UV波長変換結晶開発の現状，半導体分野におけるUVレーザーの開発，深紫外光レーザーを用いた次世代マスク欠陥検査装置の開発，応用が多岐にわたる紫外線製品の利用現状をそれぞれ解説している。

　まず，深紫外LEDの研究・開発では，理化学研究所・平山秀樹氏とパナソニックの研究グループが共同で開発を進めている高効率な深紫外LEDについて，紫外透明コンタクト層を用いることで高い光取り出し効率を実現した。研究グループは10％以上という外部量子効率（EQE）の深紫外LEDの作製に成功。その報告をいただいた。

　全固体レーザーと非線形周波数変換による紫外・真空紫外光源開発の現状は，理化学研究所の斎藤徳人氏，和田智之氏が執筆。全固体レーザー，ファイバーレーザー，非線形周波数変換を基礎として，100〜400 nm領域のコヒーレント光を出力しようとする最近の取り組みを中心に紹介している。

　UV波長変換結晶は大阪大学・教授の吉村政志氏に解説をお願いした。近年，CFRPやGaN，サファイヤといった難加工性材料の産業利用が盛んになり，レーザー加工技術のより一層の高度化が要求されている。また，IoTやAIを活用した「新しいモノづくり」が製造業を大きく変革しようとしており，半導体・通信デバイスの更なる高性能化が期待されている。このような産業動向を受け，吸収効率・集光性に優れた深紫外レーザー（例えば波長266 nm）の需要が本格的に高まっている。深紫外光は非線形光学効果を利用した複数の波長変換によって得ることができる。最終段の波長変換結晶は，波長や出力，装置の寿命を左右する重要なキーデバイスとなっている。その候補となる非線形光学結晶について結晶成長から実際の波長変換の応用例を結晶毎にまとめ，これまでの国内外の研究の進展と最新の研究開発状況が紹介されている。

　UVレーザーについては，半導体検査照明用光源としてメガオプトが提案するDUV（Deep UV）レーザー光源とその最先端の開発について解説している。マスク検査用光源として世界に先駆けて実用化に成功した波長199 nmのハイブリットパルスレーザーは，後に開発するDUVレーザー製品の技術基盤となっている。昨年，新たに公開したピコ秒パルスYbファイバーレーザーの第五高調波光源213 nmレーザーは，199 nmレーザーをよりシンプルな形で半導体市場に導入する新製品である。そして，検査照明用光源の共通のDUVプラットフォームを構築するために次に開発するのが，高出力対応の266 nm第四高調波発生器で，それらDUV光源に関連する最新情報を，開発背景を絡めながら，製品特徴及び基本構造と共に公開されている。

　深紫外光レーザーを用いた次世代マスク欠陥検査装置

はニューフレアテクノロジーが開発したもの。半導体の一層の大容量化と低コスト化を進めるために、微細な電子回路をウエーハに焼き付ける光リソグラフィ技術の開発が続けられている。1978年にG線（波長436 nm）ステッパーが市場に投入されて以降、光学解像度を上げるために短波長化光源ステッパーの開発が続けられてきた。現在はArF光源（波長193 nm）を用いた液浸ステッパーが量産工程で使われているが、これ以上の短波長化光源利用が実用上困難な中、光リソグラフィの延命技術の開発が急務となっている。このような状況の中、原画となるマスク上に描かれた電子回路パターンの欠陥を検査する装置についても一層の高感度化・高機能化が要求されている。これに対応する、次世代半導体向けマスクパターン欠陥検査装置を紹介している。

紫外線製品と産業応用は、UV関連専門企業であるユーヴィックスに執筆をお願いした。紫外線技術を利用するアプリケーションは多岐にわたり、それぞれに適用する紫外線光源や装置が製品化されている。今回、露光装置、印刷用光源、紫外線レーザー加工装置、殺菌器、光触媒といった代表的な紫外線利用製品を解説している。

本特集企画は、理化学研究所 光量子工学研究領域 光量子制御技術開発チーム・チームリーダーの和田智之氏にご尽力をいただき、実現したものである。この場をお借りし、御礼を申し上げるとともに、今回ご執筆をいただいた皆様に対して厚く御礼を申し上げる。UV-LEDやUVレーザーの性能向上に伴い、システムの高度化に加えて適用分野は確実に広がりを見せている。今後、既存の応用分野の代替市場開拓、さらには新たな応用の可能性につながっていくことを期待したい。

殺菌用途，高効率深紫外LEDの開発 紫外透明コンタクト層を用いた 高光取出し技術

パナソニック㈱
美濃卓哉，　高野隆好，　後藤浩嗣，　植田充彦，　椿　健治

国立研究開発法人理化学研究所
平山秀樹

1 はじめに

　深紫外LEDは，波長200〜300 nm帯の紫外線を照射でき，環境への負担が少ないことから，従来の水銀ランプの代替として，殺菌，空気清浄・水浄化，バイオセンシング，印刷・樹脂硬化などの幅広い分野での応用が期待されている[1〜6]。図1に深紫外LED，LDの応用分野を示す。UVC領域の波長260 − 280 nmの紫外LEDはDNAを直接破壊し強い殺菌効果があるため，将来幅広く殺菌，

浄水，空気清浄用の光源として期待されている。UVB領域の紫外LEDは，免疫増強効果を用いたアトピーなどの皮膚治療用の光源として，また，商品作物の病害駆除用の光源として期待されている。また，UVA領域の紫外LEDは，紫外樹脂硬化による部品の形成，UV接着，速乾印刷，塗装，コーティング用の光源として期待さている。

　近年特に，殺菌市場を見据えた波長270〜280 nm帯を中心に，AlGaN系深紫外LEDの開発が近年活発化しており，数〜数十mWクラスの深紫外LEDが市販されるに至っている。しかしながら，これらのLEDの外部量子効率（External Quantum Efficiency，EQE）は，1〜4%程度に留まっており，かつ，高価であることから，まだ普及が進んでいないのが現状である。そのため，深紫外LEDの高効率化・高出力化は，深紫外LEDの普及・市場開拓にとって，重要な課題と言える。

　我々は，紫外吸収する従来のp型GaNコンタクト層から紫外透明なp型AlGaNコンタクト層への置き換えと，紫外反射ロジウム電極の開発を行なうことで，EQE10%以上の深紫外LEDの作製に成功したので，その結果について報告する。

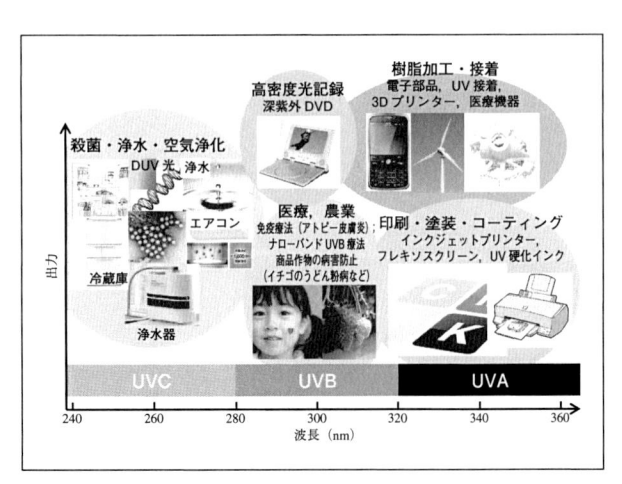

図1　深紫外LED，LDの応用分野

2 深紫外LED高効率化の背景

これまで我々が開発を行なってきた深紫外LEDの代表的なEQEの値は約4%であり，内訳としては，内部量子効率（Internal Quantum Efficiency, IQE）が約30〜40%，光取り出し効率（Light Extraction Efficiency, LEE）が約8〜12%であった。そのLED構造と光取り出しの概要を図2（a）に示す。

現状の深紫外LEDでは，紫外透明AlGaNについては，アクセプタの活性化エネルギーが高いことに加え[7]，ドナー性の欠陥が形成されやすいために[8]，p型化が難しいことから，p型コンタクト層に依然として紫外線を吸収するp型GaN層が使用されている。

そのためAl組成の高い発光層（Multi-quantum wells, MQW）や電子ブロック層（Electron Blocking Layer, EBL）との間にバンド障壁が形成され，ホールの注入効率が低下し，IQEの低下につながっていると考えられる。

また，光取り出しの観点では，発光層から図の上方に出た紫外線はすべてp型GaN層に吸収されてしまうことになる。さらに，発光層から下方に出た紫外線の多くは，基板として使用しているサファイアと窒化物半導体との界面，かつ，サファイアと空気との界面で全反射し，p電極側に戻ってきてしまう。そのため，p型GaN層に吸収されることになる。

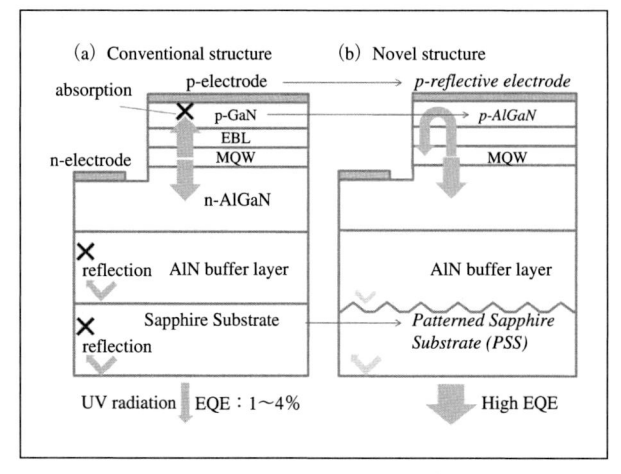

図2 （a）従来構造と（b）新規構造における，深紫外LEDの光取出し機構の比較

よって，深紫外LEDのEQE向上には，紫外透明p型AlGaN層の開発が重要であると考えられる。

深紫外LEDのEQEを向上させるために，我々は図2（b）に示す新規LED構造を現在開発している。まず，本研究では，EQE向上にとって重要となる，高品質な紫外透明p型AlGaN層の開発と，ロジウム（Rh）を使った反射p電極の作製を検討した。

紫外透明p型AlGaN層の開発については，波長270〜280 nm帯の紫外線に対して透明となるためにはAl組成は60%以上が必要であり，これまでの研究でも，アクセプタであるMgの活性化エネルギーを下げるため，超格子構造や成長条件の検討がなされてきた[9〜11]。一方，ドナー性の欠陥となる不純物濃度についての報告は少なく[12]，特に炭素（C）や酸素（O）が，高Al組成のp型AlGaN層に与える影響については不明であった。また，p型AlGaN層をコンタクト層に用いた場合のIQEへの影響についてもほとんど報告されていない。そこで，本研究では，結晶成長条件によって不純物濃度を制御し，ドナー性欠陥となる不純物の濃度の減少を検討するとともに，IQEへの影響も評価した。

また，紫外反射p電極については，p型AlGaNコンタクト層を深紫外LEDに用いた先行研究が少なかったため，これまでほとんど報告例がなかった[13]。本研究では，波長275 nmでの反射率が70%であるロジウム（Rh）に着目し，紫外透明p型AlGaN層と組み合わせてEQEの向上を評価した。

サファイア基板と窒化物半導体との界面の全反射を抑制できる凹凸サファイア基板（Patterned Sapphire Substrate, PSS）の採用については今後の課題とした。

3 紫外透明p型AlGaN層の高品質化

本研究では，紫外透明p型AlGaN層中のアクセプタおよびドナー性欠陥の不純物濃度を結晶成長条件により制御するため，結晶成長の重要パラメータの一つである成長速度に着目した。

まず，p型AlGaN層単膜を作製し，不純物濃度の成長速度依存性を評価した。p型AlGaN層単膜は，2インチサイズのc面サファイア基板上に減圧有機金属気相成長

法を用いて作製した。Al，Ga，Nの原料としては，それ
ぞれ，トリメチルアルミニウム（TMA），トリメチルガ
リウム（TMG），アンモニア（NH_3）を用い，アクセプ
タ原料としては，ビスシクロペンタジエニルマグネシウ
ム（Cp_2Mg）を用いた。

　前述したサファイア基板上に，AlNバッファ層を$4\,\mu$m
の厚さで形成した後，Al組成65％のp型AlGaN層を50
nmの厚さで形成した。成長速度については，Alおよび
Ga原料の供給量を変化させ，Al組成を一定に保つよう
にして，0.050，0.10，$2.7\,\mu$m/hrとした3検体を作製した。
p型AlGaN層作製の際，成長温度やV/III比は固定したが，
Cp_2Mgの供給量は後述するLED出力の評価から，各速度
での最適な量に調整した。そして，p型AlGaN層形成後，
アクセプタの活性化のために，窒素雰囲気中にて熱処理
を実施した。

　p型AlGaN層の成長速度と，作製したp型AlGaN層内
のMg，水素（H），C，およびO濃度との関係について，
図3に示す。各不純物濃度は二次イオン質量分析法
（Secondary Ion Mass Spectrometry, SIMS）によって求めた。

　p型ドーパント材料として重要なMg濃度については，
成長速度の増加に伴い，10^{19}cm^{-3}台半ばだった濃度が
10^{20}cm^{-3}台前半まで増加していることが分かる。成長速
度が低い間は，基板からの再離脱があるため，Mg濃度
が高くなりにくいが，成長速度が増加するにつれ，再離
脱よりも膜内への取り込まれの方が優勢となり，
10^{20}cm^{-3}台の濃度まで増加できたものと考えられる。

　また，C・O濃度に関しては，成長速度の増加ととも
に急激に減少しており，$0.10\,\mu$m/hr以上では検出限界と
なっていることが挙げられる。そのため，ドナー性欠陥
となりうるC・Oの濃度を下げる方法としては，成長速
度を速めることは有効であると考えられる。

　成長速度を速めることによりC・O濃度が下がる原因
としては，CはIII族またはMg原料由来のものと考えら
れるが，Cが原料から離脱するためには，原料とNH_3と
の化学反応が必要とされている[14]。V/III比は一定のため，
成長速度が速くなるほど原料のNH_3量が結晶成長炉内に
占める割合が高くなり，上記の化学反応が進みやすくな
ったものと考える。また，Oは実験からCp_2Mg量に比例
して増加することが分かったため，成長速度が$0.05\,\mu$m/
hrのサンプルにおいては，Mg離脱防止のため，供給す
るCp_2Mg量を他のサンプルよりも増加させたことがO濃
度増加の原因になったと考えられる。

　次に，作製したp型AlGaN層の透過率を評価するため，
前述したp型AlGaN層単膜3検体について，分光光度計
を用いて分析を行なった。その結果，3検体ともほぼ同
等の透過率曲線を描いた。これは，p型AlGaN層の透過
率は，Al組成に対する依存性が高く，今回実験した範囲
の成長速度や不純物濃度には拠らないことを示してい
る。代表して，成長速度$2.7\,\mu$m/hrで作製したp型AlGaN
層／AlNバッファ層／サファイア基板の透過率曲線を
図4に示す。また，比較のため，AlNバッファ層／サフ
ァイア基板のみの透過率も示している。

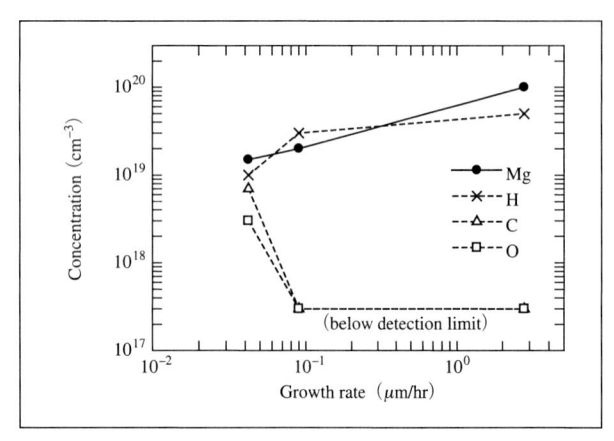

図3　p型AlGaN層内のマグネシウムドーパント及び，水素，炭素，酸素濃度の成長レート依存性

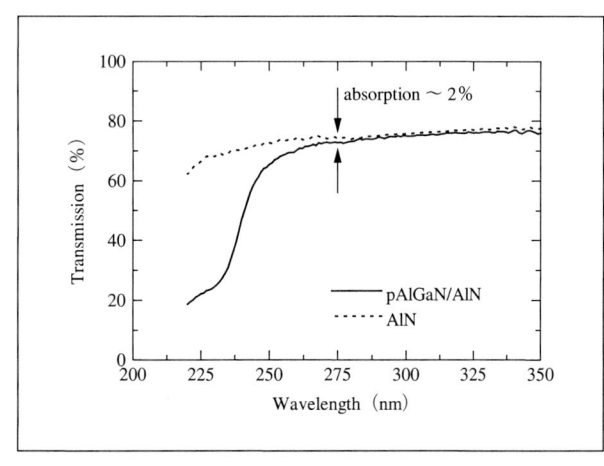

図4　AlNバッファー層上に成長したp型AlGaN層の透過率曲線

波長275 nmにおけるp型AlGaN層の透過率は，AlNバッファ層の透過率との差から，約98%と求まり，ほぼ透明なp型AlGaN層が作製できていることが分かった。よって，高速成長により，ドナー性の不純物の少ない透明なp型AlGaN層の作製に成功したと言える。

4 紫外透明p型AlGaNコンタクト層を用いた深紫外LEDの作製

前述した成長速度の異なるp型AlGaN層について，LEDの光出力への影響を評価するため，p型AlGaNコンタクト層を用いた，発光波長が275 nmである深紫外LEDを作製した。サファイア基板上にAlNバッファ層まで形成した後，テトラエチルシラン（TESi）を用いてSiをドープしたAl組成60%のn型AlGaN層を2 μm，MQW，Al組成95%のEBLを順次形成した。さらに，EBL上に，p型コンタクト層として，Al組成65%のp型AlGaN層を50 nmの厚さで形成した。この際も先ほどと同じ成長速度を用い，3検体を作製した。この後，p型化活性化アニールを実施し，従来の深紫外LEDと同様の電極加工・チップ化・基板実装を行なった[15]。ここでは，p電極として，従来から使用しているNi/Au構造を採用した。チップサイズは500 μm×500 μmとした。

p型AlGaN層の成長速度と，それぞれの速度を用いて作製した深紫外LEDの光出力との関係を図5に示す。成長速度の増加とともに，光出力も向上し，従来のp型GaNコンタクト層を用いた深紫外LEDと比較すると，成長速度2.7 μm/hrの時で約2.2倍の向上となった。Ni/Au

電極の波長275 nmでの反射率が30%程度であり，多重反射の効果が非常に小さいと仮定すると，前述した2.2倍のうち，従来p電極の反射によるLEE増加は1.3倍と考えられるため，残り約1.7倍分がIQEの増加と推定できる。このIQEの増加は，Al組成の高いp型コンタクト層を用いたことにより，MQWとの間のバンド障壁が小さくなったことで，注入効率が向上した結果と考えられる。

また，成長速度0.050 μm/hrと0.10 μm/hrの間で大きく出力が向上していることから，ドナー性欠陥となるC・O濃度が低下し，p型層としての品質が高くなったことが影響したと考えられる。しかしながら，ホール測定からホール濃度を求めることはできなかったため，依然として，ホール濃度は10^{16}cm^{-3}以下であると考えられる。

最後に，p電極をNi/Auから，波長275 nmにおける反射率が70%であるRhに変更した場合のLED特性について述べる。Rhの膜厚は60 nmとした。I-L特性を図6に，I-EQE特性を図7に示す。発光スペクトルについては，図6に挿図として記載した。また，各図ともに，EQEが約4%である従来品の特性についても，比較のため記載した。

I-L特性については，図6に示すように，電流の増加とともに光出力が線形に増加しており，20 mAで11.6 mW，50 mAで30.0 mWを記録した。また，発光スペクトルは，中心波長275 nmのシングルピーク形状であった。

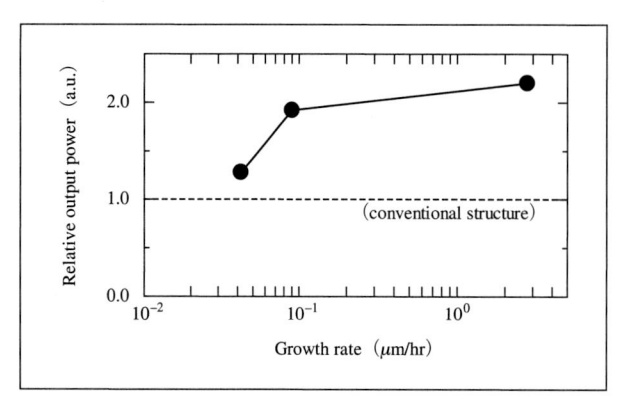

図5 p型AlGaN層の成長速度を変化させたときの深紫外LEDの光出力の変化

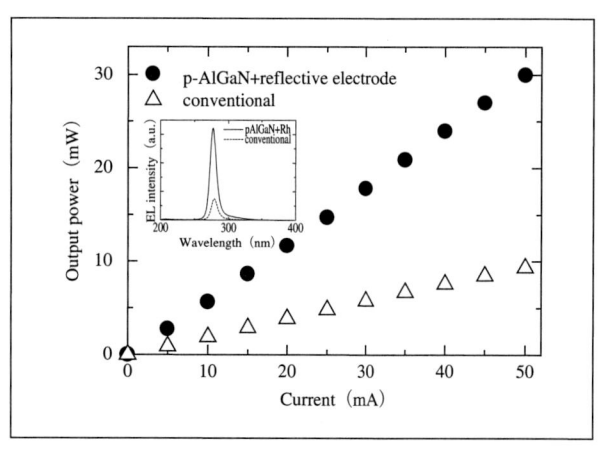

図6 従来構造および 高光取出し構造における，275 nm深紫外LEDの電流ー光出力（I-L）特性および，発光スペクトルの比較。高光取り出し構造では，透明p-AlGaNコンタクト層とRh反射電極を用いた。

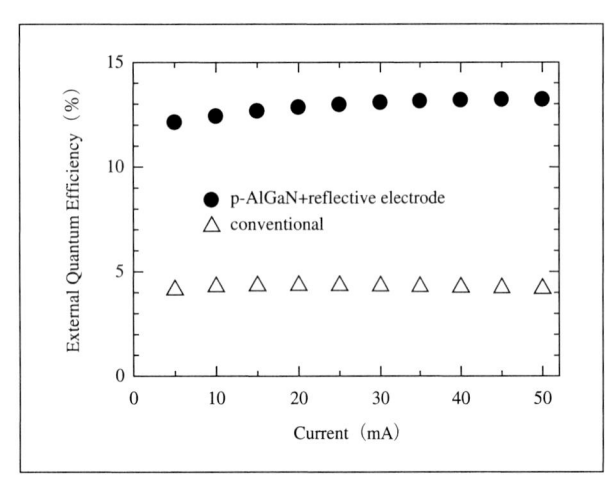

図7　従来構造および，高光取出し構造における，275 nm深紫外LED の電流-外部量子効率（I-EQE）特性の比較。

さらに，I-EQE特性については，図7に示すように，測定の範囲では，ほぼ一定値を示しており，20 mA通電時には12.9％，50 mA通電時には13.3％を示した。従来の深紫外LEDのEQEから約3倍の向上となった。

IQEの向上は先ほど求めた1.7倍とすると，LEEの向上は1.75倍と計算できることから，紫外透明p型AlGaN層とRh反射電極によって，IQEは50～70％，LEEは14～21％まで向上できたと考えられる。

しかしながら，順方向20 mA通電時の駆動電圧Vfが，従来品では7 V程度であったのに対し，今回作製したLEDのVfは，p型AlGaNコンタクト層とRh反射電極とのオーミック特性が低いことから，10 Vを超える結果となった。今後p型AlGaN層の高品質化と，電極構造を検討し，さらに性能向上させる予定である。

5　まとめ

不純物濃度の低減により，紫外透明p型AlGaNコンタクト層を用いた深紫外LEDのIQE向上に成功した。また，

Rhを用いた紫外反射p電極と組み合せることによって，LEEの向上を実現し，EQE10％を超える結果を得た。

参考文献
1）H. Hirayama, et al., Appl. Phys. Lett., vol. 91, 071901, 2007.
2）H. Hirayama, et al., Appl. Phys. Express, vol. 3, 031002, 2010.
3）C. Pernot, et al., Appl. Phys. Express, vol. 3, 061004, 2010.
4）A. Fujioka, et al., Semicond. Sci. Technol., vol. 29, 084005, 2014.
5）M. Shatalov, et al., Semicond. Sci. Technol., vol. 29, 084007, 2014.
6）H. Hirayama, et al., Jpn. J. Appl. Phys., vol. 53, 100209, 2014.
7）M. Katsuragawa, et al., J. Cryst. Growth, vol. 189-190, pp. 528-531, 1998.
8）C. G. Van de Walle, et al., J. Appl. Phys., vol. 95, pp. 3851-3879, 2004.
9）A. A. Allerman, et al., J. Cryst. Growth, vol. 312, pp. 756-761, 2010.
10）M. Shatalov, et al., Appl. Phys. Express, vol. 5, 082101, 2012.
11）T. Kinoshita, et al., Appl. Phys. Lett., vol. 102, 012105, 2015.
12）M. L. Nakarmi, et al., Appl. Phys. Lett., vol. 94, 091903, 2009.
13）M. Jo, et al., Appl. Phys. Express, vol. 9, 012102, 2016.
14）A. Tian, et al., Appl. Phys. Express, vol. 8, 051001, 2015.
15）T. Mino, et al., Phys. Stat. Sol. (c), vol. 9, pp. 749-752, 2012.

■Development of Highly Effective Deep-Ultraviolet Light-Emitting Diode by using Transparent p-AlGaN Contact Layer
■①Takuya Mino　②Takayoshi Takano　③Koji Goto, ④Mitsuhiko Ueda　⑤Kenji Tsubaki　⑥Hideki Hirayama
■①～⑤Advanced Technologies Development Center, Ecosolutions Company, Panasonic Corporation　⑥RIKEN

①ミノ　タクヤ　②タカノ　タカヨシ　③ゴトウ　コウジ　④ウエ
ダ　ミツヒコ　⑤ツバキ　ケンジ
所属：パナソニック㈱　エコソリューションズ社　先進技術開発セ
ンター
⑥ヒラヤマ　ヒデキ
所属：国立研究開発法人理化学研究所

全固体レーザーと非線形周波数変換による紫外・真空紫外光源開発の現状

国立研究開発法人理化学研究所
斎藤徳人，和田智之

1 はじめに

　紫外線・真空紫外線領域のコヒーレント光源は，原子のエネルギー準位の精密計測，生体イメージング，素粒子の状態制御などの基礎研究において，また，短い波長を生かした精密なレーザーアブレーション，マテリアルプロセシング，フォトリソグラフィー，データストレージの開発，半導体ウェハーの検査，ファイバーブラッググレーティングの作製などのレーザー加工の分野においても必要とされている。さらに超短パルス化を経て，上記研究のさらなる推進，開発の展開もある。

　紫外線領域のコヒーレント光は，エキシマレーザー，イオンレーザー，自由電子レーザーによって，あるいは，近赤外レーザーを励起光源とした第4，第5高調波発生などの非線形周波数変換によっても得られる。フォトリソグラフィーではエキシマレーザーが主として用いられ，各種紫外線を利用する基礎研究では，自由電子レーザー[1]が有力な基盤となっている。

　その一方で，紫外線，真空紫外線を，半導体レーザーで励起可能な全固体レーザー及びファイバーレーザー，非線形周波数変換の技術を結集して出力しようとする試みも進展している。

　本稿では，主として，全固体レーザー，ファイバーレーザー，非線形周波数変換を基礎として，100〜400 nm領域のコヒーレント光を出力しようとする最近の取り組みについて紹介する。

2 コヒーレント紫外光源

2.1　非線形周波数変換のための励起光源

　近年，このようなコヒーレント紫外光源の基礎となる光源として特に注目されているのは，ファイバーレーザーと超短パルスレーザーであろう。

　さらにファイバーレーザーを用いる場合にも超短パルス化は，研究上，重要なファクターとなっている[2〜5]。これらの光源を励起光源とした非線形周波数変換によって得られるコヒーレント光源は、紫外線領域の高速分光，光コム発生とその応用[6]，生体イメージングなど，未踏の領域を拓く要素技術である。

2.2　全固体レーザーからファイバーレーザーへの展開

　超短パルスを発生させるためにレーザー媒質に課される必要条件は，広い蛍光スペクトル帯域である。700 − 1000 nmの帯域において蛍光を発するチタンサファイア（$Ti:Al_2O_3$）は，超短パルスを発生させるためのレーザー媒質として広く利用されている。実際，チタンサファイアレーザーは，超短パルス発生そのものの研究，高次高調波発生（紫外線発生を含む），レーザー高速分光，レーザー共焦点顕微鏡，レーザーアブレーションなど，超短パルスに関わる多くの基礎研究を支えてきた。

　チタンサファイアレーザーが広く利用された理由は，半導体レーザーの技術が発展して，Nd:YAGレーザーが

全固体化されたこと，さらに非線形光学結晶としてLBOのような完成度の高い結晶を用いて第2高調波が高出力かつ安定に得られるようになったためでもある。この全固体化は，超短パルスチタンサファイアレーザーの小型化の推進にも寄与した。

その一方で，ファイバーレーザーの研究開発に大きな進展があった。先に発展した技術の置き換えが可能か，という視点で研究開発は進む。自由空間伝送の全固体レーザーが引き受けてきた役割を，どれだけファイバーレーザーに置き換えることができるか，より小型で，より効率の高いレーザー光源の実現を，という視点からも開発が進んだことだろう。利得ファイバーの開発，発振の実証，光ファイバーに融着可能な電気光学モジュレーターの開発，パルス動作化，出力増大のためのラージモードエリア化，フォトニック結晶ファイバーの開発など，さまざまな研究が10年ぐらいの間に急速に展開された。

2.3 ファイバーレーザーを用いた 超短パルス紫外光源

ファイバーレーザーを励起光源として非線形周波数変換によってコヒーレント紫外光を出力する試みもはじまって久しい。このような系は，小型で，安定かつ高い平均出力パワーが得られ，装置系の状態を長期にわたって維持することができるため，レーザーの応用研究には都合がよい。

ファイバーレーザーを用いた紫外線超短パルス発生の主流は，Ybファイバーレーザー[2]を基本波光源とした取り組みである。超短パルスYbファイバーレーザーを励起光源として用いたBBO結晶内における第4高調波発生により，257 – 263 nmの可変波長領域が得られている[3]。また，出力パワーが20 W級で，パルス幅が20 psのYbファイバーレーザーを励起光源として，第2高調波発生で得られた532 nmと光パラメトリック発振によって得られたシグナル波をBIBO結晶内で和周波混合することによって，317から340 nmの紫外光を発生させた報告がある。出力パワーの最大値は30 mWである[4]。この非線形周波数変換の方法は，繰り返し利用され，パルス幅が70 fsのYbファイバーレーザーから出力する波長を1040 nmに設定し，和周波発生にBBO結晶を用いて，385から400 nmの紫外光を発生させた報告もある[5]。フ

ェムト秒Ybファイバーレーザーを用いた場合には，第2高調波とシグナル波の間に生じる群速度分散を補償するため，2つの励起光波を異なる角度でBBO結晶に入射している。この方法により，1040 nmから紫外線への変換効率は20％に達している[5]。

2.4 産業応用へ対応する高安定深紫外線光源

実用化を見据えたコヒーレント紫外光源の開発の取り組みもある。半導体の微細化のために必要とされる回路パターンのマスク検査装置用レーザーとして，光耐力，望ましくない非線形光学効果の抑制しつつ，ファイバーレーザーの特性をうまく利用して，深紫外線を効率よく発生させるための励起光源が開発されている。

分布帰還型レーザー（DFBレーザー）から出力された連続波を半導体レーザー励起のYbまたはEr添加ファイバー増幅器，同じく半導体レーザー励起の全固体増幅器と，光強度の増大にともなう非線形光学効果，損傷を考慮しつつ光増幅が可能なハイブリッド増幅系が考案され，安定かつ長寿命の紫外光源を実現するための励起光源として用いられた[7]。1 μmのDFBレーザーとハイブリッド増幅器からなる系から出力されたレーザー光は，LBO結晶を用いて第2高調波に，さらにBBO結晶を用いて第4高調波に変換された。1.5 μmのDFBレーザーとハイブリッド増幅器によって構成される系から出力されたレーザー光は，周期分極反転型ニオブ酸リチウム内で第2高調波に変換された。それぞれの系から出力された266 nm，782 nmは，BBO内で和周波混合され，繰り返し速度2.4 MHzで50 mWを超える199 nm光波が出力されている[7]。

2.5 紫外線半導体レーザー

半導体レーザーによる直接紫外レーザー光発振に関する研究も進んでいる。窒化アルミニウムガリウムを基礎とした紫外線半導体レーザーの開発は，正孔濃度及び内部量子効率が低いことから，その困難が予想されていたが，深紫外線領域の波長で発振に関する報告が複数あった[8,9]。さらに，Siを添加した窒化アルミニウムガリウム多重量子井戸系においてレーザー発振（288 nm）が得られている[10]。

3 コヒーレント真空紫外光源

3.1 真空紫外レーザー

一般に，波長160 nmをおおよその境にして，それよりも短い波長のコヒーレント光を発生させるためには，エキシマレーザーを用いるか，希ガス，水銀，マグネシウムや亜鉛などの金属を用いた非線形周波数変換が適している。

エキシマレーザーとしては，Ar_2レーザー（126 nm），Kr_2レーザー（146 nm），F_2レーザー（157 nm），Xe_2レーザー（172 nm），ArFレーザー（193 nm）があり，これらは，紫外線に比べて波長が短く，そのため微小スポットを形成しやすく，かつ光子エネルギーが高いことから，超微細構造を形成できることが大きな利点であり，フォトリソグラフィー用の光源として利用されている。

3.2 非線形周波数変換による真空紫外線の発生

第3高調波発生，4波混合などの非線形周波数変換では，励起光源が可変波長レーザーであれば，真空紫外線の波長同調が実現する[9]。また，これによって，真空紫外線領域のコヒーレント光源を用いた分光学的研究が実施できるようになった[9,10]。

高い出力パワーあるいは出力エネルギーが必要となる場合，エキシマレーザーは魅力的である。しかし，分光計測のために，原子の共鳴線への波長同調が必要，という条件が加わると，光源として役に立たない場合も多い。このような場合，先に述べた紫外レーザーと同様，励起レーザーを適切に選択し，複数段の非線形周波数変換を積み重ねる必要がある。

3.3 非線形周波数変換による真空紫外線の発生

波長を精密に同調しなければならない研究例として，水素の分光があげられる。水銀蒸気を非線形媒質として用いて4波混合を行い，使用した励起レーザーのうちの1つを波長同調することによって，水素のライマンα線（121.56 nm）を連続波のコヒーレント光として出力することが可能である。さらにスペクトル幅が狭帯域化され

た連続波ライマンα放射源を用いて水素原子を励起することにより，自然幅の1 S-2 P遷移の観測が実現している。この発展的な研究として，反水素のレーザー冷却への展望が示唆されている[11]。

3.4 パルスライマンα線の高効率発生と素粒子の制御

また，最近，理化学研究所（以下，理研）では，Kr原子の2光子共鳴4波混合によって，素粒子ミュオニウム及び水素のパルスライマンα線（ミュオニウムのライマンα線は122.09 nm）を出力した[12]。

加速器系で発生したエネルギーの大きなミュオン（≈ 4 MeV）を物質中に入射すると，散乱現象によって減速され，その物質表面からはエネルギーの小さなミュオニウム（≈ 0.2 eV）が出力される。減速したミュオニウムにライマンα線を照射すると，ミュオニウムがイオン化され，超低速のミュオンが得られる[13]。超低速ミュオンを再加速し，プローブとして用いれば，物質表層から物質内部の現象を探求するための新しいイメージング方法，超低速ミュオン顕微分析が実現する。観測対象は，物理現象，生命現象など多岐にわたる[13]。

3.5 励起光源の全固体化

従来，4波混合によるコヒーレント真空紫外光発生においては，励起光源としてフラッシュランプ励起レーザー，色素レーザーが用いられてきた。理研では，高出力化，ビームの高品質化，光源の安定化，長期にわたる連続運転の実現を目指し，4波混合に用いる励起光源に半導体レーザー励起方式を採用して全固体化した[12]。特に，2光子共鳴4波混合おける変換効率は，励起ビーム品質に強く依存する。従来の変換効率が$10^{-5} \sim 10^{-4}$であるのに対して，高品質のビームで2光子共鳴4波混合を行なった場合，従来よりも一桁高い3.6×10^{-3}が実現した[12]。

Kr原子を媒質として用いた2光子共鳴4波混合では，2光子励起のために212.556 nmの励起光源が必要で，さらに4波混合によりライマンα線を出力するためには，820.649 nmの近赤外レーザーの同時入力が必要である。可変波長近赤外レーザーを用いて，この波長の近傍で波長同調すれば，可変波長コヒーレント真空紫外光源が実現する[9]。励起光源として，ファイバーレーザーや全固

表1　Kr、Arを用いた2光子共鳴4波混合による真空紫外線発生領域.

Medium	Two Photon Resonant State	Tuning Range	Conversion Efficiency	Ref.
Kr	$4p-5p$ [1/2, 0]	≈121 nm	5×10^{-4}	[16]
Kr	$5p$ [5/2, 2]	129 − 181 nm	$10^{-3}\sim10^{-4}$	[11]
Kr		72.5 − 83.5 nm	1.2×10^{-5}	
Kr	$5p$ [5/2, 2]	92.1 − 94.3 nm	$\sim10^{-5}$	[17]
Xe	$5p-6p$ [1/2, 0]	155 nm	2×10^{-3}	[18]
Xe	$6p$ [3/2, 0]	162.6 nm	4×10^{-3}	[19]
Xe	$6p$ [5/2, 2]	154 − 223 nm	$\sim2\times10^{-3}$	[20]
Xe	$7p$ [1/2, 0]	125.9 nm	≥10^{-4}	[21]
	$7p$ [3/2, 0]	126.1 nm		
	$6p'$ [3/2, 2]	125.4 nm		
Xe	$8p$ [1/2, 0]	81.7 − 86.6 nm	$\sim10^{-6}$	[22]
		80　100　120　140　160　180　Wavelength (nm)		

体レーザーを用いることができれば，安定性の高い真空紫外光源が実現できる。ただし，表1に示すように，2光子共鳴準位差に相当する波長が，既存の固体レーザーの高次高調波で出力可能かどうか，ということが2光子共鳴4波混合を基礎として光源を開発していく上で重要なポイントとなる。また，例えば，媒質としてKrを用いる場合，4波混合において位相整合条件を満たすためには，発生させる波長領域に応じてKrと極性の異なるArを混合して条件を整える必要がある[9]。

3.6　全固体コヒーレント真空紫外光源

ガスを一切使わない，すなわち完全な全固体式による真空紫外線発生の研究では，$KBe_2BO_3F_2$（KBBF）を用いた高調波発生があげられる。チタンサファイアレーザーのKBBF内における第5高調波発生によって，160 nmよりも短い波長領域まで出力が得られている[21]。また，この結晶を用いて，繰り返し速度が82 MHz，パルス幅が1.5 psの準連続波動作チタンサファイアレーザーを励起光源として用いた第4高調波発生において，193 nmで4.7 mW，199.5 nmでは25 mWの出力パワーが実現している。前者はチタンサファイアレーザーの第2高調波387 nmからの変換効率が1.1％，後者は399 nmからの変換効率が2.2％である[22]。

非線形光学結晶の開発は他にも取り組みがある。$BaMgF_4$結晶は，125 nmから13 μmまで透明であり，周期分極反転構造が2～3 μmの周期で形成できれば，386 nmの第2高調波（193 nm）が得られる。現在，分極反転の周期は6.6 μmまで実現しており，今後の分極反転生成の精度の向上が期待される[23]。

真空紫外線領域における超短パルス発生の研究報告もある。Arを用いた4波混合により，パルス幅がサブ50 fs，波長160 nmで，2.5 μJ[24]が，Neを用いたフィラメント状伝送のカスケード4波混合過程で，パルス幅17 fs対して，133 nm（第6高調波）で6 nJが得られている[25]。

4　まとめ

本稿では，コヒーレント紫外及び真空紫外光源の最近の開発の動向について紹介した。紫外線を直接発振させることができる半導体レーザーが登場しており[8]，今後もそのようなレーザーの研究開発は進展すると考えられる。しかし，一般に，ある1つの研究を実施するためだけでも，波長，出力パワーあるいは出力エネルギー，連続波動作かパルス動作か，パルス幅，パルス動作の場合に指定される繰り返し速度など，複数の物理パラメーターを同時に満たす紫外レーザーが必要となるはずである。現状では，半導体の製造プロセス行程を経てかたちづくられるものに，複数の性質をもたせることは難しいことだろう。したがって，非線形周波数変換法は，このような紫外レーザーをテーブルトップにユーザーフレンドリーなシステムとして実現する上で，今後も重要な役割を担うことになる。

非線形周波数変換によって，必要とされるコヒーレント紫外光源を実現するためには，励起光源となるレーザー及び非線形光学結晶に関する基礎研究を避けて通ることができない。先に紹介した光源以外にも，半導体ディスクレーザー[26]を利用した紫外線発生や従来の固体レーザーの高度化研究が進んでいる。また，非臨界位相整合条件で第4高調波を発生させることのできる非線形光学結晶に関する研究も実施されている[27]。紫外，真空紫外領域ともに，新しい結晶の探究がつづいている。現在，有用視されている結晶は，このような研究の積み重ねによって生み出された。他の波長領域のコヒーレント光源と同様，レーザー光源，それを構成するレーザー媒質，光学素子類，音響光学デバイス，電気光学デバイスに関する基礎研究と高度化，非線形周波数変換のための非線形光学結晶の開発と高品質化など，それぞれの要素技術の発展が紫外線領域のコヒーレント光源の進化につなが

っているということである。

参考文献
1）http://xfel.riken.jp/index.html
2）J. Limpert, F. Roser, T. Schreiber, A. Tunnermann, IEEE J. Sel. Top. Quantum Electron **12**, 233 (2006).
3）H. G. Liu, M. L. Hu, B. W. Liu *et al.*, J. Opt. Soc. Am. B **27**, 2284 (2010).
4）G. K. Samanta, S. C. Kumar, A. Aadhi, M. Ebrahim-Zadeh, Opt. Express **22**, 11476 (2014).
5）C. Gu, M. Hu, J. Fan *et al.*, Opt. Express **23**, 6181 (2015).
6）C. Gohle, T. Udem, M. Herrmann *et al.*, Nature **436**, 234 (2005), and references therein.
7）Y. Urata, T. Shinozaki, Y. Wada *et al.*, Appl. Opt. **48**, 1668 (2009).
8）Z. Lochner, T. -T. Kao, Y. -S. Liu *et al.*, Appl. Phys. Lett. **102**, 101110 (2013).
9）M. Martens, F. Mehnke, C. Kuhn *et al.*, IEEE Photonics Technol. Lett. **26**, 342 (2014).
10）Y. Tian, J. Yan, Y. Zhang, Opt. Express **23**, 11334 (2015).
11）G. Hilber, A. Lago, R. Wallenstein, J. Opt. Soc. Am. B **4**, 1753 (1987).
12）K. S. E. Eikema, J. Walz, T. W. Hänsch, Phys. Rev. Lett. **83**, 3828 (1999).
13）K. S. E. Eikema, J. Walz, T. W. Hänsch, Phys. Rev. Lett. **86**, 5679 (2001).
14）N. Saito, Y. Oishi, K. Miyazaki, K. Okamura, J. Nakamura, O. A. Louchev, M. Iwasaki, S. Wada, Optics Express, **24**, 7566 (2016), and references therein.
15）https://slowmuon.jp
16）J. P. Marangos *et al.*, J. Opt. Soc. Am. B **7**, 1254 (1990).
17）K. D. Bonin *et al.*, J. Opt. Soc. Am. B **2**, 527 (1985).
18）H. R. Hutchinson *et al.*, IEEE J. Quantum Electron. **19**, 1823 (1983).
19）J. Hager *et al.*, Chem. Phys. Lett. **90**, 472 (1982).
20）R. Hilbig *et al.*, IEEE J. Quantum Electron. **19**, 2194 (1983).
21）Y.-M. Yiu *et al.*, Opt. Lett. **7**, 268 (1982).
22）K. Miyazaki *et al.*, Appl. Opt. **28**, 699 (1989).
23）T. Kanai, T. Kanda, T. Sekikawa, S. Watanabe, J. Opt. Soc. Am. B **21**, 370 (2004).
24）Y. Zhang, Y. Sato, N. Watanabe, *et al.* Opt. Express **17**, 8119 (2009).
25）E. G. Víllora, K. Shimamura, K. Sumiya, H. Ishibashi, Opt. Express **17**, 12362 (2009).
26）M. Ghotbi, M. Beutler, F. Noack, Opt. Lett. **35**, 3492 (2010).
27）T. Horio, R. Spesyvtsev, T. Suzuki, Opt. Lett. **39**, 6021 (2014).
28）R. Bek, S. Baumgärtner, F. Sauter *et al.*, Opt. Express 23, 19947 (2015).
29）L. Zhang, F. Zhang, M. Xu *et al.* Opt. Express **23**, 23401 (2015).

■Current status of ultraviolet and vacuum ultraviolet light source based on the technology of all-solid-state laser and nonlinear frequency conversion
■①Norihito Saito　②Satoshi Wada
■Photonics Control Technology Team, RIKEN Center for Advanced Photonics, RIKEN

①サイトウ　ノリヒト　②ワダ　サトシ
所属：国立研究開発法人理化学研究所　光量子工学研究領域　光量子制御技術開発チーム

UV向け非線形波長変換素子の現状

大阪大学
吉村政志

1 はじめに

　紫外光発生用波長変換結晶の研究は，ホウ酸系材料を中心に80年代後半から盛んになった。現在よく知られているβ-BaB$_2$O$_4$（BBO）やLiB$_3$O$_5$（LBO）が，この時期に中国から発表されたことが契機となっている。90年代になると，KBe$_2$BO$_3$F$_2$（KBBF）の発表，大阪大学での新物質CsLiB$_6$O$_{10}$（CLBO）の発見，フランスからのGdCa$_4$O(BO$_3$)$_3$系材料の開発などが続いた。ホウ酸系非線形光学結晶の詳細については文献1にまとめられているので，興味がある方は参照いただきたい。新結晶開発ではNd系固体レーザーの4倍波（波長266 nm），5倍波（213 nm）の位相整合の可否が，結晶の1つの評価基準となっていた。一方で，当時のレーザー加工分野では，これらの深紫外波長帯域の需要が十分になく，半導体検査装置を中心に深紫外レーザーの実用化が進んだ。

　近年，炭素繊維強化プラスチック（CFRP），ワイドギャップ半導体のGaNやSiC，サファイヤといった難加工性材料の産業利用が盛んになり，レーザー加工技術のより一層の高度化が求められるようになってきた。また，IoTやAIを活用した「新しいモノづくり」が製造業を大きく変革しようとしており，半導体・通信デバイスの継続的な高性能化，新たな巨大市場の誕生が期待されるようになっている。例えば，IoT用機器にガラス複合材の多層プリント基板の導入が想定されており，マイクロビア（微小穴）加工で吸収効率・集光性に優れた深紫外レーザー（266 nm）加工機のニーズが高まっている。こう

いった新しい潮流を受け，本稿では深紫外光発生用の非線形光学結晶の国内外の研究開発状況について紹介する。

2 UV波長変換結晶開発の現状

　紫外光の波長変換は結晶の複屈折位相整合を使って行われ，Nd系固体レーザーを基準にした3倍波（355 nm），4倍波（266 nm），5倍波（213 nm）などが代表的な波長となっている。4倍波は基本波から第2高調波発生（Second harmonic generation, SHG）過程を2回繰り返して得られるが，その他の波長は和周波混合（Sum-frequency generation, SFG）を使うのが一般的である。SFGは波長の組み合わせによっては，SHGでの最短波長よりも短い光を出すことができる。紫外光を発生する材料には，吸収端波長が短く，複屈折と非線形光学定数が大きいことが求められる。これまでほぼ毎年のように新結晶が報告されているが，深紫外の位相整合条件を満たす材料はそれほど多くない。ホウ酸系材料で4倍波（266 nm）の位相整合が可能であって，その特性が明らかになっているものを挙げると，表1にまとめた程度に限られている[2~4]。以下では，各結晶の特性を紹介しながら，研究開発状況について述べる。

KBBF

　紫外の吸収端波長（$\lambda_{cut-off}$）が147 nmと短く，大きな複屈折を持つため他の結晶では困難なNd系レーザーの6倍波（177 nm）やTi:sapphireレーザーの5倍波（156 nm）の位相整合が可能となる。1995年の発表以降，中国を中

表1　各種ホウ酸系非線形光学結晶の特徴と266 nm深紫外光位相整合特性（タイプ1SHG）

	$\lambda_{\text{cut-off}}$ (nm)	PM angle (deg)	d_{eff} (pm/V)	ρ (mrad)	$\Delta\theta \cdot l$ (mrad·cm)	$\Delta T \cdot l$ (℃·cm)	Hygroscopicity	Crystal growth
BBO	185	47.5	1.75	85.3	0.19	6.0	Slight	Easy（flux）Difficult（melt）
CLBO	180	62.0	0.79	32.2	0.55	6.2	High	Easy
KBBF	147	36.2	0.41	62.1	0.29	−	Non	Difficult
KABO	180	57.1	0.26	50.0	0.47	4.1	Non	Difficult
YAB	170	66.2	0.69	33.2	0.41	−	Non	Difficult

心に長年にわたって育成技術の開発が進められてきたが，層状構造であるためバルク状結晶を得ることが極めて難しく，現在もフラックス法では3.7 mmが最大の厚さにとどまっている[5]。水熱合成法でやや厚い結晶が得られるが，積層欠陥が形成されて中心対称性の構造を取るため，非線形性が損なわれるという課題を有している[6]。波長変換にはプリズム接合が必要となっており，4倍波として平均出力7 W（10 kHz, 13.4％）の発生が発表されているものの[7]，実用化にはまだ長い開発期間を要する状況にある。アルカリ元素の置換体がいくつか報告されているが，今のところKBBFより優れた材料は得られていない。また，最近ではF元素の代わりにBrやClを組み合わせた新しい層状化合物も検討され始めているが，微結晶にとどまるか，266 nm光の位相整合ができない結晶となっている。

KABO

$K_2Al_2B_2O_7$（KABO）は著者が1998年の最初の論文から関わり，大阪大学で3倍波，千歳科技大で193 nm光の発生[3]を行った結晶である。その後，中国で研究開発が続けられ，酸素の無い雰囲気で結晶成長を行うと，300 nm以下の紫外領域の吸収が抑制されることが明らかになった[8, 9]。4倍波として平均出力440 mW（10 kHz）が発表されているが，7 mm素子長を用いたにも関わらず変換効率が3％と低い値となっている[10]。品質に課題が残っているのと，実効非線形光学係数（d_{eff}）が小さいことが原因となっている。溶液が高粘性であるため結晶成長が難しく，大きさ$40 \times 22 \times 12 \text{ mm}^3$の結晶が最大とな

っている[9]。潮解性が無いことは魅力的であるが，実用化に向けて結晶成長の技術開発が必要な状況にある。

YAB

$YAl_3(BO_3)_4$（YAB）はレーザー媒質添加によって，自己周波数逓倍（レーザー発振とそのSHG）機能を有する結晶として，以前より知られていた。MoO_3系のフラックスを用いた結晶は吸収端波長が300 nmであったが，中国の研究によりLi_2O-B_2O_3系フラックスを用いることで吸収端波長が170 nm（$\lambda_{\text{cut-off}}$）まで短波長化し[11]，さらにKABOと同様，酸素の無い雰囲気で結晶成長を行うと，300 nm以下の紫外領域の吸収が抑制されることが明らかになった[12]。変換効率12％の4倍波の発生が，中国，フランスのグループから報告されている[13, 14]。潮解性がないため実用的な結晶と目されているものの，高粘性溶液からの結晶成長が難しく，育成期間を2カ月以上かけても，大きさ30 mm程度で中央部に欠陥領域を含む品質のものしか得られていない状況にある[12]。そのため，実用化には結晶成長の技術革新が必要な状況にある。最近，Y元素をGdに置換したGAB結晶の育成と4倍波を確認した発表も行われているが，紫外領域の吸収の改善，結晶成長の技術開発が必要となっている[15, 16]。

BBO

4倍波，5倍波の発生が可能な非線形光学結晶として以前より知られており，フラックス法で大型結晶が製造され，光学素子が市販されている。現在，連続波の266 nm深紫外レーザーや，パルス199 nm深紫外レーザーに

搭載されて半導体検査応用に用いられている。一方，パルスの4倍波発生では，1997年の時点でCLBOが約2.5 Wを出力するのに対し，BBOの出力が約1Wとなることが報告されていた[17]。著者らの最近の比較実験においても，図1のように熱位相不整合が原因と考えられる変換効率の飽和が生じる傾向が確認された[18]。

　一般に入手できるBBOに266 nmパルス光を集光照射して透過率の強度依存性を調べると，図2に示すような強い非線形吸収が生じることが確認できており[19]，熱位相不整合を引き起こす原因になっていると考えられる。

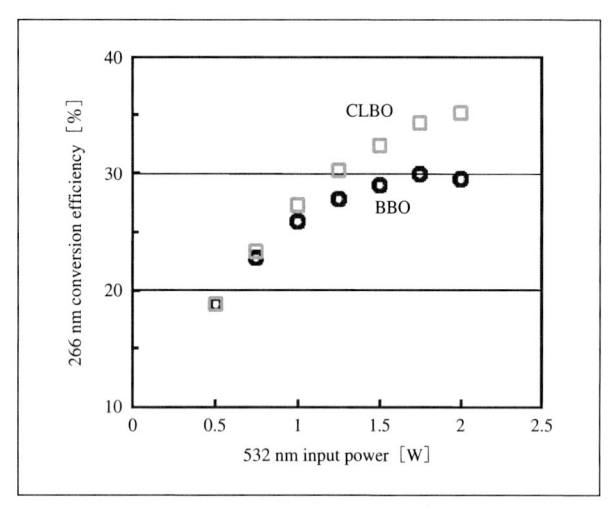

図1　BBOとCLBOの266 nm光変換特性比較

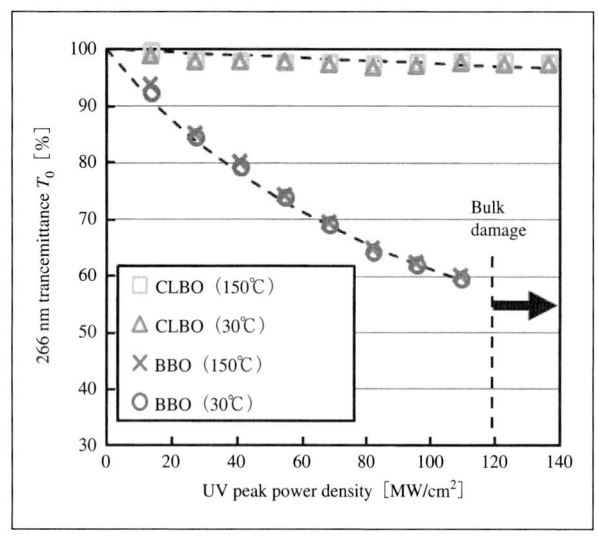

図2　BBOとCLBOの266 nm光透過特性

一方で，フラックスを用いない方法で育成したBBO（メルト成長）では，パルス266 nm光に対する吸収が少なくなり，60%の変換効率が得られることも報告されている（フラックス法の結晶では35%）[20]。そのため，フラックス由来の不純物を低減し，非線形吸収を抑制することが深紫外光の高出力化へつながると考えられる。

CLBO

　大阪大学で発見された日本発の結晶で，4倍波，5倍波の発生や，SFGによる193 nm光の発生に応用されている。深紫外の波長変換を行う際には，潮解性による劣化を防ぐ目的に加え，内部の水不純物を低減して紫外光損傷耐性を向上させるための加熱脱水処理が必要となる[21]。結晶内部には図3に示すような輝点状や光路状の光散乱（結晶欠陥）が含まれており，欠陥を低減するにつれて紫外光経時劣化耐性が向上することが確認されている[19, 22]。

　以前までは高品質結晶の重量は200 g前後と小さく，光学素子を製品として一定数作るには大きさが不十分であった。ここ数年で結晶成長の技術が進展し，図4に示すような大型でかつ高品質な結晶を作製する条件が確立している。狭帯スペクトル幅のピコ秒パルス光源（スペクトル幅0.1 nm，パルス幅72 ps，パルス繰り返し周波数100 kHz，平均出力15 W，波長1064 nm）を基本波に用いることで，SHG変換効率68%，CLBOによる4倍波が変換効率50%で得られている[22]。266 nm光の平均出力は5.2 W，光源からの変換効率は34%となる。一方で，

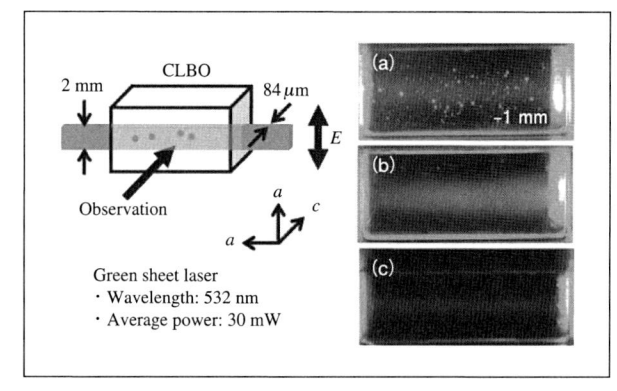

図3　CLBO結晶の内部散乱観察結果　（a）低品質結晶，（b）従来品質結晶，（c）高品質結晶

図4　高品質CLBO結晶（a×c×a＝115×71×54 mm，重量468 g）

レーザー加工応用では加工速度向上に向けて，より一層の高出力化が必要な状況にある。そのため，CLBOの高レーザー損傷耐性化と超大型結晶からの大口径波長変換素子を開発し，長期安定動作が可能な高出力深紫外レーザー装置を早期に実現させることが求められている。なお，CLBOはこれまで3倍波（355 nm）の発生が検討されてこなかったが，平均出力64 Wのピコ秒レーザー光源を用いることで，パルス繰り返し周波数300 kHzにおいて最大30.9 W，変換効率48.3％という高出力・高変換効率の実証にも成功している[23]。

LBO

Nd系固体レーザーの2倍波，3倍波発生に広く利用されており，中国やフランスで重量が数kgとなる大型結晶が製造されている。複屈折が小さいため4倍波をSHGによって得ることはできないが，最近になって3倍波と基本波のSFGによって266 nm光を発生する取り組みが海外で行われている[24〜26]。SFGはタイプ1位相整合で行われ，実効非線形光学係数は0.47 pm/Vと計算されている[24]。基本波から3段階の波長変換を行うことになるが，3倍波までの光源技術がLBOの組み合わせで既に確立しているため，LBO素子をもう1つ追加することで266 nmが得られ，大型素子を利用できるという利点もある。現在，平均出力3.3 Wが得られており，基本波光源からの変換効率は14％程度となっている[26]。連続運転時に結晶

内部で紫外レーザー損傷が生じることが今後の課題となっている。

3 おわりに

需要が増え始めている深紫外レーザー用の波長変換素子について，候補となるホウ酸系結晶を取り上げてそれぞれの研究開発状況を紹介した。結晶成長技術の確立が工業製品になるかどうかの分岐点になっており，高フォトンエネルギーの深紫外波長変換応用ではさらにレーザー損傷や非線形吸収を抑制できるかどうか，すなわち結晶の高品質化ができるかどうかで，発生できる出力の上限が決まってくる。既に深紫外光波長変換素子に利用されている結晶もあるが，今後は加工機応用に向けてさらなる高出力化が求められており，引き続き結晶成長技術の高度化，ブレークスルーが期待される状況にある。

参考文献
1) For example, C. Chen, T. Sasaki et al., *Nonlinear Optical Borate Crystals* (Wiley-VCH Verlag & Co. KGaA, 2012).
2) "SNLO nonlinear optics code" available from A. V. Smith, AS-Photonics, Albuquerque, NM.
3) N. Umemura, M. Ando, K. Suzuki, E. Takaoka, K. Kato, Z. G. Hu, M. Yoshimura, Y. Mori, and T. Sasaki, Appl. Opt. **42**, 2716 (2003).
4) Q. Liu, X. P. Yan, M. L. Gong, H. Liu, G. Zhang, and N. Ye, Opt. Lett. **36**, 2653 (2011).
5) X. Y. Wang, X. Yan, S. Y. Luo, and C. T. Chen, J. Cryst. Growth **318**, 610 (2011).
6) J. Q. Yu, L. J. Liu, S. F. Jin, H. T. Zhou, X. L. He, C. L. Zhang, W. N. Zhou, X. Y. Wang, X. L. Chen, C. T. Chen, J. Solid. State. Chem. **184**, 2790 (2011).
7) L. R. Wang, N. X. Zhai, L. J. Liu, X. Y. Wang, G. L. Wang, Y. Zhu, and C. T. Chen, Opt. Express **22**, 27086 (2014).
8) L. J. Liu, C. L. Liu, X. Y. Wang, Z. G. Hu, R. K. Li, and C. T. Chen, Solid State Sci. **11**, 841 (2009).
9) C. L. Liu, L. J. Liu, X. Zhang, L. R. Wang, G. L. Wang, and C. T. Chen, J. Cryst. Growth **318**, 618 (2011).
10) Y. G. Wang, L. R. Wang, X. Gao, G. L. Wang, R. K. Li, and C. T. Chen, J. Cryst. Growth **348**, 1 (2012).
11) X. S. Yu, Y. C. Yue, J. Y. Yao, and H. G. Hu, J. Cryst. Growth **312**, 3029 (2010).
12) J. Q. Yu, L. J. Liu, N. X. Zhai, X. Zhang, G. L. Wang, X. Y. Wang, and C. T. Chen, J. Cryst. Growth **341**, 61 (2012).
13) Q. Liu, X. P. Yan, M. L. Gong, H. Liu, G. Zhang, and N. Ye, Opt. Lett. **36**, 2653 (2011).
14) S. Ilas, P. Loiseau, G. Aka, and T. Taira, Opt. Express 22, 30325 (2014).

15）Y. C. Yue, Y. Y. Zhu, Y. Zhao, H. Tu, and Z. G. Hu, Cryst. Growth Des. **16**, 347 (2016).

16）Y. Y. Zhu, Y. C. Yue, H. Tu, Y. Zhao, and Z. G. Hu, CrystEngComm **18**, 2965 (2016).

17）U. Stamm, W. Zschoke, T. Schröder, N. Deutsch, and D. Basting, *OSA TOPS Vol. 10 Advanced Solid State Lasers*, 7 (1997).

18）M. Yoshimura, K. Takachiho, T. Sasaki, and Y. Mori, *OSA Advanced Solid State lasers*, ATh2A. 7 (2014).

19）K. Takachiho, M. Yoshimura, Y. Takahashi, M. Imade, T. Sasaki, and Y. Mori, Opt. Mater. Express **4**, 559 (2014).

20）R. Bhandari, T. Taira, A. Miyamoto, Y. Furukawa, and T. Tago, Opt. Express **2**, 907 (2012).

21）T. Kawamura, M. Yoshimura, Y. Honda, M. Nishioka, Y. Shimizu, Y. Kitaoka, Y. Mori, and T. Sasaki, Appl. Opt. **48**, 1658 (2009).

22）吉村政志，折井庸亮，高橋義典，安達宏昭，山垣美恵子，松原聖治，奥山大輔，岡田穣治，森勇介，レーザー研究 **43**, 23 (2015).

23）K. Ueda, Y. Orii, Y. Takahashi, G. Okada, Y. Mori, and M. Yoshimura, *OSA Advanced Solid State lasers*, AW2A. 2 (2016).

24）G. Mennerat, D. Farcage, B. Mangote, P. Villeval, and D. Lupinski, *OSA Advanced Solid State lasers*, ATh2A. 42 (2014).

25）V. Roy, L. Desbiens, and Y. Taillon, *OSA Advanced Solid State lasers*, ATh2A. 33 (2015).

26）D. G. Nikitin, O. A. Byalkovskiy, O. I. Vershinin, P. V. Puyu, and V. A. Tyrtyshnyy, Opt. Lett. **41**, 1660 (2016).

■**Current status of UV nonlinear frequency conversion devices**

■Masashi Yoshimura

■Professor, Institute of Laser Engineering, Osaka University

ヨシムラ　マサシ

所属：大阪大学　レーザーエネルギー学研究センター　教授

検査照明用最先端UVレーザーの開発

㈱メガオプト

宮田憲太郎，今井信一

1 はじめに

現代社会において，日々の生活で必要な役割の多くは，スマートフォンやタブレット端末，スマートウォッチといった携帯デバイスやネットワークアクセス可能となった家電製品を通して行われるようになり，あらゆる情報がデジタル化されることが当たり前となってきた今，その情報管理はクラウドシステムとそれを構築するサーバーにより支えられている。微細化と共に急速に高度化が進む半導体製品の製造には，より微細な欠陥を検出するための検査装置と十分な解像度及びスループットを実現するための照明用UV光源が必要不可欠である。ウエハー450 mm化に合わせ，半導体検査装置への要求は高まる一方であり，現在，検査照明用光源として，ワットクラスの平均出力を持つ産業用DUV（Deep UV）レーザーが必要とされる。同用途には，定期メンテナンスを除き，年間無休の昼夜連続運転を想定した長期安定性と，狭線幅及び高ビーム品質とを同時に兼ね備えるレーザー特性が必要である。しかしながら，そのような実用製品は市場にほとんど出回っていないのが実情であり，検査照明用高出力DUVレーザーの開発が急務となっている。

半導体検査用途で用いられるDUVレーザーの構造は，希土類イオン（Nd，Yb，Er，Tm等）を添加した各種固体レーザーからの近赤外発振光或いは増幅光を基本波光源として，ホウ酸系非線形光学結晶（LiB_3O_5，$\beta\text{-}BaB_2O_4$，$CsLiB_6O_{10}$等）を用いてDUV波長に変換するものが主流となっている。それは，前記固体レーザーにより，所望

のスペクトル特性と高いビーム品質が高出力にて容易に得られ，前記非線形光学結晶がDUV波長領域に対して高い透過特性と，入出力光の位相整合条件を満たすための十分な複屈折率，比較的高い実効的非線形感受率を有することから，効果的な波長変換を可能とするからである。これまで，各種基本波光源と非線形光学結晶の組み合わせにより，検査装置側からの要求を満たすための様々な構成が考えられてきたが，仕様の特殊性ゆえに，最先端のレーザー技術が必要とされてきた。その中には，他分野で研究・開発された技術や，既存技術を最新のマテリアルを用いて発展させたものもある。以下に，光源メーカーである株式会社メガオプトが次世代検査照明用光源として提案する高出力DUVレーザーの特徴と，それに関連する最先端のレーザー開発について，技術構成の簡単な説明とともに紹介する。

2 199 nmレーザーの開発

レーザー市場全体を見渡すと，未だ海外メーカー品の独占状態が続いている。しかしながら，DUVレーザー産業に限定すると，その状況は大きく変化している。約10年前，半導体デバイスの製造前工程で必要となるマスク検査装置[1]に搭載する次世代光源として，我々がリリースした波長199 nmのDUVレーザー，Cygnus（図1）は，海外メーカーの手が出せない隙間市場を狙った産業用の国産DUVレーザー光源の先駆け的存在である。その大きな支えの一つとなったのは，大阪大学で開発された非線形光学結晶$CsLiB_6O_{10}$の存在である。同結晶を適切に

図1　199 nmレーザーの外観

使用することで，波長変換中間ステージにおける266 nm光発生（1064 nm光の第四高調波）の安定した運用方法を早期より確立させたことは，海外メーカーと競う上で，非常に大きなアドバンテージとなった。我々は，装置メーカーからの多大なサポートのもと，Cygnusシリーズの製造及び保守サービスを行い，最先端の半導体製造ラインの厳しい要望に応えるべく，そのDUVレーザー技術を長い月日と労力をかけて磨き上げてきた。定期メンテナンスは当初，半年ごとに行われていたが，今では一年化に成功。装置のダウンタイムを極度に抑えたそのシステムの導入は，国内だけに留まらず，海外でも安定稼働を実現し，海外から高い評価を得ている。

　CW（Continuous Wave）発振199 nmレーザーの代替として開発されたCygnusの基本構造[2]は，Yb及びEr添加ファイバMOPA（Master Oscillator and Power Amplifier）の二台の擬似CWパルス基本波光源（1064 nm及び1563 nm）と多段波長変換ステージから構成される（図2）。波長変換ステージはシングルパスのシンプルな構成であり，基本波光源のそれぞれの高調波（266 nm及び782 nm）を発生させる中間ステージと，光路合成後の和周波混合（1/266 nm + 1/782 nm = 1/199 nm）で199 nm光を発生させる最終ステージからなる。パルス繰り返し周波数は約2 MHzが標準であるが，変更可能であり，平均出力は100 mW以上を保証する。199 nm光のスペクトル幅は1.5 pm以下と非常に狭く，高い解像度が必要な検査用途に最適である。その狭線幅を可能にした1064 nm側のNd:YVO$_4$結晶を用いた固体増幅器とファイバ増幅器

YDFA（Ytterbium-Doped Fiber Amplifier）のハイブリット構成は，その後，ファイバのみのシンプルな増幅器に置き換えることで，増幅出力の安定化に成功している。これは，加工分野で技術発展したよりコア径の大きいラージモードエリアファイバを用いることで，ファイバ中の非線形現象を抑制し，スペクトル幅を拡げることなく，ダイレクトに平均出力10 W以上の1064 nm光を出力させることが可能となったからだ。また，通常，266 nm光への変換出力は1 W以下としているが，増幅器における励起LDの電流値を上げることで，平均出力2 W近くまで266 nm光を上げることが可能である。266 nm光出力を1 W以上に設定し，EDFA（Erbium-Doped Fiber Amplifier）側の増幅率を上げていくことで，2011年時点で既に200 mW以上の199 nm光を得ている（図3）。現在，約300 mWまでの199 nm出力を確認しているCygnusシリーズ

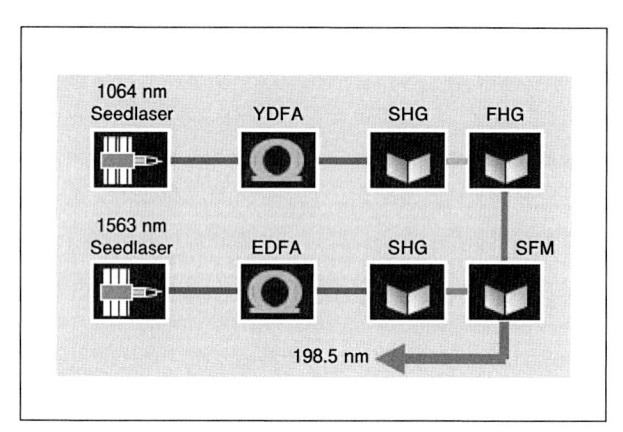

図2　199 nmレーザーの光学構成

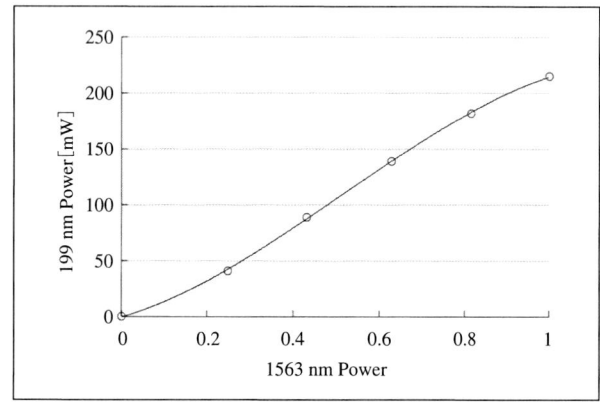

図3　199 nm光入出力特性

は，標準仕様で上述の光学部位が電源と一体化した完全空冷の装置であるが，設置するクリーンルーム環境に合わせて，レーザーヘッドと電源部を独立させたモデルや一部水冷構造を採用し，検査装置の要求仕様に柔軟に対応可能である。

3 213 nmレーザーの開発

199 nmレーザーのリリース後しばらく，我々は特に目立った新規DUVレーザーをリリースしてこなかったが，その間，加工分野におけるピコ秒パルスのYb添加ファイバMOPAの高出力化開発を進め，基本波光源の出力レベルを平均出力20 W以上とした。そして近年，ようやく，そこで得られた知識と経験をマスク検査用光源として蓄積してきた199 nmレーザーのノウハウと融合することにより，半導体検査市場に新製品を投入するフェーズに至った。

同市場におけるラインナップを増やすべく，その第一弾となったのが，FBG（Fiber Bragg Grating）製造用途も視野に入れて開発された波長1064 nmの第五高調波に相当する波長213 nmのレーザー製品，Bettyシリーズの開発である。波長213 nmの光源を用いることによる検査装置側でのメリットは，200 nm近傍の波長領域でありながら，193 nmや199 nmの波長帯と比べて，ミラー等の光学素子が，比較的入手しやすいために省コスト化でき，低吸収であるために光学設計が容易になる点である。また，レーザー光源側も，省コスト化はもちろんのこと，199 nmレーザーとは異なり，一台の基本波光源で構成できることから，非常にコンパクトなレーザーヘッド（300×700×250 mm，<50 kg）となり，定期メンテナンスにおけるヘッド交換が容易になる。また，光学素子への負担が軽減されることで，寿命10,000時間以上を想定した中で，標準仕様で199 nmレーザーの約5倍の平均出力，500 mW以上の安定連続運転（任意6分間3%p-p以下）を可能にし，検査装置での十分なスループットを実現できる。産業用途に特化したその作りは，出力診断による自動メンテナンス機能（30分以下）や，スタンバイ状態とノーマル運転状態へのクイック移行（5分以下）を同時に兼ね備える。

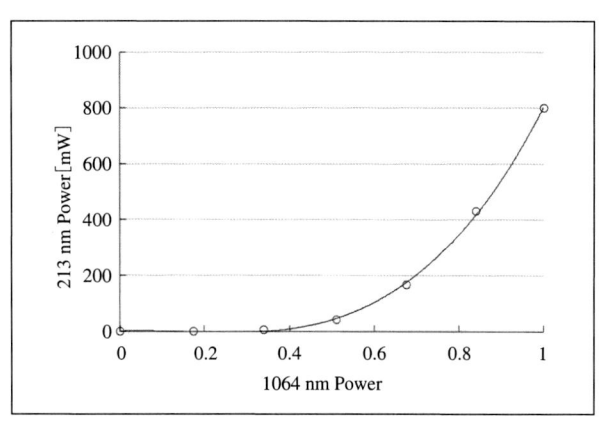

図4　213 nm光入出力特性

最先端の半導体検査用途での活躍が期待できるBettyは，擬似CWのピコ秒パルスDUVレーザーであり，Yb添加のマルチクラッドファイバ増幅器からの1064 nm光出力を光路分岐／合成せずに213 nm光へ波長変換するという，極めてシンプルでロバスト性の高い光学構造が特徴である。100 MHz以上の高繰り返しピコ秒パルス光源でありながら，スペクトル幅は30 pm以下（典型値は20 pm以下）と非常に狭く，基本波光源のパルス幅を半値全幅30 ps以上とすることで，ピーク出力により検査対象を損傷させることを未然に防ぐ。ピーク出力値は自ずと制限されることから，シングルパスでの波長変換効率を上げるには限界があり，加工用DUVレーザーと比べると最終DUV出力は断然得られにくい。いかに各波長変換ステージでのロスを少なくするかが開発のポイントである。213 nm出力の高出力化の試みとしては，基本波入力を増加させ，高品質な$CsLiB_6O_{10}$を用いることで中間波長変換ステージにおいて266 nm光の出力を約2 Wまで引き上げ，結果として，最大約800 mWの213 nm光を得ている（図4）。

4 266 nmレーザーの開発

上述の通り，199 nm及び213 nmレーザーは，パルス繰り返し数は異なるが，ファイバMOPAと波長変換部からなるその基本構造は類似しており，高出力化には波長変換中間ステージにおける266 nm光の高出力化が共に重要な要素技術となることがわかる。266 nm光発生部に

関しては，200 nm 近傍の 199 nm 及び 213 nm 発生と比べると，使用する非線形光学結晶の光吸収の影響は少なく，その発生方法も単純である。波長 213 nm よりもさらに一般的な同波長は，加工用途でも一部導入されているために，入手性の良い高品質な光学部品を用いて DUV システムの標準化が可能になる。

　そこで，我々が次に半導体検査市場に投入を予定し，開発を進めている新製品が，高出力 266 nm 光発生ユニット，DUV Box である。同ユニットは基本波光源とは独立した製品であり，Cygnus や Betty のようにレーザー発振器を待たない。平均出力 4 W 以上の 266 nm 光を発生させることを前提とした光学設計であり，現在までに蓄積された DUV 光発生における知識や経験を集約させた波長変換器である。基本波光源の選択性に幅を持たせることで，検査装置側の要求仕様に柔軟に対応させ，同ユニットを各世代共通の DUV プラットフォームとして確立させることをコンセプトとして掲げている。DUV Box が完成すれば，213 nm レーザーの出力がワットクラスになることは，前述の実験結果から明らかであり，世界トップレベルの波長 200 nm 近傍の検査用 DUV レーザー光源を逸早く検査装置メーカーに提供することが可能となる。

　DUV Box を開発するにあたり，我々は 1064 nm ファイバ MOPA のピコ秒パルス出力（100 MHz 以上，約 30 ps）を最大限に上げ，波長変換システムの出力ポテンシャルを探っている（図5）。1064 nm 光の第二高調波 532 nm 光を最適に $CsLiB_6O_{10}$ 結晶へ集光することにより，平均出力 6 W 以上の 266 nm 光を得ることに成功している。現在までに我々が実験で確認できた 266 nm 最高出力は 7.5 W であり，大阪大学で進められている $CsLiB_6O_{10}$ 結晶の品質向上を見事に証明している。高出力領域においては，効率飽和と共に経時劣化が見受けられたが，数年前に製造されたものと比較すると，自己発熱量と 266 nm 出力低下率に著しい改善が見られた。その安定運用には未だ課題が残るが，$CsLiB_6O_{10}$ 結晶を代表する DUV 光発生用の非線形光学結晶のさらなる品質向上と大口径化，その使用条件の最適化により，時代が求める DUV 光源の高出力化に的確に答えることができるだろう。

5 おわりに

　以上，我々が取り組む最先端の検査照明用 DUV 光源の開発について解説した。日本の DUV レーザー技術は半導体分野の成長と共に高度化してきたが，今後，加工分野等の他分野においても，その重要度は増し，UV レーザー産業の可能性を広げていくことだろう。

謝辞

　本開発の一部は，経済産業省関東経済産業局の平成22年度戦略的基盤技術高度化支援事業及び新技術開発財団の第97回新技術開発助成によるものである。

参考文献
1）N. Kikuiri, S. Murakami, H. Tsuchiya, M. Tateno, K. Takahara, S. Imai, R. Hirano, I. Isomura, Y. Tsuji, Y. Tamura, K. Matsumura, K. Usuda, M. Otaki, Os. Suga, and K. Ohira, Proc. SPIE **6283**, 62830Y (2006).
2）S. Imai, K. Matsuki, N. Kikuiri, K.Takayama, O. Iwase, Y. Urata, T. Shinozaki, Y. Wada, and S. Wada, Proc. SPIE **7580**, 75800H (2010).

■ **Advanced UV laser developments for optical inspection systems**

■ ①Kentaro Miyata　②Shinichi Imai

■ ①Megaopto co., ltd., Technical Department, Project Leader
②Megaopto co., ltd., Technical Department, Department Head

①ミヤタ　ケンタロウ
所属：㈱メガオプト　技術開発部　プロジェクトリーダー
②イマイ　シンイチ
所属：㈱メガオプト　技術開発部　部長

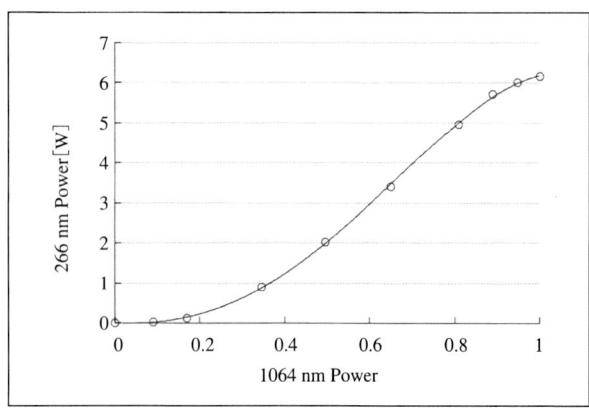

図5　266 nm 光入出力特性

深紫外光レーザーを用いた次世代マスク欠陥検査装置

㈱ニューフレアテクノロジー
菊入信孝

1 まえがき

先端半導体の大容量化と低コスト化の要求に伴い，回路の微細化に向けて，リソグラフィ技術について様々な試みが始まっている。現在，ArF光源（波長：193 nm）を用いた光リソグラフィが量産に用いられているが，光の解像限界が近づく中，光近接効果補正（OPC：Optical Proximity Correction）技術の採用に留まらず，インバースリソグラフィー技術（ILT）やソースマスク最適化技術（SMO）に代表される光リソグラフィの延命技術の採用検討が本格化してきた。一方，新しいリソグラフィ技術

として，波長13.5 nmの極端紫外線を用いたEUVリソグラフィ技術の実用化開発，NIL（ナノインプリント）技術の半導体への応用も，量産化に向けて進められている。

このような状況の中，原画となるフォトマスク（NILの場合にはテンプレート。以下，マスクと総称する）には，無欠陥であることの保証が極めて重要になっている。マスクパターンに寸法誤差，座標位置誤差，欠陥があると，ウエーハパターン全てに欠陥が転写されてしまい，歩留まりの大幅な低下を発生させてしまうからである。

ニューフレアテクノロジー（東芝機械㈱から2002年に分社）は，1980年初頭から㈱東芝とマスクパターン検査技術の開発を進め，デバイスノードに適した性能を持

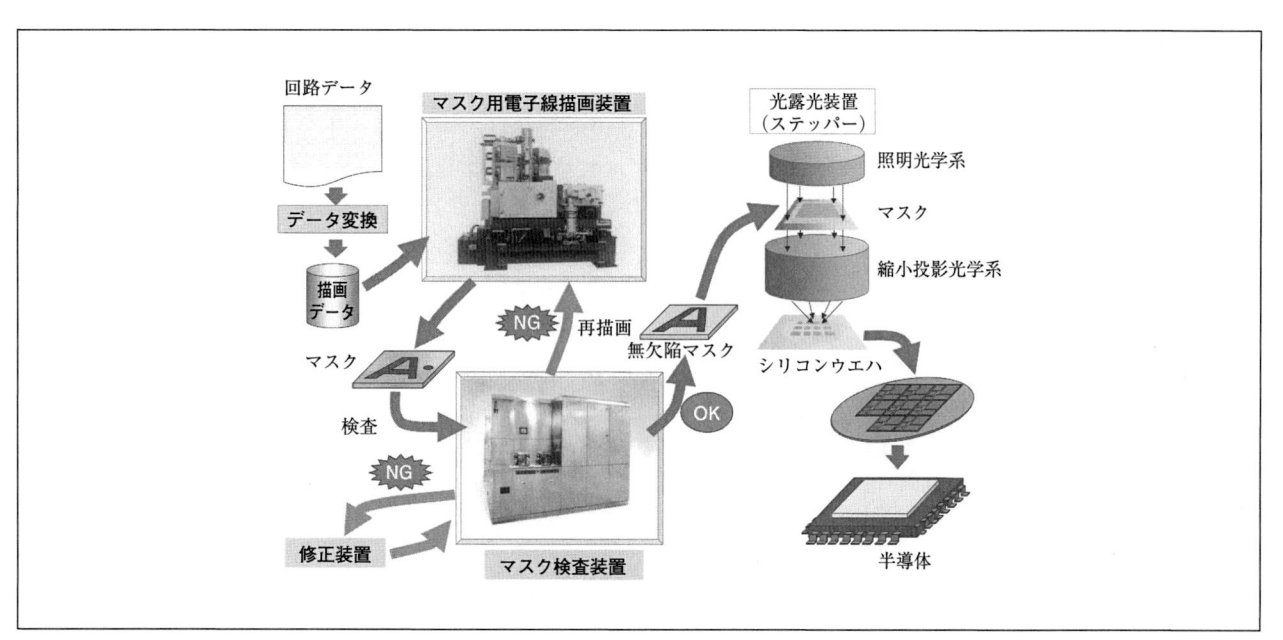

図1　マスク製造フロー

つマスク欠陥検査装置を開発することで，東芝の効率的なマスク製造システム（図1）の構築を担ってきた[1]。2006年には世界で初めて波長200 nm以下の光源（198.5 nm）を搭載したマスク検査装置NPI-5000を開発し，検査装置事業を開始している。

今回，次世代マスク検査に対応可能なNPI-8000を開発した。本装置も198.5 nm光源を用いた装置であるが，10 nmテクニカルノード以降の光マスク検査を可能とするだけでなく，ILT技術など光リソグラフィの延命技術が施されたマスクの検査にも対応可能となっている。さらに，照明光の偏光状態をパターン形状などに最適化することで，EUVリソグラフィ用マスクや，NIL用テンプレートの検査も行うことができる。

ここでは，マスク欠陥検査装置に用いられる各種先端技術と最新の検査装置を紹介する。

2　マスクパターン欠陥を検出するマスク検査装置

マスクパターンに欠陥が発生する原因は，描画起因，プロセス起因などが様々あり，欠陥の種類も多岐にわたる。図2にマスク上に見られる欠陥の例を示す。マスクの欠陥検査にとって重要なことは，これら欠陥のすべてを検査するのではなく，ウエーハに転写された後に半導体を正常に動作させなくなる要因となる欠陥を検出することである。

マスク欠陥を検査する方式は2通りある。ひとつは，

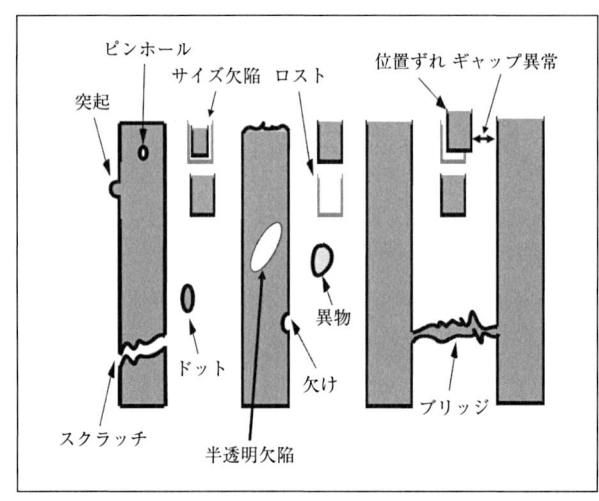

図2　マスク上欠陥の例

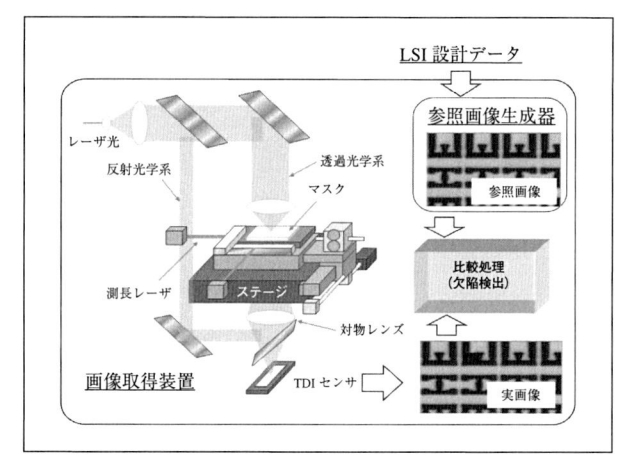

図3　マスク欠陥検査装置の構成

マスクパターンの画像取得装置によって取得された実画像と，半導体回路パターンから推定される参照画像（マスク上に描画されるべきパターン）に対する差分を欠陥として検出するDB検査（Die to Database）検査と呼ばれるもので，マスク全面の欠陥検出が可能であることから主にマスク製造部門などで用いられる。

図3にDB検査で用いられる欠陥検査装置の構成を示す。高精度ステージに載置されたマスクを，光源から導かれた光を照射し透過像・反射像それぞれセンサに撮影させ，設計パターンデータ通りにパターンが形成されているかを高速で，かつ，適切な比較判定処理によって判定することで欠陥を検出することができる。

マスク欠陥を検査するもう一つの方式はDD検査（Die-to-Die検査）と呼ばれるもので，マスク上に同一のパターンが描画されたエリア（Die）がある場合，これらの画像を取得し，その差分を欠陥として検出する。DD検査の場合，マスク全面の欠陥検出はできないが，描画データを必要としないため主にウエーハ製造部門などで使われている。

3　最先端マスク検査装置の欠陥検査機能

3.1　NPI-8000の概要

図4に次世代半導体（10 nm/7 nmテクニカルノード）以降向けのマスクパターン欠陥検査装置として開発したNPI-8000の外観を示す。

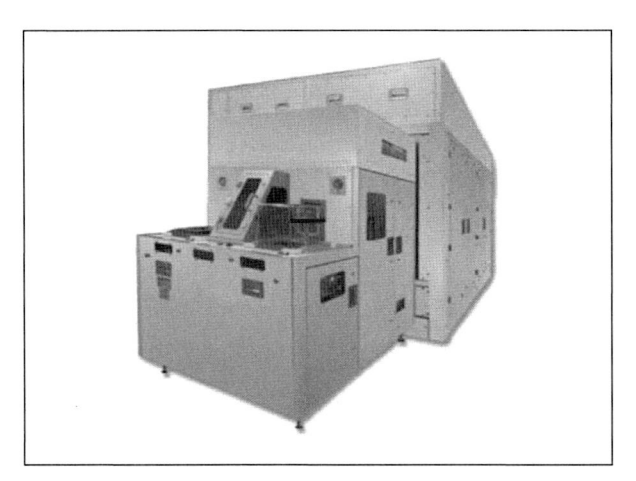

図4 NPI-8000の外観

図5 Cygnusの外観

NPI-8000には高解像度光学系でパターン欠陥を検査することはもちろん，55 nmピクセルの画像分解能で100 mm×100 mmの領域を60分以下で検査すること可能となっている。また，欠陥検出を行いながらパターンの寸法ばらつきや位置ずれの情報を計測するなど検査機能の充実も図られている。以下に搭載する技術，機能の詳細を説明する。

3.2 画像取得用スキャナー技術

マスク画像を取得するための画像取得部（スキャナーという）は198.5 nm波長パルスレーザー光源，高NA対物レンズを搭載する検査光学系，マスクを移動させる高精度ステージシステムから構成される。

検査装置の光源波長を193 nm以下にすることは工業レベルでは現実的で無い。そこで，198.5 nm波長光の持つ光学解像度を最大限に引き出す透過検査光学系，反射検査光学系を開発することとした。

⑴深紫外レーザー光源

波長ばらつきや出力変動の小さな198.5 nm波長レーザー源Cygnus（図5）を，ファイバーレーザ技術に強みを持つ㈱メガオプト社と開発した[2]。このCygnusは，種光源として2つの半導体LD（1,064 nm，1,564 nm）を用い，ファイバーレーザ増幅器によって光量を増幅させた後に，それぞれ，波長変換素子CLBOとPPLNによって266 nm，782 nm波長の光を作り出す。これらの光を波長変換結晶BBOに集光させることで198.5 nm波長の光を造

り出している。

光源の安定性を確保するためには，特にCLBO結晶の高品質化/高寿命化が一つの鍵であった。CLBOは大阪大学の佐々木孝友名誉教授，森勇介教授らが1983年に発見した結晶で，赤外光から紫外光への波長変換特性が優れている[3]。しかし，深紫外光領域で使用した場合，半導体装置用途向け部品としての安定性までは持っていなかった。そこで，科学技術振興機構が行った戦略的創造研究推進事業の中で実施された「次世代エレクトロニクスデバイスの創出に資する革新材料・プロセス研究：大阪大学他」でCLBOの実用化開発が行われ，大幅な品質の改善が達成れた。

⑵検査光学系

マスク欠陥の検査をする場合，マスクの透過照明検査と，反射照明検査の両方を用いないと，所望の感度で欠陥を検出することができない。

そこで，図6に示すように，マスクを上下から照明し，透過／反射の検出画像を同時にセンサに導くことができる光学系を開発し，欠陥検出感度と検査時間の両立を図っている。また，この光学系に搭載するNA0.85の対物レンズは，収差を20 mλ以下に抑えることに成功し，取得画像の歪量が検査感度に影響することはない。

⑶EUVマスク検査対応光学系

反射型のEUVマスク検査においては，透過検査を用いずに欠陥検査を行う必要がある。加えて，通常照明（円

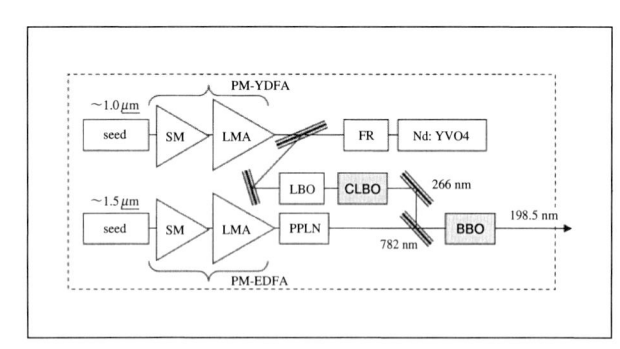

図6　Cygnusの波長変換光学系

偏光照明）では検出画像のコントラストが得られにくいことが知られている。この問題に対して，P偏光とS偏光照明がEUVマスクの画像コントラストを向上させることを見出した。NPI-8000にはP偏光・S偏光同時照明技術と，EUVマスクのパターン条件や形状に最適化した照明技術の導入によって欠陥検出の感度向上を実現している[4]。

3.3　検査処理システム

　TDIカメラで撮像されるマスクパターン画像は，55 nm/画素または45 nm/画素のデジタル画像として比較判定処理部に導かれる。マスク全面（100 mm×100 mm）を55 nm/画素でも60分以下で処理可能とするために，新たな高速画像演算処理と，それに対応した参照画像生成と高速にデータアクセス可能な計算機システムを組み合わせた処理系を実用化した。

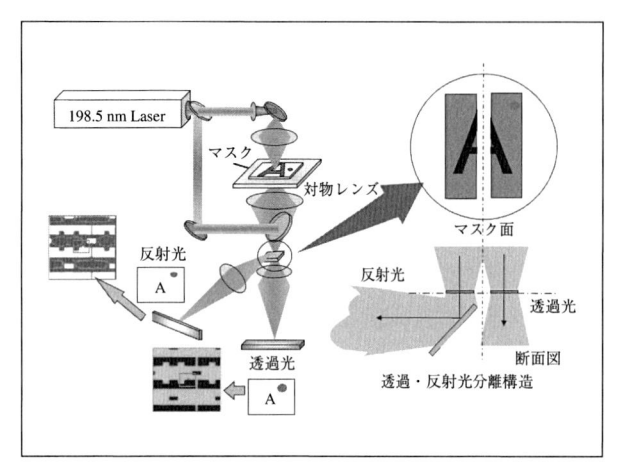

図7　透過・反射欠陥検出光学系

4　NPI-8000の先端機能

4.1　転写性考慮検査機能

　今後のデバイスには，光リソグラフィを延命すべく光近接効果補正技術（OPC）やILTに代表される超解像技術が多く用いられるようになってきた。そのため，検査装置で検出した欠陥が，ウエーハに焼き付けられた際に問題があるかどうか，もしくは，検出できない欠陥が問題となる可能性が高まっている。

　転写性考慮検査機能は，こういった問題に対しての答えの一つで，NPI-8000にはステッパーの縮小投影光学系を模擬した低NA検査光学系（露光光学系は）を搭載した（図8）。高解像度のマスク像で検出した欠陥がウエーハに転写されるかどうかを，をする波及度をもって欠陥を判断する機能である。

　本機能を用いた一つの例を紹介する。まず，高NA検査光学系を用いてマスクを検査する際の欠陥判定閾値を厳しくし，ウエーハに焼き付けた際に問題を発生させない可能性のある欠陥まで検出する。これら欠陥を含む回路イメージを低NA検査光学系で取得し，回路設計データから推定されるウエーハ上で形成されるイメージと比較することで，欠陥かどうかの判別を行うことができる。

4.2　マスクパターンの形状・位置ずれ誤差分布解析

　NPI-8000には，パターンの形状検査を行う際に取得した画像（設計，光学）から，パターンのエッジ抽出等を経て算出したパターン線幅・位置の変動を統計的に処理して，被検査マスクの誤差分布をマップ状に出力する機

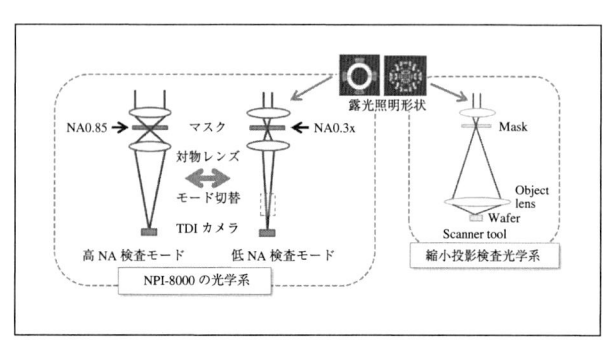

図8　転写性考慮検査光学系

能を搭載している。被検査マスク全面にわたる誤差マップを描画や製造プロセス工程にフィードバックしたり，マスクからウエーハに転写露光する際の補正データとして活用したりすることで，マスク製造工程の改善やマスク自体の製造マージンを緩和することにつながる。本来の形状欠陥を検出するだけでなく，マスク製造工程全体の製造性を改善する側面も持ち合わせている。

5 ナノインプリントテンプレートの検査技術

光リソグラフィやEUVリソグラフィの実用化が進む中，ナノインプリント技術をリソグラフィに用いていこうとする試みが始まっている。これは，ガラス基板に回路パターンが彫り込まれたテンプレートを，レジストを塗布したウエーハに押し付けてパターンを形成しようというもの。テンプレート上のパターン寸法はウエーハと同じく微細（例えば30 nm以下）になる。

このため，198.5 nmの光源を持つ検査光学系ではテンプレート上のパターンを解像することはできず，欠陥を検出することはできない。

そこで，周期的に配置されたパターンの中で，周期性から外れるもののみを探し出すことのできる光学系（Sirius光学系）を開発した[5]。本光学系は，NPI-8000に

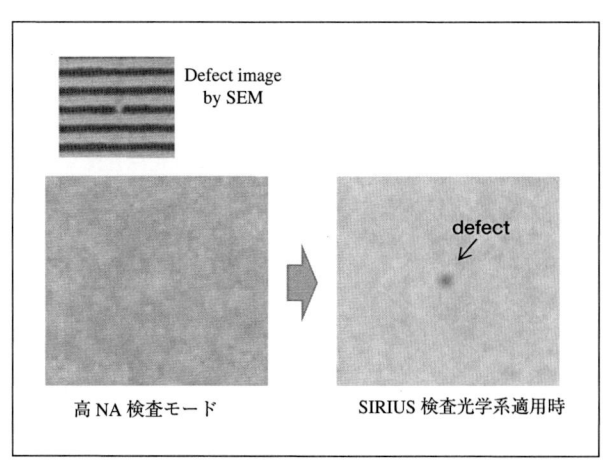

高NA検査モード　　　　SIRIUS検査光学系適用時

図9　NILテンプレート欠陥の検出例

搭載することも可能となっている。図9にHP26 nm上のブリッジ欠陥をSirius光学系で見た結果を示す。パターンは解像していないが，欠陥のみ黒点として認識可能であることがわかる。

6 まとめ

次世代半導体検査に適用可能なマスクパターン欠陥検査装置を開発した。　今回開発に成功したNPI-8000は，最先端マスク検査を高感度，高速で処理可能である一方，将来量産が期待されるEUVマスクに対応した検査機能も搭載している。また，NIL用テンプレートの欠陥判別を行う光学系も搭載することが可能である。

本装置の開発によって，マスク製造ひいては半導体製造プロセスの品質向上と効率化に役立てて頂けることを期待したい。

参考文献
1) T. Higashiki, Y. Onishi, "Trends in Semiconductor Lithography Technologies and Toshiba's Approach", *Toshiba review*, vol. 67, 2012
2) S. Imai, S. Wada, N. Kikuiri, et al, "Highly reliable 198-nm light source for semiconductor inspection based on dual fiber lasers", *Proc. SPIE*, vol. 7580, 2010
3) Y. Mori, I. Kuroda, S. Nakajima, T. Sasaki, and S. Nakai, New nonlinear optical crystal: Cesium lithium borate", *Appl. Phys. Lett.*, 67, 1995
4) R. Hirano, N. Kikuiri, et al, "A novel defect detection optical system using 199-nm light source for EUVL mask", *Proc. SPIE*, vol. 7638, 2010
5) H. Inoue, N. Kikuiri, et al, "DUV inspection tool application for beyond optical resolution limit pattern", *Proc. SPIE*, vol. 9635, 2015

■ **Mask Inspection Tool technology**
■ Nobutaka Kikuiri
■ Nuflare Technology, Inc. Strategic Business Development Department

キクイリ　ノブタカ
所属：㈱ニューフレアテクノロジー　新規事業開発室

紫外線製品と産業応用

ユーヴィックス㈱
大角和正

1　はじめに

はじめに私たち，ユーヴィックス（U-VIX）について簡単に説明させていただく。代表の森戸祐幸は，我が国における光ファイバの先駆者として，自ら立ち上げた会社を一部上場企業にまで成長させた後，長年にわたって蓄積した様々な光技術を追求するシニアベンチャー「株式会社キャビアール」をスタートさせた。

2009年1月，キャビアールはユーヴィックス株式会社とその名を改め，光技術の中でも，特に紫外線（UV）領域での技術や製品に特化したUV関連専門企業として生まれ変わった。現在，UVの持つ無限の可能性にチャレンジ，多岐にわたるその応用分野で積極的な事業を展開している。

ここでは，「紫外線製品と産業応用」として代表的な紫外線利用装置と，それにより生み出される製品について紹介させて頂く。

2　紫外線の特徴

製造業において紫外線の注目すべき特徴は，「波長の短さによる効果」である。言い換えると光子エネルギーの高さと回折限界の小ささにある。

例えば，紫外線を使うことで「切る（レーザー加工）・貼る（接着）・剥がす（UV洗浄）・固める（樹脂・インクの固化）」といった製造業の基本的な加工要素を満たすことができるが，どれも先述の紫外線の特徴によって可能となっている。

まず，エネルギーの高さという点に着目する。紫外線の持つエネルギーは代表的な結合解離エネルギー（表1）よりも高く，波長ごとのエネルギーは表2のような関係

図1　会社外観

表1　主な結合解離エネルギー

C-C 結合	1 結合あたり	C-H 結合	1 結合あたり
CH_3-CH_3	6.11E-19 J	H-CH_3	7.21E-19 J
CH_3-C_2H_5	5.93E-19 J	H-CH_2	7.66E-19 J
CH_3-$C(CH_3)_3$	5.71E-19 J	H-CH	7.09E-19 J
CH_3-C_6H_5	6.92E-19 J	H-C	5.63E-19 J
CH_3-$CHCH_2$	7.74E-19 J	H-C_2H_5	6.84E-19 J
CH_3-CCH	7.72E-19 J	H-$C(CH_3)_3$	6.43E-19 J
CH_3-CH_2OH	5.81E-19 J	H-C_6H_5	7.64E-19 J
CH_3-COOH	6.69E-19 J	H-$CHCH_2$	7.56E-19 J
CH_3-$COCH_3$	5.90E-19 J	H-CCH	8.30E-19 J
CH_3-CN	8.52E-19 J	H-CHO	5.98E-19 J
C_2H_5-C_2H_5	5.75E-19 J	H-CH_2OH	6.53E-19 J
C_6H_5-C_6H_5	7.77E-19 J	H-COOH	6.21E-19 J

表2　紫外線の波長とエネルギー

波長	エネルギー
400 nm	4.97E-19 J
350 nm	5.68E-19 J
300 nm	6.63E-19 J
250 nm	7.95E-19 J
200 nm	9.94E-19 J

になる。このような大きなエネルギーを持つことで紫外線による有機物の分解が可能となる。これはレーザーアブレーションによる加工や半導体基板のドライ洗浄につながる。また，インクや接着剤の硬化さらには光造形や紫外線式の3Dプリンターも，元をたどれば重合開始剤が紫外線で分解することをきっかけとして重合反応が進んでいく。発現する効果は「固める」だが，根本的な作用は「分解」なのである。

　つぎに回折限界であるが，回折限界は解像度を決定づける大切な要素で，どんなに優れた光学系を準備しても，回折限界を超えた微細なパターンを形成することはできない。つまりレーザー加工やリソグラフィーでは加工の精細度上限が使用する光の波長によって決まってしまうのである。そして回折限界は波長に比例するため，波長の短い紫外線はこの点で微細加工に適した光源と言える。レーザー加工では熱の影響排除，リソグラフィーではレジストの固化という要素も含めて，紫外線が微細加工を実現する優れた加工ツールとして使われてきた理由は明白である。

　紫外線は製造業以外の産業分野でも広く利用されている。たとえば，医療分野では皮膚治療，美容では日焼けやネイル，農業では植物工場内での育成促進，さらに環境分野では脱臭・除菌など。さらには目に見えないという特性からアミューズメント分野でトリックアートなどにも利用されている。

3 紫外線の光源

　紫外線が多くの産業分野で利用される理由の1つは，サイズ，発光強度，波長とさまざまある要求にこたえうる光源の選択性であろう。具体的には放電灯（高圧／低圧水銀灯，メタルハライドランプ，Xeショートアーク

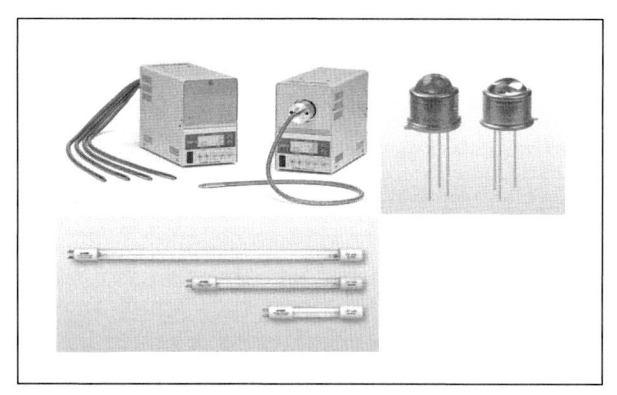

図2　さまざまな紫外線光源
　　　上段右よりランプ式照射器，深紫外LED，低圧水銀ランプ

ランプ等），レーザー（エキシマレーザー，DPSSレーザー等），LED等々がありそれぞれに特徴がある。これらについての説明は割愛するが，ともかく，アプリケーションとそれに合致した光源を広く選べるところが紫外線産業機器を広く発展させた原動力と感じている。

　この多くある紫外線光源の中で，近年特に注目されるのが紫外線発光LEDである。紫外線発光LED（以後UV-LEDとする）は，バンドギャップが大きくなるため短波長化と高出力化の両方で難易度の高いアイテムである。短波長化では，出力を別としてようやく240 nmの製品が見られるようになった。高出力化の方面では，大型チップの採用と大電流への対応がトレンドとなり，360 nm以上の光源ではUV-LEDが広がりを見せている。

　このようなUV-LED躍進の背景には，水銀の使用を制限する水俣条約がる。制限の対象は，今のところ一般照明に限定されており工業用に使用される紫外線ランプは除外されている。しかしながら，今後の動きとして水銀削減は加速していく方向にあるため，水銀レスの光源であるUV-LEDが注目を集めている。

4 紫外線応用機器

4.1　露光装置

　次に，産業への応用例を見ていく。広範な領域に応用されている紫外線機器の中で露光機は紫外線の特性をあますところなく利用している装置の1つである。

露光機は半導体やフラットパネルディスプレイ（FPD），MEMS等の製造の中心となる装置である。基板上のレジスト膜に微細なフォトマスクのパターンを正確に写し取る。一口に露光装置といっても，半導体用では34 nmという極細線幅，FPD用では2500×2200という大面積，MEMS用では数十μmというレジスト厚みへの対応が必要で，それぞれ要求に合わせて光源と露光方式が選択されている。

高精細が必要な半導体用途ではArFレーザーを使った縮小投影露光方式，大面積対応が必要なFPDでは高出力ランプと1：1投影露光，MEMSやプリント基板では放電管，レーザーダイオード，UV-LEDを使ったコンタクト露光やダイレクト露光が採用されている。

ダイレクト露光では，DMDなどの上に，焼き付けるパターンを直接発生させることでフォトマスクが不要となる。このことは多品種少量を扱うMEMSやプリント基板の試作や量産において，製造期間短縮やコスト削減に貢献できる。DMDは対角1インチ程度のものなので，光源自体も小型化が可能。UV-LEDを光源として利用することもできる。

実際，UV-LEDを光源としたダイレクト露光用の光源を我々は扱っている。特徴としては数種類のLEDの中から波長を選べるところである。半導体レーザーでよく利用される405 nm，i線相当の365 nm，その中間に位置する385，395 nmの中から選択が可能だ。さらに3種類の波長のLEDを搭載して同時に発光させることも出来る。

このような多波長発光は放電灯の発光スペクトルに近づけることを目的としており，単一ピークのLED光源で時々問題となる未硬化の問題を解決するために有効であることが確認できている。

4.2　印刷機光源

印刷にも紫外線で固化するUVインキが普及しつつある。従来の油性インキと比較した際，インキの固化時間が短縮できることと，プラスチックフィルムや金属面などにも印刷可能で印刷の幅が広がる，VOCが発生しない，印刷物の経時的な色変化が少ない，その他多くの特長を持つ。光源には大型で高出力の放電灯が利用される。

放電灯には光源価格が高価で寿命が短い，オゾン発生があるといった課題があるので，ここでもLED光源への置き換えが進んでおり寿命とオゾンについては解消が進んでいる。

4.3　レーザー加工機

産業用のUVレーザー加工機はプリント基板の加工やレーザーマーキング，その他に利用されている。赤外・可視域を透過する素材であっても紫外線は効率よく吸収されるので加工対象が広がる。またスポット径を小さくできるため微細加工に向いている。良く知られているように，樹脂等の高分子への加工では，分子鎖を直接分解して熱の影響を抑えることができるため，仕上がりが美しいという特徴がある。

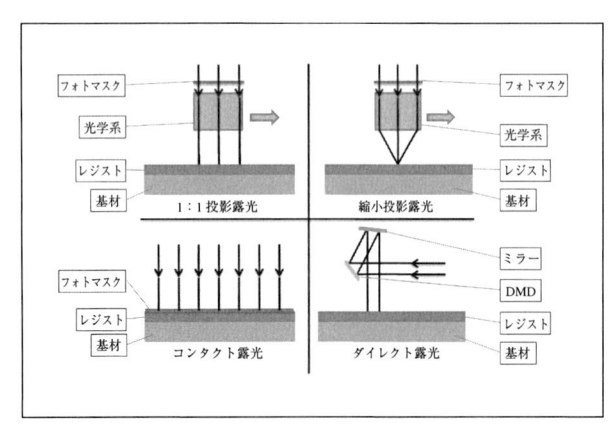

図3　露光方式による光線概略図

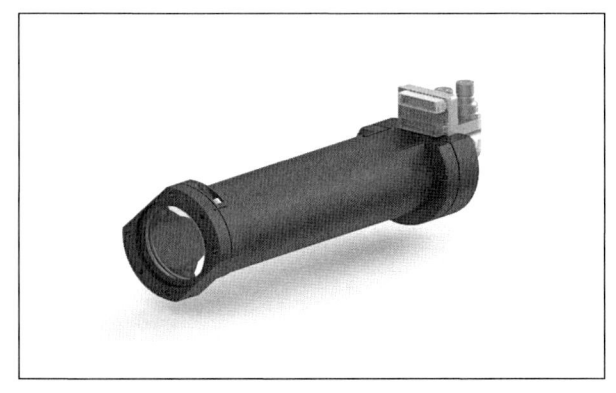

図4　DMD用光源
INNOVATIONS IN OPTICS／UV3300B

4.4 殺菌器

254 nmの紫外線はDNAに吸収されやすく，その構造を破壊することから殺菌線とも呼ばれている。この特性を利用した殺菌器はトイレのハンドドライヤーでよく見る。それ以外にも大は浄水場や下水処理場の水殺菌設備から，小は個人用の歯ブラシ除菌機まで，大きさも能力も様々なものが製品化されている。

低圧水銀灯は254 nmに強い発光スペクトルを持つため，この用途で多用されている。この分野は波長が短く，UV-LEDは進出していない。

4.5 光触媒

光触媒である酸化チタンは紫外線を受けることで酸化力の強いラジカル，いわゆる活性酸素を生成する。これらは有機物を分解する能力をもつため，防汚効果が表れる。建築物の外壁塗装やタイルに利用すると，光触媒のもう一つの効果である親水性の発現と合わさり，汚れの成分を分解して流し去り美しい外観が維持される。

また，有機物の分解は脱臭・除菌効果もあるため空気清浄機としても利用されている。

光触媒は名前の通り自身が分解に寄与する訳ではなく，ラジカル生成のための触媒であるため半永久的に使用できる。

4.6 その他の応用機器

その他の応用として，①蛍光体との組み合わせによる応用／偽造防止，バイオ関連の諸検査，蛍光浸透探傷検査（鋳物・溶接の検査），指紋検出等の犯罪捜査等，②生物の特性との組み合わせによる応用／集魚灯，誘蛾灯，植物工場での補助光（栄養価向上や免疫力向上）等がある。

5 むすび

以上見てきたように，紫外線の応用分野は広く，生活のすぐそばに紫外線応用によって生み出された製品が多数ある。特に半導体やFPD製造といった精密な電子機器産業において，紫外線は無くてはならないものとなっており，今や紫外線が無ければスマホもテレビも作れない。

紫外線と言えば有害なもの，と感じる方々が多い中，少しでも紫外線の実力を知っていただき，身近な製品の中に使われている紫外線を感じて頂きたいと思う。

■**Ultraviolet radiation equipments and industrial applications**
■Kazumasa Osumi
■U-VIX Corporation Technical Division

オオスミ　カズマサ
所属：ユーヴィックス㈱　技術部

人に優しい紫色LEDを使った太陽光に近い白色LED光源の実用化

SORAA㈱

汲川雅一

1 光とは何か

1.1 光の歴史

「光とは何か」という問いには古くは古代ギリシャの時代から力学と同様に研究されてきました。20世紀になりアインシュタイン博士が「光は光子（フォトン）」であると発見しました。光には不思議な特性があります。一瞬で遠くまでたどり着き物にあたると反射もします。そして，光は人の生活にはなくてはならないものの一つです。光源の歴史は50万年前には夜の闇を照らす火を人は手に入れた頃からと考えられています。人工光源の歴史は電気を利用してエジソンが白熱電球を発明してからまだ120年余りです。

1.2 LED（発光ダイオード）

LEDとは発光ダイオード（Light Emitting Diode）のことで電気により光子を生成する半導体です。基本的な原理は20世紀初頭に発見されています。1960年以降になって赤色LED，1990年代になって青色LED，緑色LEDが開発されて光の三原色（RGB）がようやく揃いました。それぞれの高効率化，高出力が進み2000年代になって一般照明用への実用化に至っています。その発光原理はエレクトロルミネセンス効果を利用しています。LEDは半導体を用いたpn接合と呼ばれる構造で作られて発光はこの中で電子の持つエネルギーを直接光エネルギーに変換することにより光子が生成されます。光子の波長は材料のバンドギャップによって決められ，これにより紫外線領域から可視光線領域〜赤外領域までの様々な単一色が得られます。青色や紫色のLEDに蛍光体を塗布することにより白色のLEDが開発実用化されて一般照明の光源に広く使用されています。

2 青色LEDと紫色LED

2.1 LEDと蛍光体

実用化初期の頃は青色LEDと黄色蛍光体（補色）を組み合わせて白色を発光させていました。この組み合わせでは演色性という光源の特性の大切なところが十分ではないので緑色及び赤色の蛍光体を加えて高い演色性を実現する工夫がされてきています（図1）。SORAA社は自社で開発製造している紫色LEDに青色，緑色及び赤色の三つの蛍光体を組み合わせてより太陽光の下で見たとき

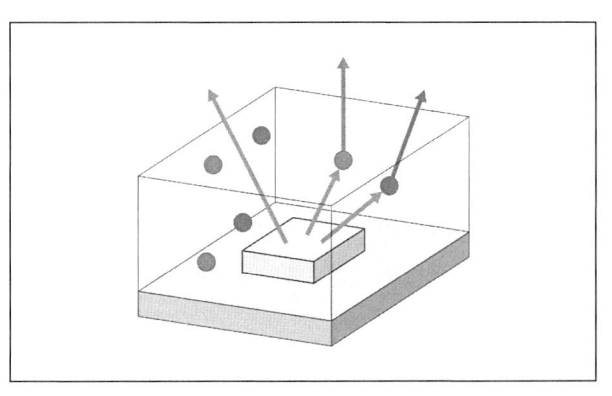

図1　青色LED

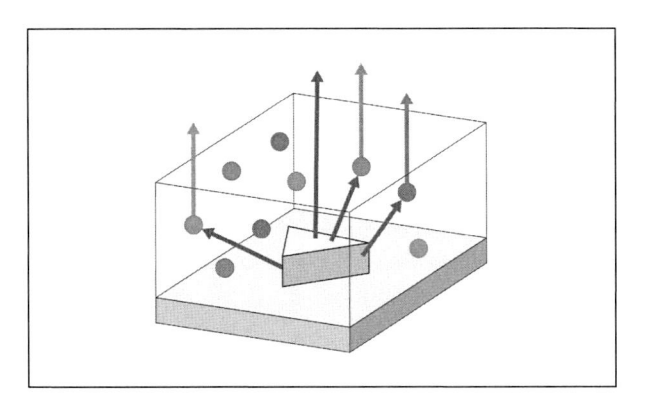

図2 紫色LED

と同じような見え方になるような光源の実用化を追求しています（図2）。

2.2 青色ベースと紫色ベースの白色LED

InGaN青色LEDのピーク波長は460 nmでYAG蛍光体の励起スペクトルと一致しています。これは高効率白色LEDを実現するのに重要な要素でこの組み合わせが現在主流の白色LED光源となっています。YAG蛍光体の発光スペクトルは550 nmを中心とする図3のようなイメージになります。これを第一世代の白色LED光源と呼びます。それに対して，SORAA社の紫色LEDのピーク波長は415 nmで青色，緑色及び赤色の三つの蛍光体を励起して図4のようにより幅の広い範囲で発光スペクトルが得られています。

この紫色LEDと青色，緑色及び赤色の三つの蛍光体との組み合わせにより図5に示されるような可視光域をカバーするスペクトルとなっています。ここに第一世代の

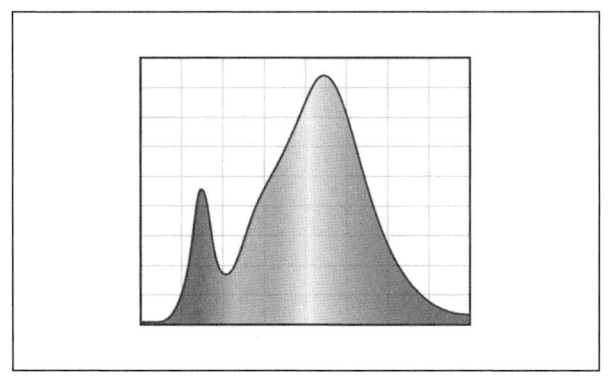

図3 青色LEDのスペクトル

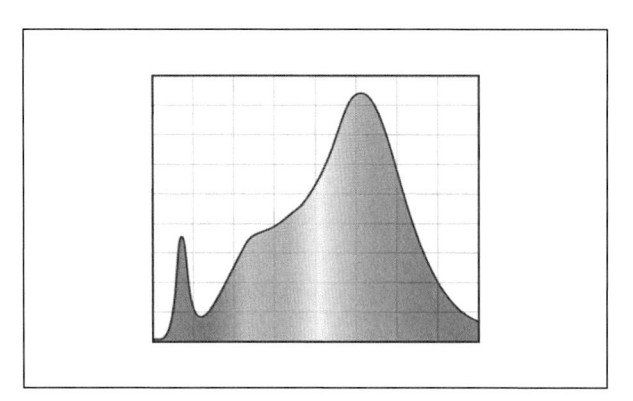

図4 紫色LEDのスペクトル

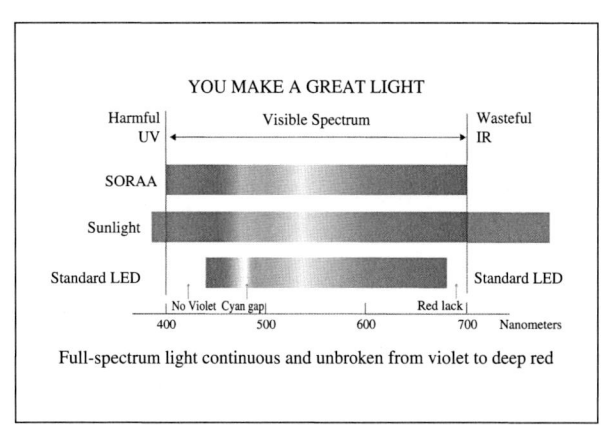

図5 可視光線領域（400 nm－700 nm）のスペクトル比較

標準的な青色ベースの白色LED光源とは大きな違いがあります。青色ベースの白色LED光源には　(1)紫色の波長の欠落　(2)シアン（青緑）を表現する波長の不足　(3)深い赤色の波長の欠落という太陽光に含まれている色の不足がありました（図5）。

3 青色LEDと紫色LEDによる白色光

3.1 第一世代と第二世代のLEDと蛍光体

青色ベースの第一世代LEDと紫色ベースの第二世代LEDは発光の仕組みが異なっています。第一世代LEDはチップが青色発光して赤色と緑色の蛍光体を励起させて擬似的に白色にみえるように設計されています。即ち赤・緑・青の3波長による発光です。一方，第二世代LEDチップは紫色発光して赤色と青色と緑色の蛍光体を

励起させることにより太陽光の白色に見えるように工夫しています。赤・緑・青・紫の4波長による発光です。

3.2　相関色温度

色温度（CCT：Correlated Color Temperature）とは光源が発している光の色を定量的な数値で表現する尺度（単位）のことです。単位には熱力学的温度のK（ケルビン）を用います。図6は1931年にCIE（国際照明委員会）で標準表色系として承認された色の表わし方（色空間）になります。この図は色度図と称されます。この曲線部分の内部の色は混色となり黒体軌跡を挟む領域が米国規格協会（ANSI）が定めた色度に関する規格になります。

黒体軌跡上の白色は赤色，緑色及び青色（紫色）を混色してつくることができます。

4 青色ベースLED白色光源の健康障害

4.1　「ブルーライト」の問題

最近青色ベースLED白色光源の睡眠障害や健康障害が問題視されるようになってきています。医学的には目の中で光を感受する受容体は460 nmというInGaN青色

LEDのピーク波長と同じ青い波長の光に強く反応するとあります。また，この460 nm前後の青い波長は太陽光の朝日に多く含まれています。人は脳内で眠りを誘う「メラトニン」というホルモンを分泌し，体温や脈拍を下げて眠りに入ります。早朝太陽の光でこのホルモンが減り人は覚醒します。朝目覚めるときはこの「ブルーライト」がたくさんあっても問題ありませんが，夜半にこの光を見ると，サーカディアンリズム，体内時計が惑わされてしまいます。即ち，夜にこの青色LED光を浴びれば夜なのに体はまだ朝と勘違いしてしまいます。一種の時差ボケのような反応が起きこれが睡眠障害などにつながると言われています。

4.2　「ブルーフリー」

ブルーライトの波長は短く強いエネルギーを持っています。そのため角膜や水晶体で吸収されずに網膜まで到達します。ドライアイ，視力低下，睡眠不足など身体に悪影響を及ぼすといわれています。意図的に青色ベースLED白色光源から青色波長を除くことはできるのでしょうか。

青色ベースLEDの白色光源から青色を除くと図7にあるように白色は赤と緑の波長成分だけになるので黒体軌

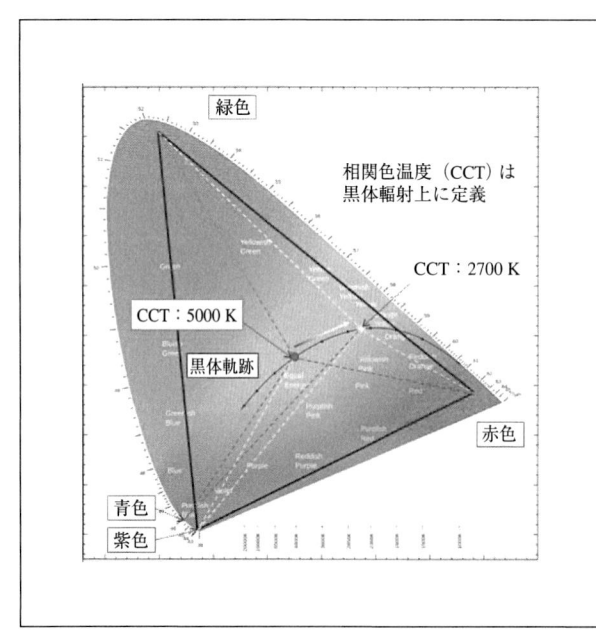

図6　色度図　CIE1931色空間

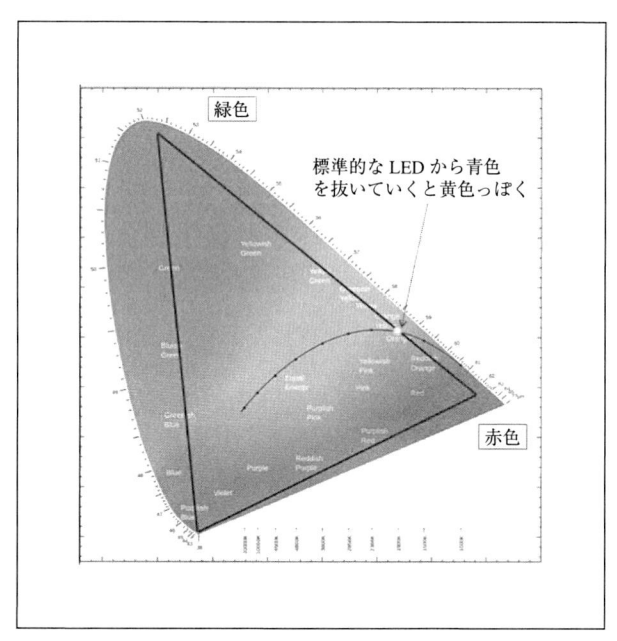

図7　色度図　赤と緑の波長

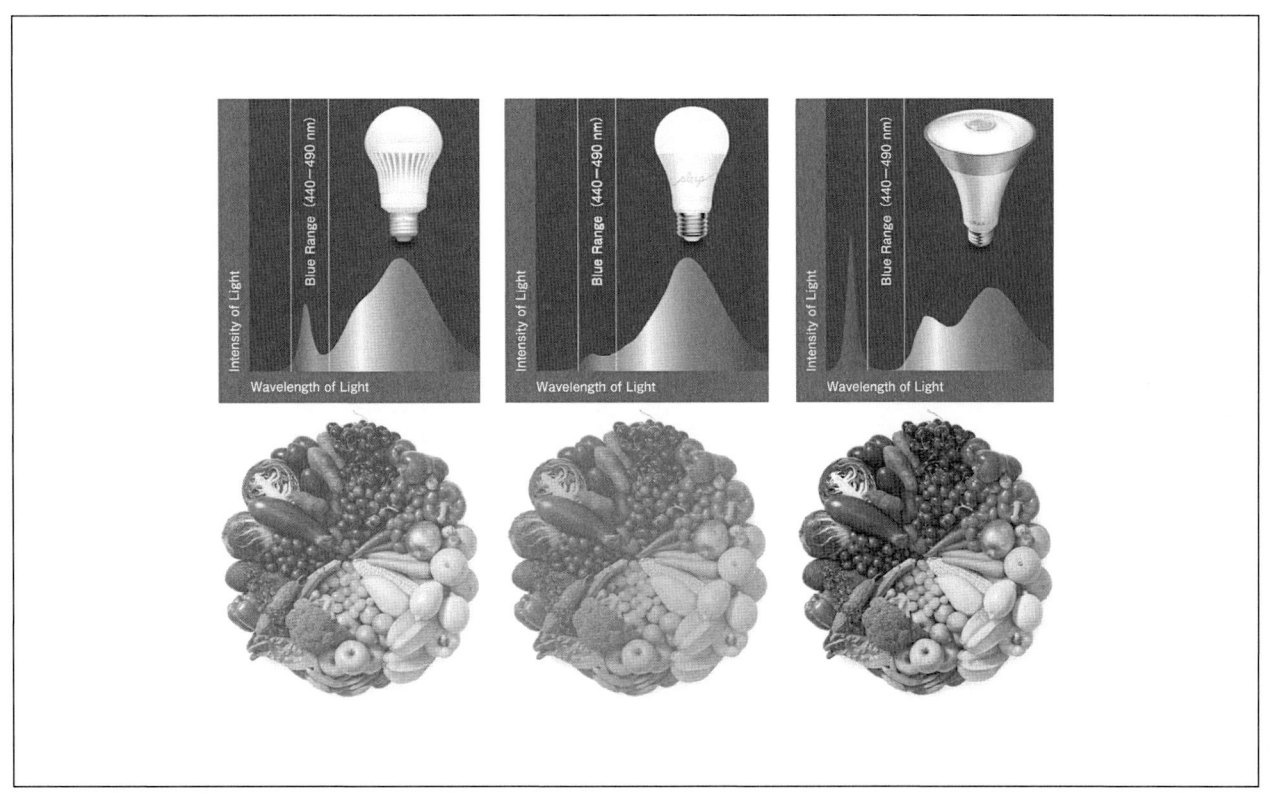

図8　目にやさしい「ブルーフリー」白色光源

跡との直線上交差する色となります。従って，その白色は黄色っぽくならざるを得ません。一方，紫色ベースLED白色光源から青色波長を除いても黒体軌跡に白色をつくることができます（図6）。紫色のLEDの波長のピークが415 nm前後なのでこのような健康被害は少なくなります。

5　GaN基板

5.1　サファイア基板とGaN基板

量産の白色LEDの基板にはサファイア基板（酸化アルミニウム）が多く使われていますが，理想的には発光層の膜組成との屈折率や格子整合性のよいGaN基板（窒化ガリウム）になります。しかし，実用化と生産性を考えるとサファイア基板を使わざるを得ない1990年代の歴史がありました。古くから安価でサイズの大きなGaNのバルク単結晶の製造には国内外の多くのメーカーが長年

取り組んでいています。GaNは既存技術よりも単位体積当たりで取り出せるエネルギーが大きく，より小さく，効率的なデバイスになりえます。従って，高品質で低コストのGaNベースのデバイスはLED照明のみならずエレクトロニクス，センサなど多くの分野でエネルギー利用を減らすことがでる省エネデバイスになります。

5.2　SORAA社の技術

SORAA社は高品質GaN on GaNにしかできない革新的なチップデザインを開発し実用化しています。三角形に切り出すことにより光子の取出し効率が90%近くに向上しています（図9）。

発光層の膜組成との屈折率や格子整合性のよいGaN基板（窒化ガリウム）を使うことにより理想的な三角形にチップを切り出せています（図10）。

サファイア基板の青色発光チップでは電流密度を上げたときにドループ現象が起き，高輝度化の妨げとなります。GaN on GaNの紫色発光チップではドループ現象が

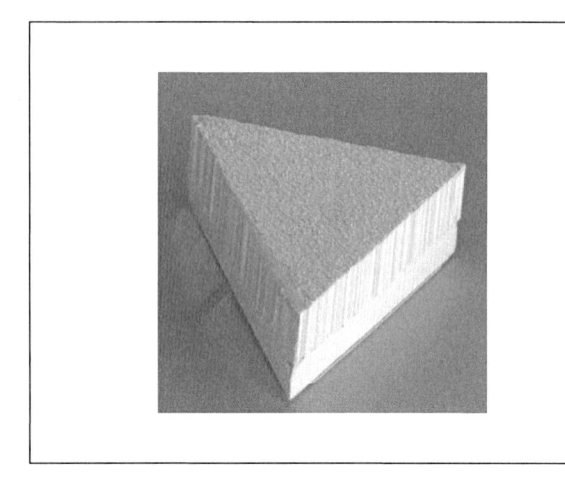

図9 SORAA GaN LED チップ

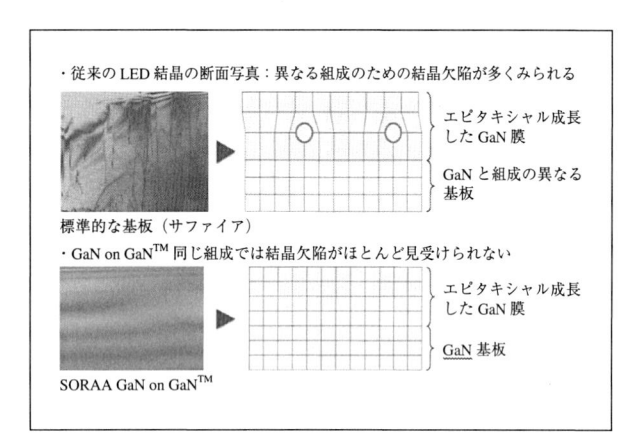

・従来のLED結晶の断面写真：異なる組成のための結晶欠陥が多くみられる

エピタキシャル成長した GaN 膜

GaN と組成の異なる基板

標準的な基板（サファイア）

・GaN on GaN™ 同じ組成では結晶欠陥がほとんど見受けられない

エピタキシャル成長した GaN 膜

GaN 基板

SORAA GaN on GaN™

図10 発光層の膜と基板

抑制されます。

6 まとめ

SORAA社は米カリフォルニア州立大学の中村修二教授が共同設立者となって2008年に設立されたLEDをチップから製造する照明光源メーカーです。同教授等が発明し量産化した青色ベースの白色LED光源には，(1)紫色の波長の欠落 (2)シアン（青緑）を表現する波長の不足 (3)深い赤色の波長の欠落という太陽光に含まれている色の不足があります。そこで，中村教授のグループは発光層の膜組成との屈折率や格子整合性のよい高品質のGaN基板（窒化ガリウム）を用いて革新的なチップデザインによりGaN on GaNの紫色発光チップの開発量産化を実現してこの問題を解決しました。

■Development and manufacturing of the near-sunlight white LED light source using a human-friendly violet LED
■Masaichi Kumikawa
■Soraa Inc., Country Manager, Japan

クミカワ マサイチ
所属：SORAA㈱

プラズマ技術を用いた深紫外線面光源(UV-LAFi)技術とその応用

篠田プラズマ(株)　(同)紫光技研
篠田　傳　栗本健司，平川　仁，髙橋純一郎，日髙武文

1 はじめに

2017年9月24日にスイスのジュネーブに於いて「水銀に対する水俣条約」[1]の第一回締結国会議が開催された。水俣条約は，日本でも2017年に発効され，2020年に向けて，水銀廃絶を求めるものである。この背景をもとに，水銀ランプが担ってきた254 nmや311 nmの深紫外線を利用した殺菌，消臭，治療などの紫外線市場で，これを代替できる水銀フリーのデバイスの誕生が期待されている。

プラズマテレビ（PDP）は水銀フリーの放電により赤，青，緑用の蛍光体を励起発光させた可視光を利用した表示技術である。すなわち微小な発光点を大面積に配置して，個別の発光点を高速にON，OFF制御して映像を表示する面発光素子である。

筆者らは，このPDP技術を応用して水銀フリーの深紫外発光デバイスの開発に成功した。このデバイスは，水銀フリーであるだけでなく，PDP技術の高速応答，面光源といった特長を活かした新しい紫外線面光源である。紫外線（UV）の発生原理は放電を使うという意味で，水銀ランプの原理に近く，高い発光パワーなどの高性能性を引き継ぐ可能性のある有力なデバイスである。この技術はPDPの後継として開発した次世代ディスプレイ技術である超大画面フィルム型PDP技術を礎として誕生した。そのため，筆者らは，UV-LAFi（ラフィー）と名付けた。UV-LAFiはUltra Violet Luminous Array Filmの略である。

1.1 深紫外線UV-LAFi誕生の背景

PDPは富士通が1996年に初めて42型大画面平面テレビを商品化し，2000～2010年にかけて数兆円という巨大な市場の創出に貢献した。一方，篠田プラズマは，同じ時期にPDPの次世代技術である超大画面フィルム型テレビの開発に成功した[2]。これは，曲面で没入感を高めたフィルム型テレビを目指しており，ガラスチューブを配列したフィルム構造をもつことで軽量，高発光効率の特長をもつ。この技術は図1に見られるように，超大画面フィルム型テレビの商品化に成功した。

このガラスチューブを配列したPDP技術は

- 水銀フリー
- 面光源

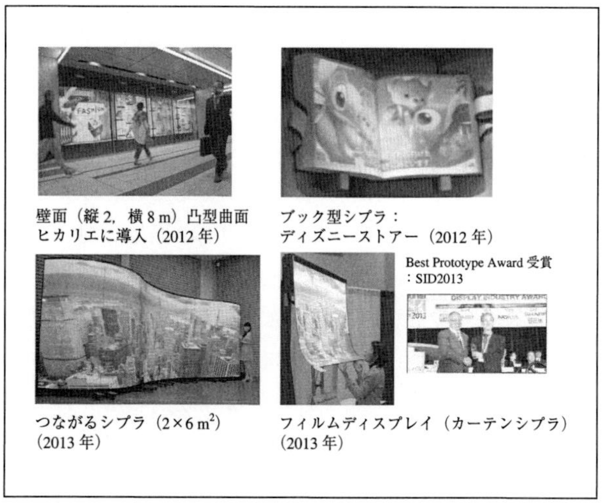
壁面（縦2，横8 m）凸型曲面
ヒカリエに導入（2012年）
ブック型シプラ：
ディズニーストアー（2012年）
Best Prototype Award 受賞
：SID2013
つながるシプラ（2×6 m²）
(2013年)
フィルムディスプレイ（カーテンシプラ）
(2013年)

図1　プラズマ技術を用いた超大画面フィルムディスプレイの商品化

- 高速制御
- 高発光効率
- PDPで熟成した周辺技術

など，次世代光源としても優れた特徴をもつ。筆者らは，紫外線放射が可能な方法を見出せば，有力な紫外線発光デバイスになることを確信し，深紫外線デバイスを目指して開発を開始した。2014年には，殺菌用の258 nmを中心とする広帯域の波長分布をもつ紫外線と，すでに開発をしていた皮膚治療用の311 nmの極狭帯域の波長分布をもつUV-LAFiの実用化を進めた[3]。

その後，種々の蛍光体を検討すると共に，殺菌効果，皮膚治療効果，消臭効果などの評価を行い，非常に有効であることを確認した。本稿では，UV-LAFi技術とその性能，および応用とその効果を紹介する。

2　UV-LAFi技術とその特長

LAFiは上述のように，Luminous Array Filmである。すなわち，発光素子（Luminous Elements）を配列した（Array）フィルム（Film）でフィルム状の面光源である。以下に，その構造と発光特性，駆動特性，特徴などを紹介する。

2.1　紫外線発光の原理と基本構造

図2-1に従来の表示デバイス（フィルム型PDP）とUV-LAFiの構造の比較を示す。共にガラスチューブの底面に蛍光体を配置し，さらにNe+Xeの混合ガスを封入して，チューブ発光素子を形成する。そのチューブを背面の電極基板上に配列する。このチューブ配列に直交するように配置された外部の電極に電圧を印加して，チューブ内に放電（プラズマ）を発生させる。この放電でXeから発生する147 nmと172 nmの真空紫外線を蛍光体へ照射・励起して，蛍光体に特有の光を発生させる。

表示デバイスでは赤，青，緑の光の3原色を発生させる3種類の蛍光体を用いる。紫外線デバイスは特有の紫外線波長をもつ個別の蛍光体を選定する。代表的な例を述べると，医療用途には311 nmで発光する蛍光体を，殺菌用は258 nmを中心とした広帯域波長の蛍光体を用いる。このほかに種々の蛍光体がすでに開発されているが，応用に即した蛍光体の選定は後述する。

さて，表示デバイスでは小さな発光点を高速に点滅さ

せて画像を表現するために，チューブの前面と背面に，互いに直交する電極を配置し，その交点が発光点となる。背面はフィルム上に形成した一対の金属ストライプ電極を配置する。前面は可視光を放射させるために，光を透過する透明またはメッシュ電極が用いられる。

一方，UV-LAFiは背面のフィルムに一対の電極を配置するのみである。発光素子であるガラスチューブはこのフィルム上に配列する。表示デバイスのようにチューブの前面には電極は不要である。チューブの前面には，テフロンなどの紫外線を透過させる保護フィルムのみを配置する。このようにディスプレイデバイスに比較して非常に簡単な構造となる。

図2-2 (a) 〜 (c) を用いて紫外線デバイスの基本的な構造と動作を説明する。図 (a) はチューブ発光素子の断面図である。幅の広い2層の電極は背面電極基板に配置する。電極上の接着層でガラスチューブを接着する。ガラスは汎用される硼珪酸ガラスである。ガラス内の背面側に紫外線用の蛍光体を形成する。さらに，ガラス内にNe+Xeの放電用の混合ガスを封入する。中央の図 (b) に示すように，多数本チューブが2層の電極に直交して配置される。この電極には図 (c) のように回路から正弦波の電圧が供給される。その結果，チューブ内に放電が発生する。放電が発生すると，Xeガスの放電により147 nm，172 nmの真空紫外が発生し，蛍光体を励起し，その蛍光体に特有の深紫外線が発生される。蛍光体層は深

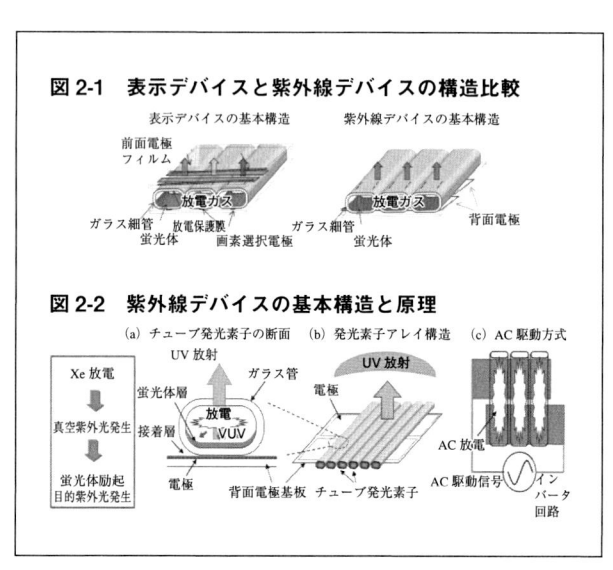

図2-1　表示デバイスと紫外線デバイスの構造比較

表示デバイスの基本構造　　紫外線デバイスの基本構造

前面電極
フィルム
放電ガス
ガラス細管
蛍光体　放電保護膜　画素選択電極
ガラス細管
放電ガス
蛍光体　背面電極

図2-2　紫外線デバイスの基本構造と原理

(a) チューブ発光素子の断面　(b) 発光素子アレイ構造　(c) AC駆動方式

Xe放電
真空紫外光発生
蛍光体励起
目的紫外光発生

UV放射
蛍光体層
接着層
電極
VUV
ガラス管
電極
背面電極基板　チューブ発光素子
UV放射
AC放電
AC駆動信号
インバータ回路

図2　LAFiデバイスの原理

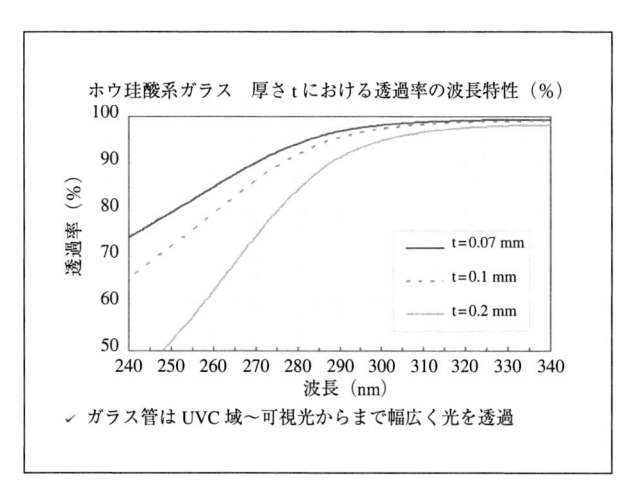

図3 硼珪酸ガラスの厚さに対する透過率の波長特性

紫外線の発生と共に，反射層となり蛍光体の上面側に蛍光体を有効に放射する。

UV-LAFiは，水銀はもちろん，石英も用いる必要がないという材料面での革新性をもつ。即ち，水銀ランプは，放電で発生する紫外線を放射するために，石英ガラスを用いている。デバイス強度を保証する厚みをもつ汎用のガラスでは紫外線を通さないために，高価な石英ガラスが必要であった。一方，UV-LAFiは，汎用される安価な硼珪酸ガラスを用いて，高い発光パワーの紫外線（UVA，UVB，UVC）の発生を実現した。図3は硼珪酸ガラスの膜厚と紫外線透過特性の関係を示す。UVC領域の250 nmの紫外線は，0.2 mmのガラス膜厚で50％程度の透過率しかないが，ガラス膜厚が0.1 mm以下では透過率は70％以上である。UV-LAFiのガラスチューブは幅1〜3 mm程度，高さ1 mm，ガラス膜厚0.1 mm以下で十分な強度を得ている。UV-LAFiは，これまで述べた構造と材料を採用して，実用的な次世代紫外線発光デバイスを実現した。

2.2 UV-LAFiの駆動法

UV-LAFiは絶縁膜を介して放電させるAC駆動方式を採用しているが，駆動電圧波形は簡素である。表示デバイスでは，急峻な立ち上がり，立ち下りをもつ矩形波を用いるために回路が複雑になり，高コストとなった。これに対してUV-LAFiの駆動波形は，簡素な正弦波である。このため，蛍光灯などで用いるインバータにより，数Vの正弦波の入力電圧を2000 V程度に昇圧してチューブに印加し，放電を発生させ発光させる。この電源は，簡素で小型化，低コスト化ができる。

2.3 駆動特性および発光特性

図4はチューブ発光素子の駆動原理である。図の上段は印加電圧，中段は放電電流である。それぞれ駆動電圧V1〜V3に対応して時間t1〜t4での駆動原理を説明する。図面の下には，印加電圧の時間t1〜t4に対応したチューブ内の放電模型図を示す。放電模型図はチューブ長手方向の断面とそれに対応する電極を示している。チューブの中央に数mmのギャップを置いて2種類の電極がチューブの長手方向に左右に配置される。まず，左の電極を0 V電圧とし，右の電極に正弦波の電圧を印加する。右の電極にプラスの電位が印加され，電極間のギャップにかかる電界が放電開始電圧（Vf）に達すると放電が開始する（t1）。この放電は絶縁層を介して行われるので，AC型PDPのように，絶縁膜の上に外部からの印加電圧を打ち消す方向に壁電荷が形成される。壁電荷は右の電極上にマイナス電荷，左の電極上にプラスの電荷が蓄積する。このため，ギャップ部分の放電は停止するが，その外側に形成される強い電界に空間電荷が供給されるので放電が両側に広がっていく（t2）。次々に壁電荷が形成されると共にチューブ端まで放電が伸びていき，チューブ内に壁電荷がすべて形成されると放電が消え電流が止まる（t3）。このために，チューブ内の電流はAC型PDPよりは長時間流れることになる。次に，印加電圧が反転すると電極間のギャップ付近に形成された壁電圧と

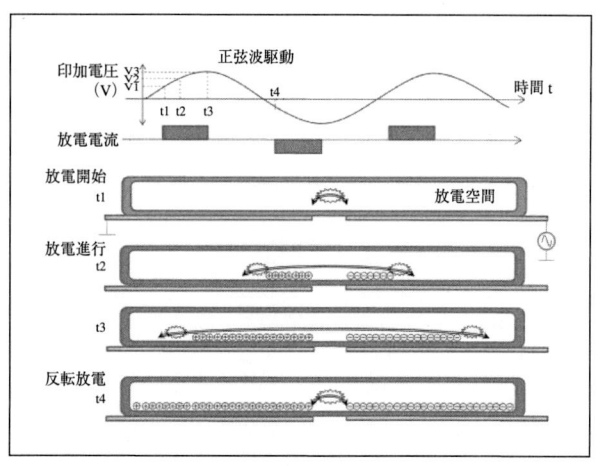

図4 光源用チューブ発光素子の駆動原理

反転した電圧の差が放電開始電圧に達するとチューブ内に逆方向の電流が流れる様に放電が発生し（t4），上述のように放電が広がって停止する。さらに，t1〜t4が繰り返され，間欠的に放電が持続する。このように壁電荷が発生しているために，AC型PDPと同様に，UV-LAFiもメモリー効果をもつ。このメモリー効果を利用すれば，低電圧駆動が可能となり低消費電力化に利用できる。

2.4　各種蛍光体による発光波長特性

表1はXeからの真空紫外線172 nmで励起可能な紫外線用の酸化物蛍光体を示す[4]。この表に見られるように紫外線領域では，すでに190 nmから355 nmにピークをもつ複数の蛍光体が存在し，用途に合わせて蛍光体を選択すれば，UVA〜UVCにかけての幅広い発光が得られる。

2.5　UV-LAFiの特長

UV-LAFiの主要な特長を以下に説明する。

・水銀フリー

UV-LAFiには，NeとXeの混合ガスが封入されており，水銀を用いていない。水銀フリーの深紫外線発光デバイスであり環境にやさしい技術である。

・多彩な発光波長

紫外線発光用の蛍光体はすでに多くの開発がなされており，発光波長は用途に応じて選ぶことができる。図5は，各種蛍光体をUV-LAFiに適用して得られた紫外線発光波長特性を示す。

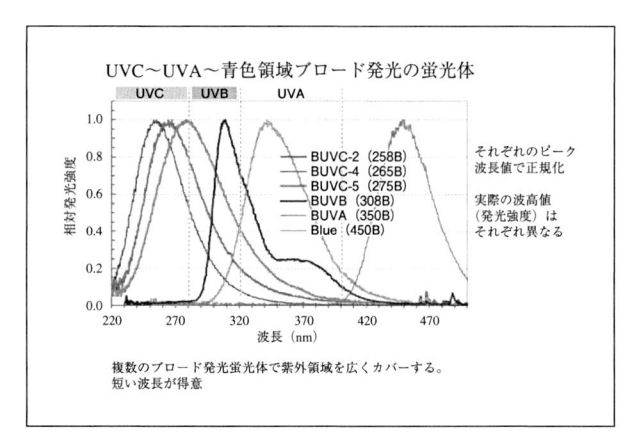

図5　UV-LAFiの種々の紫外線発光波長特性

半値幅が狭いピークをもつ極狭帯域の紫外線や半値幅が50 nm程度の幅広い発光特性をもつ広帯域の紫外線など蛍光体の選定により種々の紫外線を発生させることができる。311 nmの発光は約1 nmの極狭帯域と温度に依存しない安定な波長特性が特長である。一方，広帯域のUVCの蛍光体特性もUV-LAFiのもう一つの特長である。これらの波長特性も，酸化物蛍光体の固有のバンド構造から発生するものであり，温度依存性がなく安定な特性である。

表2に殺菌・消臭と皮膚治療に用いられるUV-LAFiの電気光学特性の代表例を示す。

・種々なサイズと曲面が可能な面光源

発光素子は前述のように幅2 mm，長さ4〜10 cm程度のチューブであり，これらを電極基板上に配列した平面

表1　真空紫外で励起可能な紫外線蛍光体

プラズマから発生する真空紫外線を励起光源として用い，蛍光体により様々な波長の光に変換できる。特に短波長領域の紫外線を，高い変換効率で発生できる。

代表的な蛍光体は，金属酸化物（セラミック）の母体に，発光中心となる元素を注入した組成であり，安定した材料で安定した発光ができる。

＜紫外線蛍光体の事例＞

蛍光体組成	励起波長	発光ピーク波長	量子効率（172 nm励起）
YPO4:Nd	160, 190 nm	190 nm	90%
LaPO4:Pr	165, 200 nm	225 nm	70%
YPO4:Pr	160, 190 nm	233 nm	70%
YPO4:Bi	170 nm	241 nm	90%
(Ca, Mg)SO4:Pb	170 nm	245 nm	80%
LuBO3:Pr	240 nm	257 nm	50%
YBO3:Pr	240 nm	261 nm	50%
Y2SiO5:Pr	170, 245 nm	270 nm	20%
SrSiO3:Pb	170, 235 nm	275 nm	80%
LaMgAl11O19:Gd	170, 275 nm	311 nm	95%
LaPO4:Ce	170, 270 nm	320 nm	90%
YPO4:Ce	170, 270 nm	335, 355 nm	55%
LaMgAl11O19:Ce	170, 275 nm	340 nm	90%

出典　Prof. Dr. T. Jüstel, University of Applied Sciences Münster, Germany

表2　LAFi深紫外光源の特性（代表例）

用途	殺菌・消臭	皮膚治療
サイズ	面光源 8×6 cm（50 cm²）	面光源 8×12 cm（100 cm²）
光出力	＞150 mW	350 mW
パワー密度	>3 mW/cm²	3.5 mW/cm²
中心波長	258 nm	311 nm
スペクトル半値幅	〜60 nm（殺菌曲線にマッチ）	＜1 nm
消費電力（駆動回路込）	15 W	30 W
照射の特長	拡散光・面照射，曲面可，広帯域	大面積超狭帯域
寿命	1000〜10000 時間（応用，使用環境による）	1000 時間以上

光源である．図6は面光源としての特性を示す．模型図のように発光面近傍と5 mm離れた位置に拡散板を置いて，照射状況を調査した．図 (a) は発光表面近傍の照射プロファイルである．また，図 (b) は発光面から5 mm離れた照射プロファイルを示す．これらの図から明らかなように，5 mm離れると均一な照射面となる．

また，UV-LAFiは，電極基板をプリント基板のような平面にすれば，固定面の面光源になり，フィルム基板にすれば，曲面が可能な面光源となる．チューブ配列を増やすことで，大面積化が可能であり，その出力は面積に比例するので高出力化が容易である．

さらに，チューブ自身は厚さが1 mm程度であり，基板の厚みは1〜2 mmであるので，薄型の紫外線面光源である．光源の長さはチューブの長さに規定されるが，幅は並べるチューブの本数で可変である．したがって，超小面積から大面積まで，応用に従って選定することができ，小型軽量〜薄型大面積まで，カスタマイズ可能な従来にない紫外線光源を提供できる．さらに，フィルム基板では曲面が可能となる．これは，例えば円筒状にすることにより，光束を局所的に高密度とすることができる．これも他のデバイスにはない特長である．即ち，大面積で出力の高い光源であるため，広い面積で放熱することができ，LEDのように局所が高熱になることなく，広い面積で放熱することができる．このため，水冷などの大掛かりな冷却設備は不要であり，自然冷却，あるいは簡易な空冷で対応することができる．

以上のように，小面積から大面積，さら曲面など多彩な形状の面光源を提供することができる．図7にUV-SHiPLA

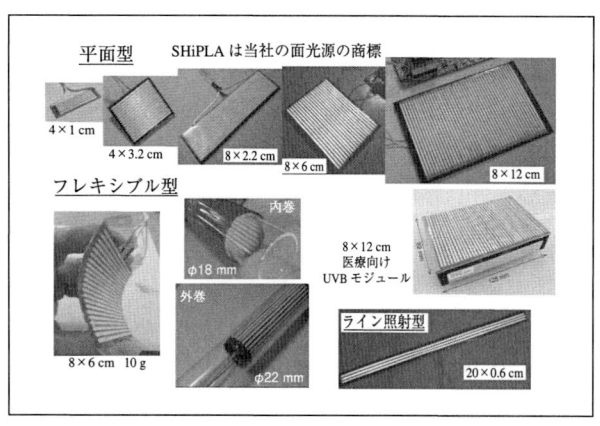

図7　UV-SHiPLAのラインナップ

で対応できる面光源の例を示す．（UV-SHiPLAはLAFi技術を用いた紫外線面光源の登録商標）

・高速応答

LAFiは，元々PDP用に開発された技術であり，高速なスイッチングが可能である．応答は，放電そのものではなく，蛍光体の点灯時の立ち上がり，消灯時の立下特性に律速される．図8に実際のデバイスの高速応答の例を示す．

図中の (a) は放電によりインバータに流れる電流，(b) は蛍光体の発光特性，(c) はインバータをON，OFFする制御信号である．インバータの制御信号がHigh（ON）になると正弦波の駆動電圧の印加を開始し，Low（OFF）になると駆動電圧の印加が停止する．印加する波形は約30 kHzである．制御信号のONと共に放電が開始して，

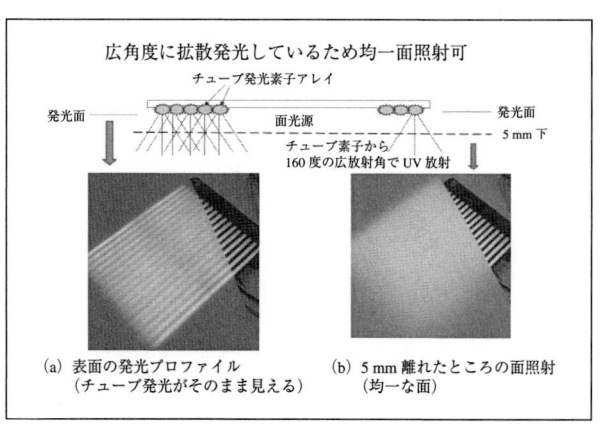

(a) 表面の発光プロファイル　　(b) 5 mm離れたところの面照射
　（チューブ発光がそのまま見える）　　（均一な面）

図6　面光源による均一な照射

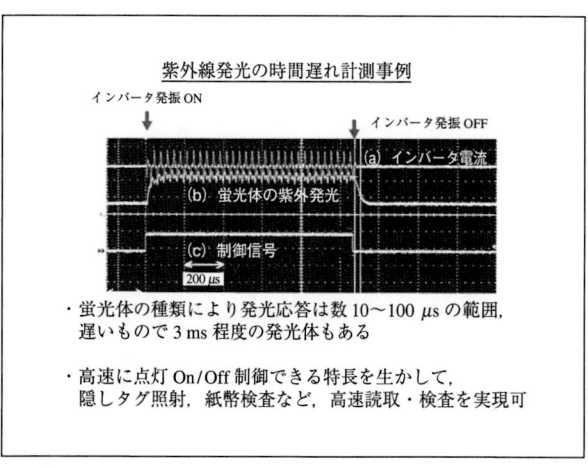

図8　高速制御の例

インバータにパルス電流が流れ始める。これに伴い蛍光体から紫外線発光が始まるが，蛍光体の応答遅れによりゆっくり立ち上がり，3つ目の発光パルス（100μ秒）で発光強度が安定化する。また，制御信号がLowになり，駆動電圧が停止すると1.5パルス（50μ秒）程度で減衰する。この時間は蛍光体の種類により異なり，数10μ秒から遅いものでも数m秒の範囲にある。このように，従来の水銀ランプでは実現できない高速応答を実現できる。

この高速応答性を利用することにより，いくつかの利点がある。すなわち，必要なときにのみ照射する利用ができ，10分程度の安定化時間が必要な水銀ランプに比較して，実質的な利用効率，利用寿命を向上できる。

たとえば，6秒程度でコップ一杯【150cc】注ぐ流量（1.5リットル/分）の飲料水を提供する小型の浄水器の場合，水銀ランプを使用すると，常時点灯する必要があるが，UV-LAFiは，使用するときだけ点灯すれば良いので，水を平均1分に1杯注ぐとすると，10倍の実用寿命をもつことになる。また，ON，OFF制御と検出器と同期をするようにすれば，例えば紙幣に塗布されたUV発光インキを高速に検査することが可能となる。

・デバイス構造が簡単，製造プロセスが簡単

細いガラスチューブの作成と蛍光体の形成，および排気・ガス封入という少ないプロセスにより発光デバイスが作成できる。また，電極基板には数cm²の幅広い電極が2mm程度のギャップで対向して配置されているだけの構造である。製造プロセスが簡単であり，設備投資も大きくないといった特徴をもつ。したがって，量産化と製造コストが低減できる。将来は，水銀ランプ並みの低コスト化が可能性である。

3　UV-LAFiの効果と応用

3.1　UV-LAFiの効果

UV-LAFiの広帯域のUVCの紫外線は殺菌及び消臭に，極狭帯域の311nm（UVB）の紫外線が医療用途を代表として利用される。以下に，紫外線の効果について説明する。

・殺菌効果

図9は258nmの波長を用いた殺菌の測定結果を示す。横軸が照射時間（単位は秒），縦軸は紫外線照射による残菌率を示す。この実験に用いた菌は枯草菌，大腸菌である。図のようにいずれの菌も10秒の照射で4桁以上，すなわち10万分の一以下に減菌される。下の写真は寒天培養のシャーレに枯草菌を塗布し，紫外線を照射しない場合と15秒間照射した場合のシャーレを，37℃で48時間培養した後の様子を示している。この写真のように15秒間照射した場合，検出限界以下まで殺菌されていることが分かる。この時の紫外線強度は，枯草菌は2.7mW/cm²，大腸菌は2mW/cm²である。

図10は種々の細菌・ウイルスの波長感受性とUV-LAFiの発光特性の比較である[5]。図のように細菌・ウイルスの感受性の最も効率的な波長は，それぞれに幅広く分布している。一般に言われる260～270nmに感受性が高い波長域があるが，240nm以下でも感受性が高く上がっている。UV-LAFiは210nmから300nmを超えるまで幅広く分布して，これらの感受性を幅広くカバーしている。このことがUV-LAFiの高い殺菌効率に寄与している。

図11（a）に殺菌作用の分光分布とUV-LAFi，水銀ランプとLEDの発光特性を合わせて示した。図からわかるように，帯域が狭い他の光源と比較してUV-LAFiは，殺菌曲線域を幅広くカバーしている。したがって，UV-LAFiは，殺菌に適した優れた光源である。また，図（b）に示すようにUV-LAFiは面光源で，かつ拡散光であるために点光源や線光源と比較して被照体に影ができ

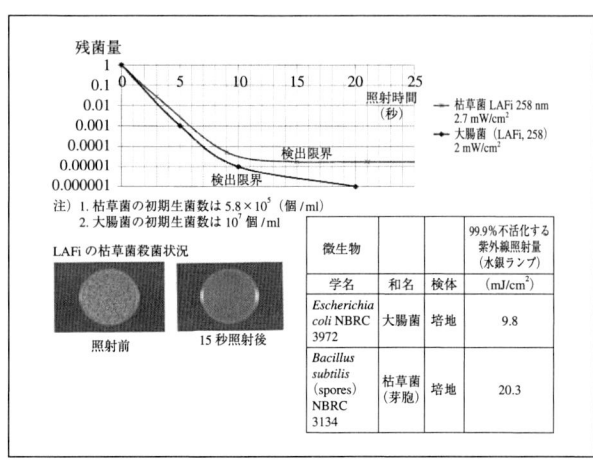

注）1. 枯草菌の初期生菌数は 5.8×10^5（個/ml）
　　2. 大腸菌の初期生菌数は 10^7 個/ml

LAFiの枯草菌殺菌状況

照射前　　　15秒照射後

微生物			99.9%不活化する紫外線照射量（水銀ランプ）
学名	和名	検体	(mJ/cm²)
Escherichia coli NBRC 3972	大腸菌	培地	9.8
Bacillus subtilis (spores) NBRC 3134	枯草菌（芽胞）	培地	20.3

図9　LAFiの殺菌効果

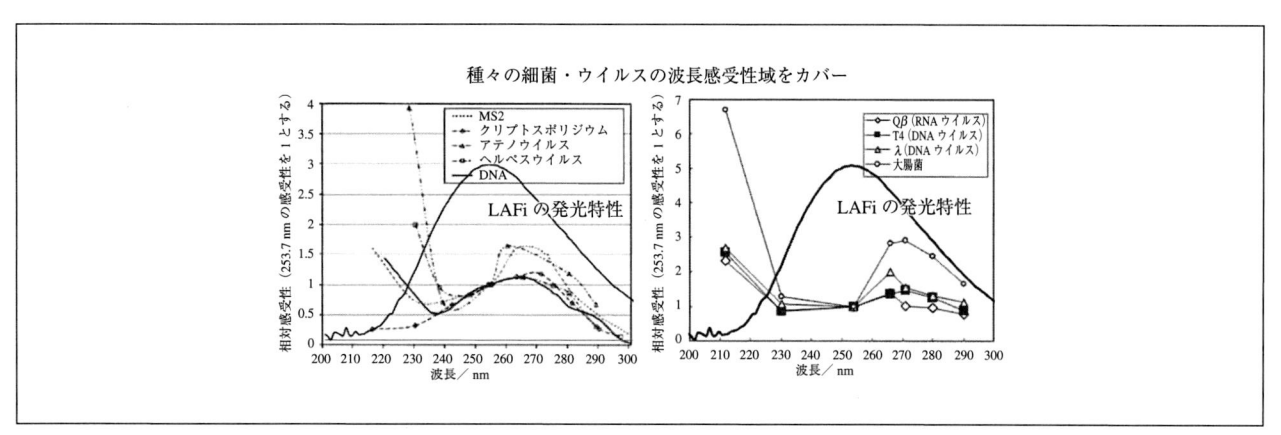

種々の細菌・ウイルスの波長感受性域をカバー

図10　細菌・ウイルスの感受性とLAFiの波長特性比較

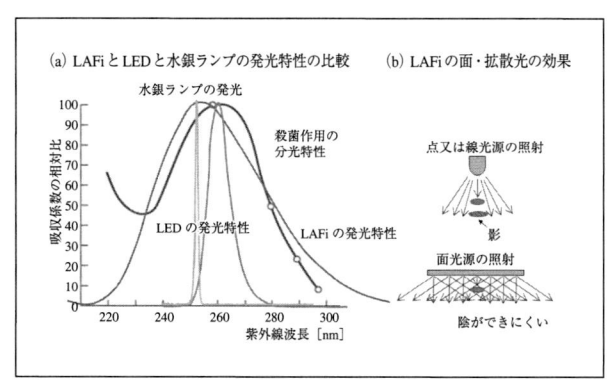

図11　LAFiの殺菌効果の有効性

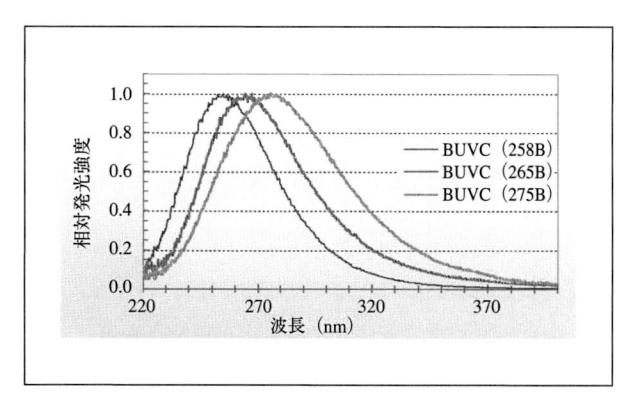

図12　LAFiの3種類のUVC光源

ず，この点も殺菌に優位となる。UV-LAFiは図12に示すようにUVCに対してピーク波長が258 nm，265 nm，275 nmの3種類があり，用途に対して選定できる。この3種類のUVCは，例えば，透過率の高い水は殺菌効率の高い短波長（258B）を，また，海水や汚れた水など透過率が低いものには長波長（275B）を用いるといったよう

に，応用に即した選択も可能である。

・消臭効果

UV-LAFiは強い消臭効果がある。図13は消臭実験の結果である。25リットルの消臭実験ボックスに4 mW/cm^{2}の照度をもつ8 cm×8 cmのUV-LAFiを備え付けて，0.1％のアンモニア液を蒸発させて，消臭能力を測定した。横軸は照射時間（秒），縦軸は匂いの相対強度である。ボックス中に0.1％のアンモニアを一滴蒸発させると1～300秒は臭いが徐々に充満し，600秒を過ぎる時点から飽和して自然減衰に移る。この後に①LAFi ONすなわち，UV-LAFiを点灯させて消臭を開始した。この場合，図のように約300秒で匂いが半減した。次に同じく自然減衰の時間を長くし，1500秒後に，②LAFi ONでUV-LAFiを点灯すると約150秒で臭いがほぼ消失した。

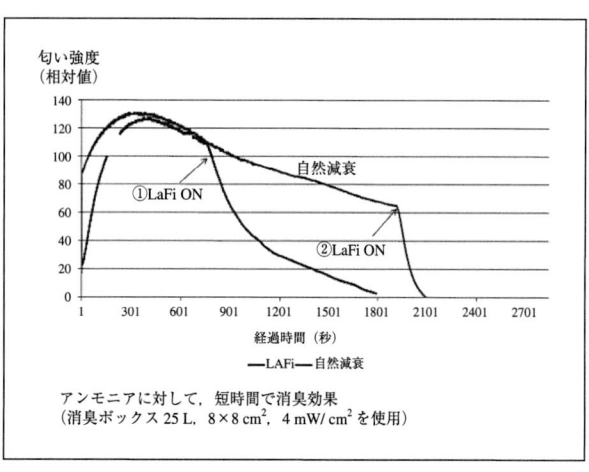

アンモニアに対して，短時間で消臭効果
（消臭ボックス 25 L，8×8 cm^2，4 mW/cm^2 を使用）

図13　UV-LAFiの強力な消臭効果

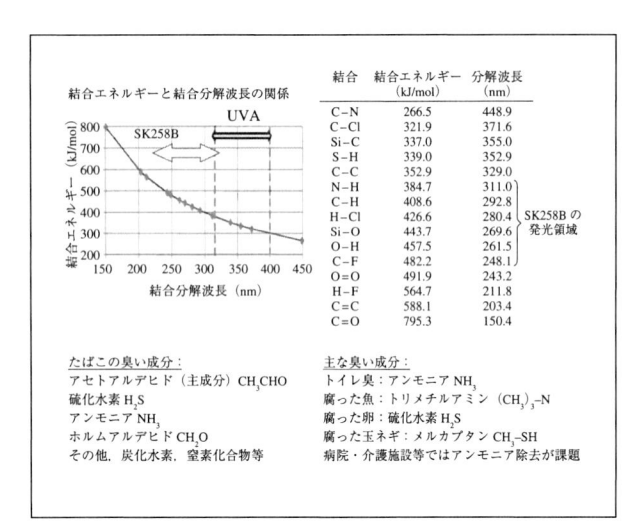

図14　臭い成分の結合エネルギーと分解波長

　図14は臭い成分の結合エネルギーと分解波長の関係を示したものである。この図のように，UV-LAFiのUVCは約210〜320 nmの広帯域の波長をもつためにO-O結合〜N-H結合の架橋を紫外線で直接切断して消臭する。従って，ここに示した煙草の臭いや，トイレ臭，腐った魚臭，腐った卵臭，腐った玉ねぎ臭など幅広い消臭効果が期待できる。また，触媒方式は触媒の表面で消臭されるが，UV-LAFiは，臭い分子を直接分解するので，広い空間を，短時間で消臭できる。

・医療効果

　図15（a）に紫外線治療の効果及び紅斑作用を，図15（b）にUV-LAFiと水銀灯のスペクトルの比較を示す。光の治療効果は300 nmにピークをもち，波長が長くなるとともにその効果は下がってくる。一方，皮膚を傷つける結果発生する紅斑作用は310 nmから波長が短くなるにしたがって段々と強くなる。これらの結果，現在は治療効果があり紅斑作用が小さい311 nmが選ばれており，その波長幅が狭いものが安全性が高いとされている[6]。また，温度依存性がないため使用環境によらず，治療に有効な波長だけを安定照射できるという点においても，安全性に優位である。

　一方，水銀灯とUV-LAFiの波長幅を比較すると，水銀灯の±2 nmに対してUV-LAFiは1 nm以下と非常に狭い特性をもつ。医療用LAFiの特長をまとめると，以下のとおりである。

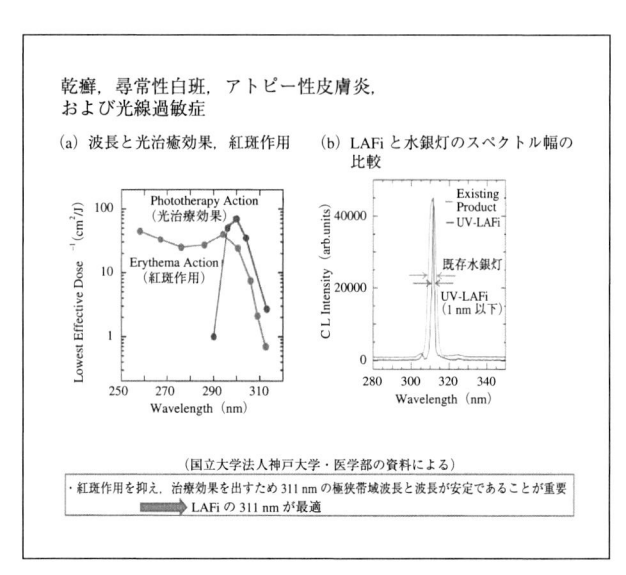

図15　医療向け紫外光源における波長の重要性

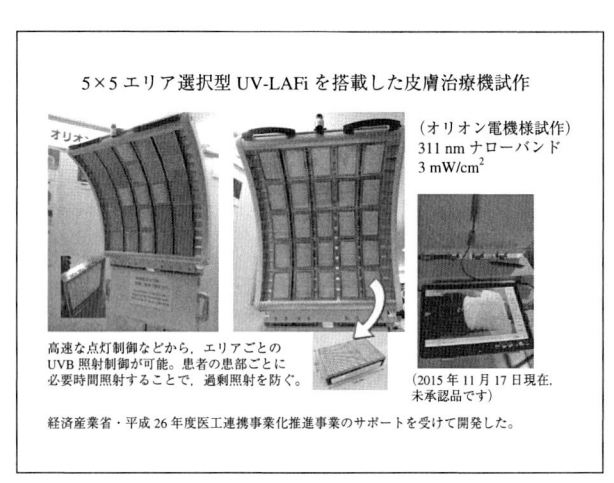

図16　UV-LAFiを用いた医療用紫外光源の応用事例

①広い面積に適用できること

②波長が±1 nm以下の極狭帯域紫外線であること，

③温度依存がなく安定した波長を維持できること

　図16は経済産業省の平成26年度医工連携事業で開発したエリア選択型UV-LAFiを搭載した皮膚治療器の試作品である。この治療器は，8 cm×12 cmのモジュールを5×5個配置して必要な部分を選択照射して治療するエリア選択機能をもつという，これまでの皮膚治療器にはない特徴がある。照射強度はUV-LAFiの表面から5 cm離れた皮膚治療部分で2 mW/cm²以上あり，治療効果は十分とされている。

4 UV-LAFiの更なる可能性

UV-LAFiの殺菌，消臭，皮膚治療などへの効果と応用例を説明したが，今後さらに幅広い応用が期待される。

最近では，UV-LAFiにより海水中の藻の発生を抑える実験を行い，紫外線照射を行った場合，藻の付着がないことが確認された。

また，植物育成の研究では青色LAFiの育成効果も確認された。さらに技術開発面では，真空紫外面光源や，紫外線領域全域にわたる超広帯域波長発光面光源の開発に成功している。これらの詳細は，別の機会に譲るがUV-LAFiは，図17に示されるような幅広い分野に応用されることが期待できる。

5 まとめ

本稿では，水銀フリーのPDP技術を利用した新しい深紫外線面光源デバイスUV-LAFiの技術と応用とその効果，および展望を報告した。

UV-LAFiは，超大画面フィルム型プラズマディスプレイを実現したガラスチューブによるLAFi技術を応用したものであり，実績のある技術に支えられている。

最も大きな特徴は水銀フリー，面光源であり，また曲面も可能である。これは，水銀ランプやLEDには無い特長である。

さらに，UV-LAFiは，UVA，UVB，UVCから可視光にわたるまで，多彩な波長を実現できる。311 nmの波長については超狭帯域，そのほかの紫外線領域では広帯域，超広帯域など，用途に合わせて自在に設計できる特長をもつ。

その効果では，殺菌，消臭，皮膚治療に，従来技術の水銀ランプに劣らない効果を示している。

UV-LAFiは，まだ若い技術であるが，今後さらに改善が重ねられ，水銀ランプの代替技術として育てることができると確信している。実用は始まったばかりであるが，今後は幅広い領域に適用が広がり，水銀フリーの全光領域のデバイスとして，水銀排出の撲滅に寄与し，安全・安心な環境づくりに貢献したいと考えている。

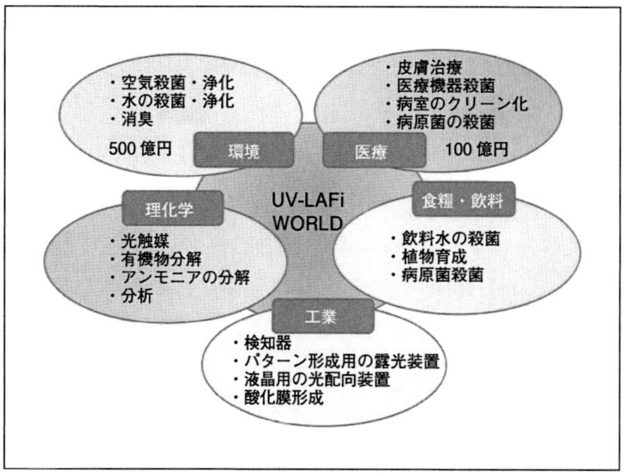

図17 UV-LAFiビジネスの展開分野

参考文献

1) 環境省 水銀に関する水俣条約の概要 http://www.env.go.jp/chemi/tmms/convention.html
2) Terukazu Kosako et. al., "Invited Paper: Progress in Luminous Array Film (LAFi) with Plasma Tube Technology for Seamless Tilling Super-large-area Display," SID Symp. Dig. Tech. Pap., 44(1), pp. 49-52, (2013).
3) Kenji Awamoto et. al., "Current Status of the Flexible Surface Light Source Development using LAFi Technology", Proc. IDW '15, pp. 619-620, (2015).
4) Justel, T., Krupa, J. -C. and Wiechert, D. U. 2001. VUV spectroscopy of luminescent materials for plasma display panels and Xe discharge lamps. J. Lumin., 93(3): 179-189.
5) 大瀧雅寛，中圧UVランプ装置における対象水の吸光度スペクトルが及ぼす不活性効果への影響，一般財団法人 日本紫外線水処理技術協会 ニュースレター No. 4, pp. 03-06, 2011.
6) Mark Berneburg, Martin RoMarti and Frauke Benedix, "Review: Phototherapy with Narrowband UVB," Acta. Derm. Venereol., 85, pp. 1-11, (2005).

■Deep Ultra Violet Surface Light Source (UV-LAFi) Using Plasma Technologies and the Applications

■①Tsutae Shinoda ②Kenji Awamoto ③Hitoshi Hirakawa ④Jun-ichiro Takahashi ⑤Takehumi Hidaka
■①Shinoda Plasma Corporation ②～⑤Shikoh Tech LLC

①シノダ ツタエ
所属：篠田プラズマ㈱
②アワモト ケンジ ③ヒラカワ ヒトシ ④タカハシ ジュンイチロウ ⑤ヒダカ タケフミ
所属：②～⑤ ㈷紫光技研

反射フォトニック結晶を用いた深紫外LEDの高効率動作

国立研究開発法人理化学研究所[1]，丸文㈱[2]，東京応化工業㈱[3]，
東芝機械㈱[4]，㈱アルバック[5]，国立研究開発法人産業技術総合研究所[6]

**鹿嶋行雄[1,2]，前田哲利[1]，松浦恵里子[1,2]，定　昌史[1]，
岩井　武[3]，小久保光典[4]，田代貴晴[4]，上村隆一郎[5]，
長田大和[5]，倉島優一[6]，高木秀樹[6]，平山秀樹[1]**

1 はじめに

　AlGaN系深紫外LED（DUV-LED）は，図1に示すように殺菌・浄水・消毒・光学記憶媒体・医療・農業・樹脂硬化・印刷・塗料など多岐にわたる応用範囲を有している[1,2]。しかし，外部量子効率（EQE）は5％以下で[3,4]，InGaN系青色LED（EQE＞70％）[5]と比較してかなり低い。市販品のDUV-LEDの電力光変換効率（WPE）はさらに低く2％程度である。その主な理由は，光取出し効率（LEE）が8％以下と低いことに起因し，p-GaNコンタクト層で波長360 nm以下の深紫外光が吸収される事である。また，吸収された光は熱として消失される事から，DUV-LEDの寿命短縮・劣化に繋がる。

　DUV-LEDのLEEを向上するために，図2に示すように幾つかの先行事例[6~8]が紹介されている。図2（a）は，p-GaNコンタクト層に替えて深紫外光にたいして透明なp-AlGaNコンタクト層とNi（1 nm）/Alの高反射電極（反射率70％@280 nm）を搭載している。LEEはp-GaNコンタクト層及びNi/Au電極に対して3.5倍向上し，見積りで28％のLEEが達成されている。p-AlGaNコンタクト層の導入によりホール濃度が10^{14} cm^{-3}以下となり駆動電圧が4 V程度上昇するが，それでもWPEは改善された。理由はLEEの3.5倍向上が駆動電圧の劣化を上回ったからである。しかし，LED内部では深紫外光の多重内部全反射の影響でLEEは低下していくので，Ni（1 nm）/Alの反射率70％を上回る高反射電極が必要である。図2（b）は，p-GaNコンタクト層LEDを樹脂封止している。LEEは1.5倍となりWPEも同様に改善される。LEEは見積もりで12％となる。WPEは改善されるが，深紫外光は依然としてp-GaNコンタクト層で全て吸収されるので更なるLEEの向上は困難である。更に，深紫外光に対して，透明な樹脂材料の屈折率（n）は1.5以下とサファイア基板（n＝1.82@280 nm）や半導体層（n＝2.6@280 nm）より小さいので，LEEの更なる向上には限界がある。

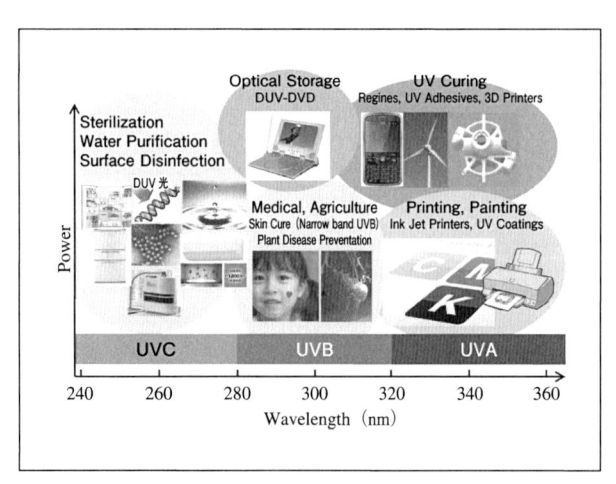

図1　AlGaN系深紫外LEDの応用例。

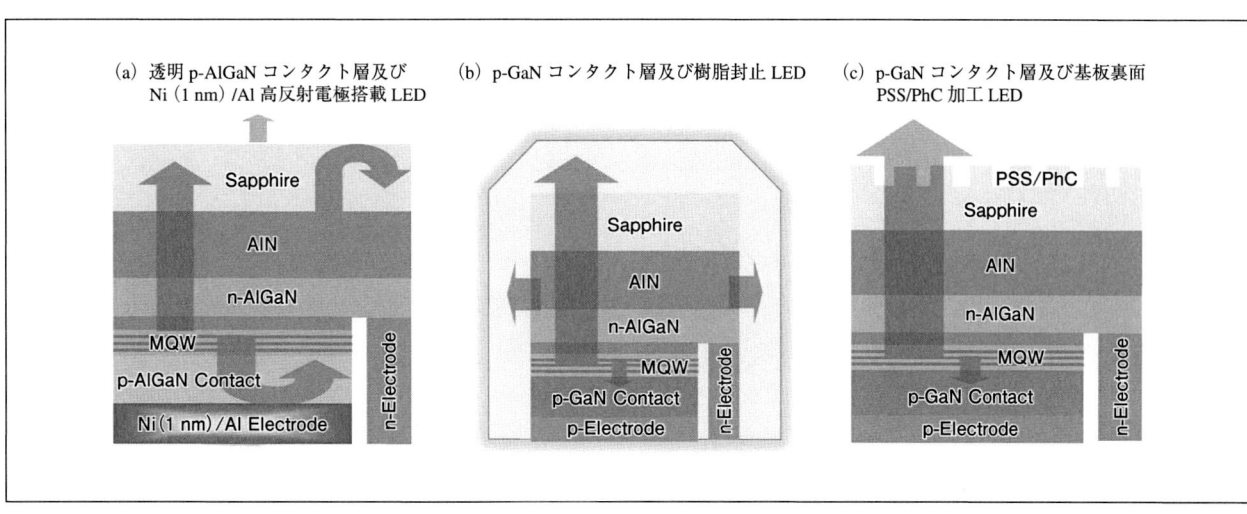

図2 DUV-LED LEE改善の先行事例。

図2（c）は，p-GaNコンタクトLEDのサファイア基板裏面にPSS或いはフォトニック結晶（PhC）を形成している。LEEは1.2倍となりWPEも同様に改善される。LEEは見積もりで10％となる。WPEは改善されるが，深紫外光は依然としてp-GaNコンタクト層で全て吸収される。また，LED内部では深紫外光の多重内部全反射の影響でLEEは低下していくので，更なるLEEの向上は困難である。従ってWPEを改善するには，LED内部の多重全反射を抑制する高いLEEと低駆動電圧の両方を兼ね備えるDUV-LEDの構造が必要となる。

2 高反射型フォトニック結晶（HR-PhC）の導入

そこで，我々はDUV-LEDの高いLEE及び低駆動電圧の両方を実現するために，HR-PhCを用いることを提案した[9]。DUV-LEDのp-AlGaN層からp-GaNコンタクト層にかけて2次元（2D）PhCを形成すれば，深紫外光はp-AlGaN層で完全に反射されるのでp-GaNコンタクトにおける吸収を極力抑制することが可能となる。また，p-GaNコンタクトにおける高ホール濃度導電性も得ることが可能となる。

量子井戸層近傍に形成されたエアホールを有する2D-PhCでは，面内のブラッグ反射により定常波が出現して，垂直方向に光が放射されることが報告されている[10]。そこで，PhCの構造設計としてブラッグの式$m\lambda/n_{eff}=2a$

（但し，mは次数，λは深紫外光の波長，n_{eff}はPhCの実効屈折率，aは周期，Rはエアホールの半径）でパラメータを求めて，有限差分時間領域法（FDTD）にてPhCの反射効果を解析した。図3（b）に示すように，平坦な通常LEDにおいては，量子井戸層からの深紫外光は全方向に均等に伝搬する。一方，PhCがある場合，図3（a）に示すように量子井戸層からの深紫外光はPhCに侵入しない。この断面図から，量子井戸層からの深紫外光がPhCで反射されたことを確認できた。また，図3（c）より，PhCの面内において定常波が出現されたことも確認した。

更に，FDTD法と光線追跡法を併用して反射型PhCによるLEEの解析も行った。図4は，280 nmのAlGaN DUV-LEDのLEEを示している。（a）はp-GaNコンタクト層LED構造で，（b）はp-AlGaNコンタクト層LED構造である。（c）は横軸が量子井戸層とPhCの距離の変数（D）で，（d）は，横軸がPhCの深さを60 nmに固定してR/a値を変数として解析した。

図4（c）は明らかにD＝60 nm近傍でLEEが最も大きいことを示している。p-GaNコンタクト層とp-AlGaN層において，PhCの導入によりLEEが最大で，其々2.8及び1.8倍となっている。D＝60 nmで最大となる理由については，PhCからの距離D近辺で，最高反射が得られる垂直方向の共鳴条件が起こったと考えられる。また，図4（d）に示すようにLEEはPhCのR/a値に大きく依存している。

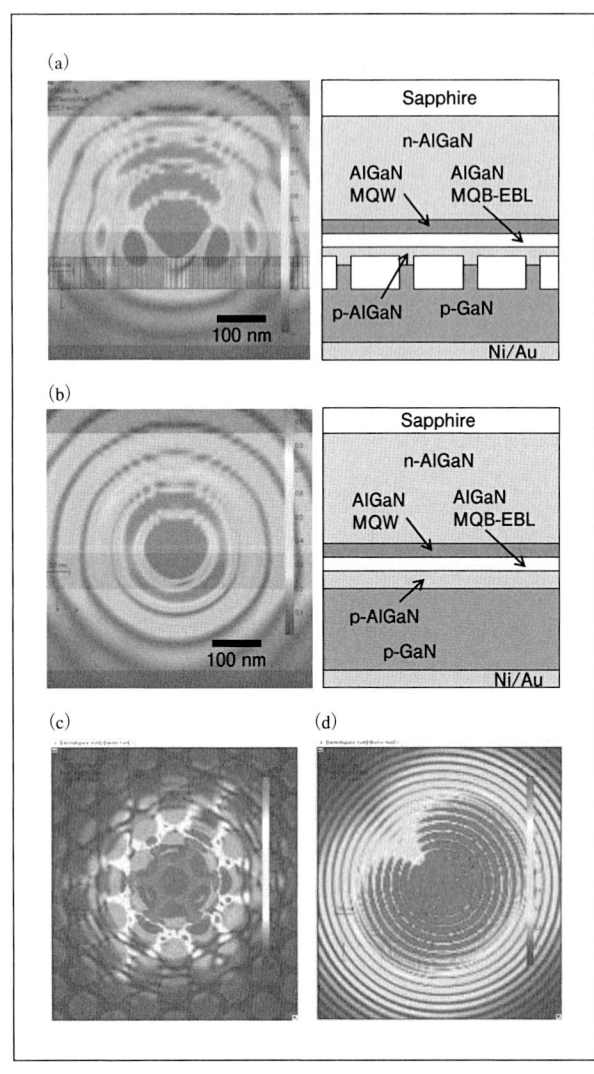

図3　FDTDで解析した波長280 nmのDUV-LEDの電界分布図。
　（a）及び（b）は断面図，（c）及び（d）は平面図。（a）及び（c）
はPhC有り，（b）及び（d）はPhC無し。

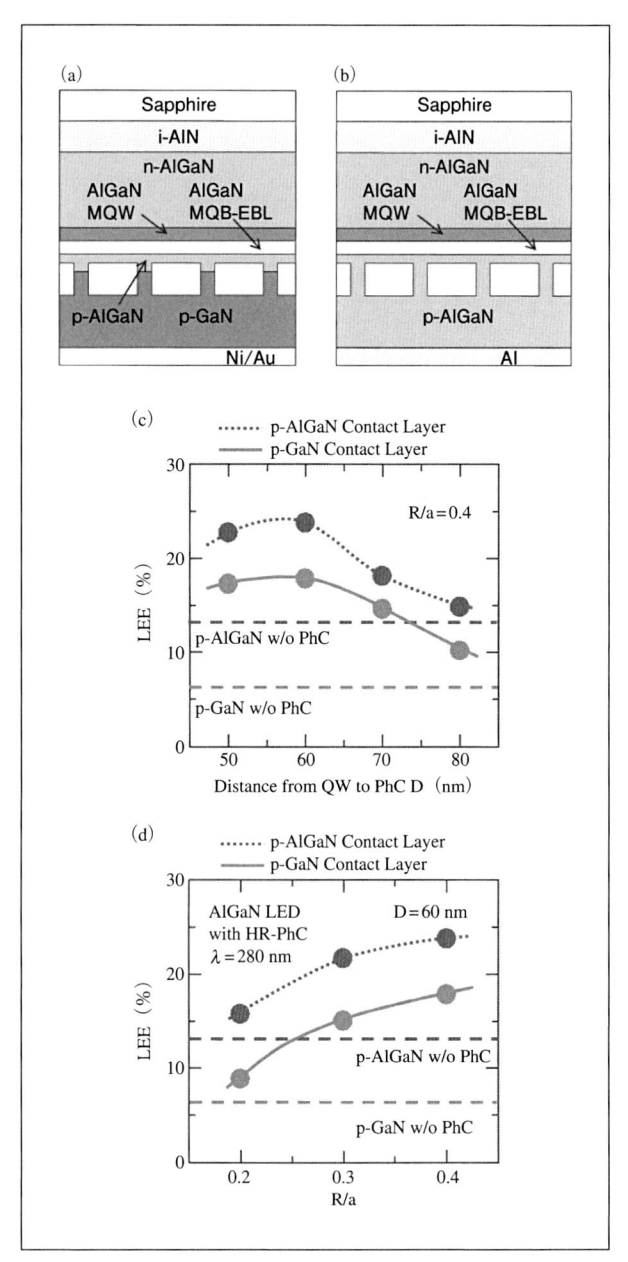

図4　280 nm AlGaN DUV-LEDのLEE。
　（a）はp-GaNコンタクト層LED構造。（b）はp-AlGaNコンタクト
層LEDの構造。（c）は横軸が量子井戸層とPhC（D）の距離の変数。
（d）は横軸がPhCの深さ固定（60 nm）のR/a値の変数。

3　HR-PhC導入AlGaN DUV-LEDの作成

　次に上記考察に基づいて実施した最近の実験結果を紹介する。図5は実験に用いたDUV-LEDの構造図を示している。p-AlGaNコンタクト層にPhC有り及び無しを量子井戸層近傍に形成した。p型電極には，従来型Ni電極と反射型Ni/Mg電極を用いた。Ni/Mg電極のNiの厚さは，280 nm近傍の波長において高反射が得られるように1 nmと薄くした。先行実験において，既にNi及びNi（1

nm）/Mg電極の反射率が其々約30％，80％であることを確認している。また，Ni膜厚が1 nmで電流注入が可能であることも確認している。

　LED試料は低圧有機金属気相成長法（LP-MOVPE）にてサファイア基板（0001）面に成長させた。層構造は，

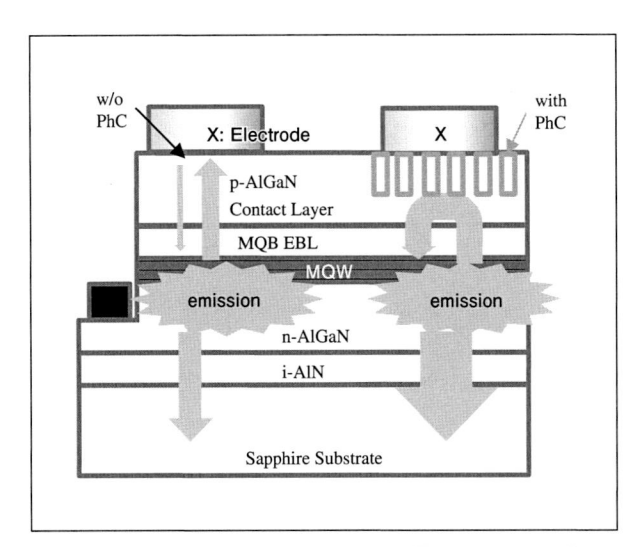

図5 最近の実験におけるp-AlGaNコンタクト層に形成したPhC有り及びPhC無しのDUV-LEDの構造図。

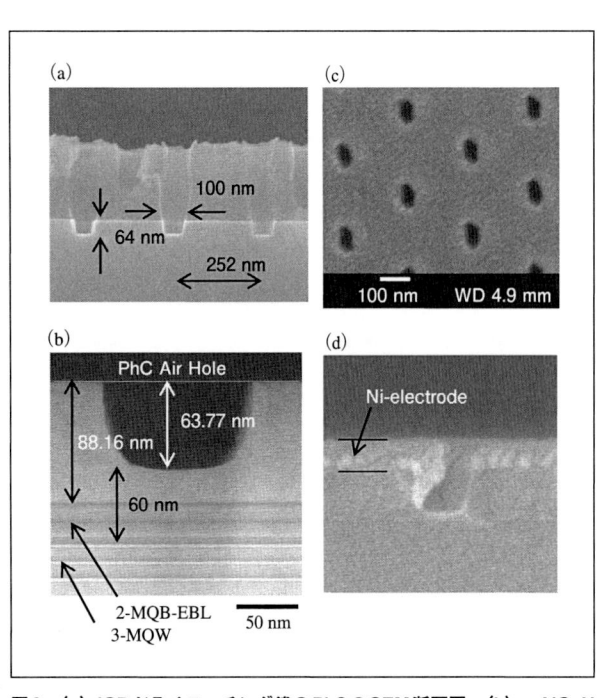

図6 (a) ICPドライエッチング後のPhCのSEM断面図。(b) p-AlGaNコンタクト層に形成されたPhC近傍の断面TEM像。(c) 及び (d) 斜め蒸着法によりPhC p-AlGaN層に成膜されたNi電極の表面SEM像と断面SEM像。

約 $4\,\mu$m厚ノンドープAlNバッファー層，$2\,\mu$m厚Siドープ $Al_{0.6}Ga_{0.4}N$ バッファー層，発光領域に約 1.5 nm厚 $Al_{0.5}Ga_{0.5}N$ 井戸層と約 7 nm厚 $Al_{0.65}Ga_{0.35}N$ バリア層からなる3層多重量子井戸層（MQW），2層Mgドープ AlGaN/AlGaNの多重量子バリア（MQB）電子ブロック層，約90 nm厚Mgドープp-AlGaNコンタクト層から構成されている。AlNバッファー層の貫通転位密度（TDD）は，約 1×10^{9} cm^{-2} であった。内部量子効率（IQE）は，温度依存蛍光（PL）強度から，約50％と見積もった。MOVPE成長後，Mgアクセプターを活性化するために，試料は窒素ガス雰囲気下で900℃にてアニールした。

　次に，ナノインプリント技術とICPドライエッチングプロセスを使ってDUV-LEDの表面にPhCを低ダメージで形成した。図6 (a) はICPでエッチングされたPhCのSEM断面図である。(b) は，p-AlGaNコンタクト層に形成されたPhC近傍の高分解能透過型電子顕微鏡（HR-TEM）の断面図である。(c) 及び (d) は，斜め蒸着法によりPhC p-AlGaN層に成膜されたNi電極の表面SEM像と断面SEM像である。

　p-AlGaNコンタクト層にエアホールの2D-PhCを六方格子配置で形成した。より高いR/a値が高いLEEを得るのは明らかではあるが，最初のデバイス作成にはエッチング領域を小さくして表面のダメージを軽減するために，R/a=0.2を選択した。図6 (a) の断面SEMで確認し

たように，エアホールの周期，直径，深さは，其々252 nm，100 nm，64 nmである。図6 (b) において，エアホールPhCの下3層MQWと2層MQB-EBLが明瞭に見ることができる。また，量子井戸発光層のトップからエアホールのボトムの距離がちょうど60 nmと正確に計測されていることがわかる。ナノインプリントプロセスは，2インチ基板のエピ成長表面で100 μm程度の反りがあっても転写ができるので極めて有効な手法である。また，エアホール直径の正確な制御を実現するために，ナノインプリントに二層レジストを用いた。ドライエッチング後に，レジスト残渣はクリーニングプロセスにより完全に除去し，界面準位密度を低減するために硫化アンモニア溶液で処置した。最後に，Ni及びNi/Mg電極を斜め蒸着法により成膜した。これは，PhCにおいて，エアホール形状を維持するためである。エッジにおいてNiが部分的に蒸着されてはいるが，エアホール形状が維持されていることを確認した。

4 結果と考察

　図7は，反射率約30％の低反射Ni電極と透明p-AlGaN
コンタクト層にPhC有り及び無しの場合の285 nm
AlGaN DUV-LEDの特性で，(a) は電流－出力（I-L）特性，
(b) は電流－EQE（I-EQE）特性を示す。

　p-AlGaNコンタクト層において，PhC有り及び無しの
デバイスの比較を示している。p型電極のサイズは150
μm×300 μm^{2}である。LEDは室温において連続発振（CW）
動作で計測した。出力は，LED裏面に位置したSi検出器
を使って，ベアウエハー状態で測定した。尚，検出器は，
フリップチップLEDに対して正確な出力値が得られるよ
う光束計測にキャリブレートした。LEDのPhC有り及び
PhC無しの最大EQEは其々6％及び4.8％であった。4.8

％と低いEQEは，反射率30％の低反射Ni電極に起因し
ている。p-AlGaN層表面にPhCを導入したことにより，
EQE及び出力は1.25倍に増加した。図4 (d) に示したよ
うに，p-AlGaNコンタクト層のケースでは，R/a＝0.2，
D＝60 nmにおいてLEEは1.2倍に増加した。これは，実
験で得られたLEE増加ファクターが計算値より高く，結
果として，ICPドライエッチング加工中の表面ダメージ
が無視できるレベルであることを示している。p-AlGaN
コンタクト層にPhCを形成したDUV-LEDにおいて，20
mW以上の出力を確認した。

　図8は，反射率80％以上の高反射Ni/Mg電極と透明
p-AlGaNコンタクト層にPhC有り及び無しの場合の283
nm AlGaN DUV-LEDの特性で，(a) は電流－出力（I-L）
特性，(b) は電流－EQE（I-EQE）特性を示す。測定条
件は図7で使用した方法と同一である。

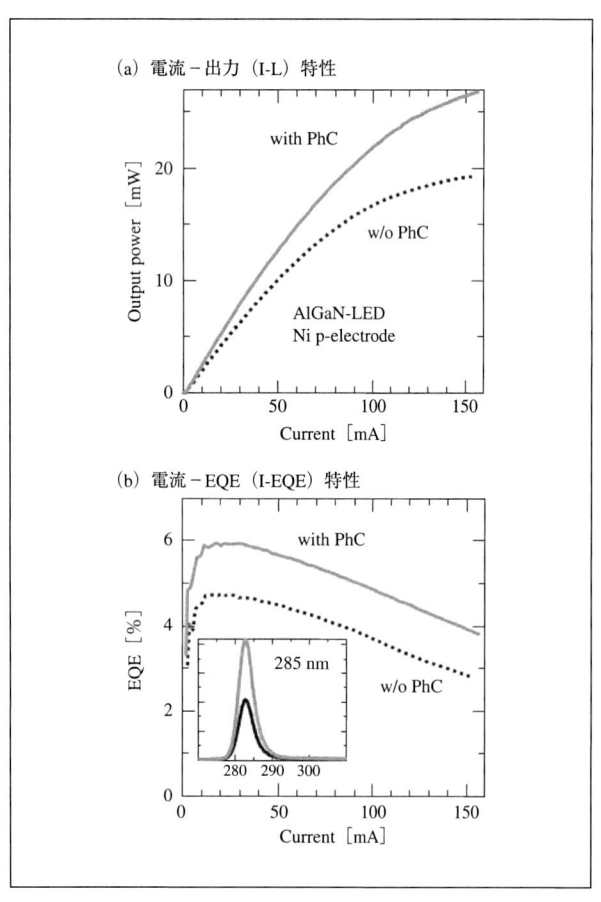

図7　反射率30％の低反射Ni電極とPhC有り及び無しの場合の285 nm AlGaN DUV-LEDsの特性。

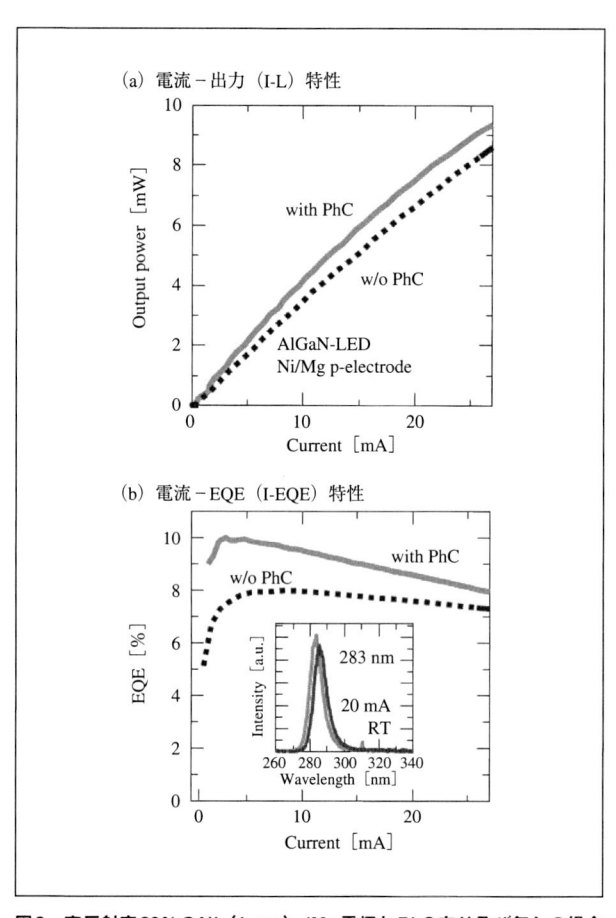

図8　高反射率80％のNi（1 nm）/Mg電極とPhC有り及び無しの場合の283 nm AlGaN DUV-LEDsの特性。

LEDのPhC有り及びPhC無しの最大EQEは其々10％及び7.9％であった。PhCを導入したことにより，EQEは1.23倍に増加した。この結果から，PhC無しの場合のLEDのEQE4.8％と7.9％の関係は，各電極の反射率である30％と80％の差異に相関していると推定される。また，Ni/Mg電極とPhC AlGaNを併せた反射率が90％以上であることも推定できる。

5 結論

我々は，p-AlGaNコンタクト層の表面にHR-PhCを導入することにより，高いEQEのAlGaN DUV-LEDを実現した。従来型DUV-LEDは，283 nmの発光波長において，HR-PhCと高反射型Ni/Mg電極の導入により，EQEが4.8％から10％に増加した。また，HR-PhC p-AlGaNコンタクト層とNi/Mg電極による実効反射率は，90％以上と推定することができる。

6 将来展望

本研究で用いたPhCのR/a値は最適化されていないが，仮にR/a値が大きくなれば，より高いLEEが期待できる。このHR-PhC DUV-LEDをフリップチップ形状でカプセル封止にすれば，より高いLEEが得られる。また，p-AlGaN/p-GaNコンタクト層にPhCを導入すれば，駆動電圧を低減でき，高いWPEが得られることになる。

謝辞
本研究の一部は，科学技術振興機構の『先端的低炭素化技術開発』のもとで実施された。

参考文献
1) H. Hirayama, J. Appl. Phys. **97**, 091101 (2005).
2) M. Kneissl and J. Rass, Ⅲ-Nitride Ultraviolet Emitters (Springer International Publishing, Cham, 2016).
3) A. Fujioka, K. Asada, H. Yamada, T. Ohtsuka, T. Ogawa, T. Kosugi, D. Kishikawa, and T. Mukai, Semicond. Sci. Technol. **29**, 084005 (2014).
4) A. Fujioka, K. Asada, H. Yamada, T. Ohtsuka, T. Ogawa, T. Kosugi, D. Kishikawa, and T. Mukai, Proc. SPIE **9363**, 93631L, (2015).
5) Y. Narukawa, M. Ichikawa, D. Sanga, M. Sano, and T. Mukai, J. Phys. D**43**, 354002 (2010).
6) H. Hirayama, T. Shibata, Y. Kashima, E. Matsuura, H. Takagi, N. Maeda, M. Jo, T. Iwai, T. Morita, M. Kokubo, T. Tashiro, R. Kamimura, Y. Osada, (G2.5, 12th International Conference on Nitride Semiconductors July 2017).
7) T. Takano, T. Mino, J. Sakai, N. Noguchi, K. Tsubaki, and H. Hirayama, Appl. Phys. Express **10**, 031002 (2017).
8) 信学技報 IEICE Technical Report ED2014-79, CPM2014-136, LQE 2014-107(2014-11).
9) Y. Kashima, E. Matsuura, M. Kokubo, T. Tashiro, H. Hirayama, R. Kamimura, Y. Osada and T. Morita, Japan Patent 6156898 (2017).
10) Y. Kurosaka, K. Sakai, E. Miyai, S, Noda, 27 October 2008／Vol. 16, No. 22／OPTOICS EXPRESS 18485.

■Achievement of high EQE deep-UV LED using photonic crystal

■①Yukio Kashima ②Noritoshi Maeda ③Eriko Matsuura ④Masafumi Jo ⑤Takeshi Iwai ⑥Mitsunori Kokubo ⑦Takaharu Tashiro ⑧Ryuichiro Kamimura ⑨Yamato Osada ⑩Yuichi Kurashima ⑪Hideki Takagi ⑫Hideki Hirayama

■①RIKEN/Marubun ②RIKEN ③RIKEN/Marubun ④RIKEN ⑤Tokyo Ohka Kogyo ⑥⑦Toshiba Machine ⑧⑨ULVAC ⑩⑪AIST ⑫RIKEN

①カシマ　ユキオ
所属：国立研究開発法人理化学研究所／丸文㈱
②マエダ　ノリトシ
所属：国立研究開発法人理化学研究所
③マツウラ　エリコ
所属：国立研究開発法人理化学研究所／丸文㈱
④ジョウ　マサフミ
所属：国立研究開発法人理化学研究所
⑤イワイ　タケシ
所属：東京応化工業㈱
⑥コクボ　ミツノリ
所属：東芝機械㈱
⑦タシロ　タカハル
所属：東芝機械㈱
⑧カミムラ　リュウイチロウ
所属：㈱アルバック
⑨オサダ　ヤマト
所属：㈱アルバック
⑩クラシマ　ユウイチ
所属：国立研究開発法人産業技術総合研究所
⑪タカギ　ヒデキ
所属：国立研究開発法人産業技術総合研究所
⑫ヒラヤマ　ヒデキ
所属：国立研究開発法人理化学研究所

連続波深紫外線レーザとその計測応用

㈱オキサイド，アリゾナ大学

金田有史

1 Introduction

　深紫外線レーザとは一般には300 nmよりも短い波長を発するレーザ光源を言うが，その種類は比較的限られている。直接深紫外光を発するレーザ媒質は限られており，連続波で動作するものは実用化されておらず，深紫外光を得るためにはより長い波長のレーザの出力を波長変換するしかないのが現状である。一方，応用の立場からは深紫外線が求められること，殊に計測分野での用途で強く求められることが近年増えてきている。本稿では，連続波で深紫外線出力を得るための方法とそれを可能にする材料，また，実用的な変換効率を得るための共振器を用いる波長変換技術について説明し，それらの計測分野への応用と実施例を紹介する。

2 非線形波長変換

2.1　非線形光学材料

　二次の光学的非線形性を利用した波長変換の基礎については今更説明するまでもないと思われるが，反転対称性のない光学結晶に対して位相整合と呼ばれる，入力の「基本波」と発生される「高調波」の結晶内での位相速度が同じになる条件で入射することで基本波のパワーが高調波に変換される現象のことである。

　ここで注意すべき事は大前提となる位相整合条件の他，結晶が基本波，高調波の双方で十分に透明であるこ

とがきわめて重要な事である。では，深紫外光発生に実用可能な材料にどのようなものがあるのか見てみよう。最も身近に使われていると思われる非線形波長変換デバイスはレーザポインタを含む緑色レーザ光に用いられるKTP結晶であるが，400 nm以下の透明度には限界があり，深紫外域での利用は望むべくもない。深紫外光の発生に用いることの出来る主な結晶としてはβ-barium borate（β-BaB$_2$O$_4$；BBO），lithium triborate（LiB$_3$O$_5$；LBO），cesium-lithium borate，（CsLiB$_6$O$_{10}$；CLBO），lithium tetraborate（Li$_2$B$_4$O$_7$；LB4）が挙げられる。以上は実用化されている非線形結晶の中で深紫外光発生に用いることの出来るものであるが，近年，興味深い材料の報告も見られる。Potassium difluo-diberryllo-borate（KBe$_2$BO$_3$F$_2$，KBBF）・Rubidium difluo-diberryllo-borate（RbBe$_2$BO$_3$F$_2$，RBBF）はいずれも結晶が層状構造をなし，強い異方性，すなわち大きな複屈折を持ち，かつ吸収端が短いことから深紫外光発生に位相整合が可能である。

　以下にそれぞれの結晶の特性と特徴を記し，一部の数値を表1にまとめる。

　BBOはChenらによって1985年に発見・報告された材料[1]で，KDP/ADPに取って代わる深紫外光発生材料として注目された。BBOはd_{22}=2.2 pm/Vと，比較的大きな非線形光学定数を持ち，大きな複屈折から幅広い範囲での位相整合が可能で，特に1064 nmのNd:YAGレーザの第二高調波発生（Second Harmonic Generation；SHG）のさらにSHGによる266 nm光発生に利用可能である。（便宜的に第四高調波発生（Fourth Harmonic Generation；4HG）と呼ばれる事が多いが，厳密には二回のSHGである）

表1 主な深紫外用非線形結晶の特性

	BBO	LBO	CLBO	LB4	KBBF	RBBF
最短透過波長（nm）	189	160	180	160	155	165
最短 SHG 波長（nm）	205	278	238	244	162	170
266 nm SHG 実効非線形定数（pm/V）	1.54	N/A	0.78	0.16	0.36	0.33
266 nm SHG ウォークオフ角（mrad）	84.5		32.6	28.7	65.1	56.5

同時に，複屈折が大きいので例えば266 nm光発生の場合には84 mradとウォークオフ角も大きく，発生される高調波は扁平なビームパターンを持つことが多い。弱い潮解性を持ち，無コートのデバイスの扱いには注意が必要である。

　LBOはやはりChenらによって1989年に報告された[2]。その吸収端は160 nmと短いが複屈折はあまり大きくなく，直接SHGによる深紫外光発生応用には限界があり，例えば266 nm光発生には位相整合できない。一方，532 nm光発生には光学損失が小さい事と，ウォークオフ角が小さいことから利点があり，また，結晶を高温（約150度C）に保持する事でY軸上で532 nm発生の非臨界位相整合（Noncritical Phasematching；NCPM）が可能であり，高い損傷閾値と相まって高出力の532 nm光源，さらにさらに基本波と532 nm光との和周波混合（Sum-Frequency Mixing；SFM）による355 nm光発生によく用いられる。（同様に第三高調波発生（Third Harmonics Generation；THGと呼ばれる事もあるが同様にSHGとそれに続くSFMである。）X/Z軸方向と異なり，Y軸方向には熱膨張係数が負であり，温度変化を伴う用途にはその扱いに注意が必要である。

　CLBOは森らによって1995年に報告[3]された材料である。レーザ損傷閾値も高いとされ，180 nmまでの透明性を有し，直接SHGによる266 nm光の発生が可能で，また，基本波と266 nm光のSFMによる213 nm光の発生も可能である。非常に強い潮解性，吸湿性を持つため，利用には乾燥空気の導入等が必要である。また，吸湿を防ぐため，結晶を120度C以上に保つことも必要とされている。

　LB4は表面弾性波デバイス用材料として用いられていたが，反転対称性を欠く事と深紫外域での透明性，さらに比較的大きな結晶が育成可能であることから非線形光学材料として注目されるようになった。CLBO同様，266 nm光発生，213 nm光発生に位相整合が可能である

が，非線形光学定数は小さく，変換効率を稼ぐには相互作用長で稼ぐしかない。

　KBBF/RBBFは1995年以降，Chenらによって報告[4]された新しい非線形結晶の一つである。155 nm（KBBF），165 nm（RBBF）という短い吸収端と大きな複屈折から，直接SHGによるNd:YAGの第六高調波（177 nm）の発生も可能である。しかし，結晶構造が層状であり，層間結合に共有結合がなく，強い劈開性を示す。このため，劈開面以外での研磨が極めて困難であり，実用にはプリズム結合デバイスが用いられる。ベリリウム含有のため，育成のためには特殊な設備が必要となり，例えば日本国内での製造は現実的とは言えない。また，上述のように研磨が困難である事もあり，実用に至っているとは言えないのが現状である。

2.2　外部共振器を用いた非線形波長変換

　上に挙げた材料はいずれも可視光で用いられる材料とは異なり，実効非線形定数は大きくない。従って連続波のシングルパスの変換では効率の良い変換は望むべくもない。本節では高効率連続波波長変換技術として，外部共振器を用いた波長変換技術を解説する。

　レーザ発振器内にSHG結晶を置いて共振器内の高いレーザ光強度で効率よく波長変換する方法はシンプルな構造で実用的であり，例えばNd:YAGレーザのSHGのグリーンレーザ光源は効率の良い高出力光源も近年多々見受けられるが，アルゴンガスレーザのように可視光で発振するレーザ以外ではこの方法で深紫外光を発生させることは出来ない。しかし，Ashkinらによって提唱されたように[5]，外部共振器内にSHG結晶を配置して，その共振器内で高いレーザ光強度を立ち上げることで高効率変換が可能である。このためには基本波は原則的に単一周波数である必要があり，また外部共振器のラウンドトリップ光路長が基本波の波長の整数倍に保たれる必要があ

る。この共振器長制御方法に関しては後ほど解説する。

　図1に共振型SHGデバイスの概要を示す。図中左方より入射する基本波は一部が反射され一部が共振器内に結合される。共振器はラウンドトリップの光学損失δを持ち，光路中に非線形結晶を有する。共振器内部に循環する基本波の強度をP_{circ}とする。

　SHGの変換効率は基本波が大幅に減衰されない範囲では

$$P_{SH} = \gamma P_{circ}^2$$

の関係が成り立つ。ここにγは規格化変換効率であり，W^{-1}の単位を持つ。先に述べた深紫外発生に使える材料では非線形光学定数は高々数pm/Vであり，現実的なサイズの結晶では規格化変換効率は$10^{-4}W^{-1}$程度にとどまる。従って，連続波での波長変換では数ワット程度のSHG出力では上記の非減衰近似は十分有効であることがわかる。図1に示した構成ではでは，δは共振器ラウンドトリップの光学損失，R_iは入力結合鏡のパワー反射率，P_{in}は入射する基本波の，P_{circ}は前述のように共振器内の基本波のパワーであり，P_{refl}は入力結合鏡から反射される基本波のパワーである。簡単のために電界振幅Eを$\sqrt{P}$と記し，さらに入力結合鏡の電解振幅反射率$\sqrt{R_i}$をr_iと記し，同様に振幅透過率をt_iと記す。また，さらに簡単のため，反射波は位相遅れを伴わず，透過波に90度の位相遅れが生じるとする。共振器内，入力結合鏡直後の振幅を考え，共振条件が保たれているとすると

$$P_{circ} = \frac{T_i P_{in}}{(1 - r_i \sqrt{(1-\delta)(1-\gamma P_{circ})})^2}$$

とわかる。これより，発生されるSHGパワーがわかる。

　例えば現実的な値としてγ, δ, R_iをそれぞれ$1 \times 10^{-4}W^{-1}$, 0.5％，99％と仮定し，1Wの基本波入力を仮定すると，SHG出力は約0.6Wであり，シングルパスのSHG出力の$100\,\mu W$に比べて6000倍程度の出力が得られることがわかる。

　図2にはシミュレーション結果を示す。ここではγ, R_iをそれぞれ$1 \times 10^{-4}W^{-1}$, 99％，δとして0.3％（黒），0.5％（グレー），0.7％（破線）を仮定した。このグラフからも見て取れるように，2W程度の基本波入力で50％程度以上の変換が十分現実的であることがわかる。

　前式および図2から読み取るべき重要なことは，共振器の光学損失がそのSHG出力に大きく影響するという事である。図3は共振器の光学損失に対してR_i=99％（黒），98％（グレー），97％（破線）の場合のSHG出力をプロットしたものであるが，効率の良いSHG出力のためには光学損失が小さいことが重要であること明らかである。

　ここでP_{refl}，共振器から反射される基本波のパワーに注目してみると，P_{circ}の導出と同じように，

$$P_{refl} = \left(\frac{\sqrt{R_i} - \sqrt{1 - \delta - \gamma P_{circ}}}{1 - r_i \sqrt{1 - \delta - \gamma P_{circ}}} \right)^2$$

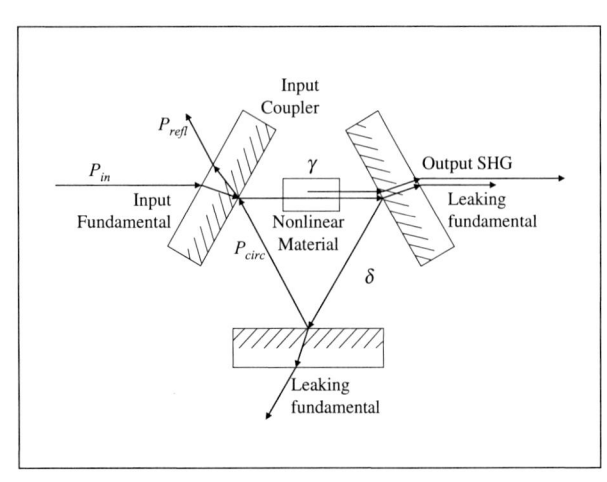

図1　共振型SHGデバイスの概要

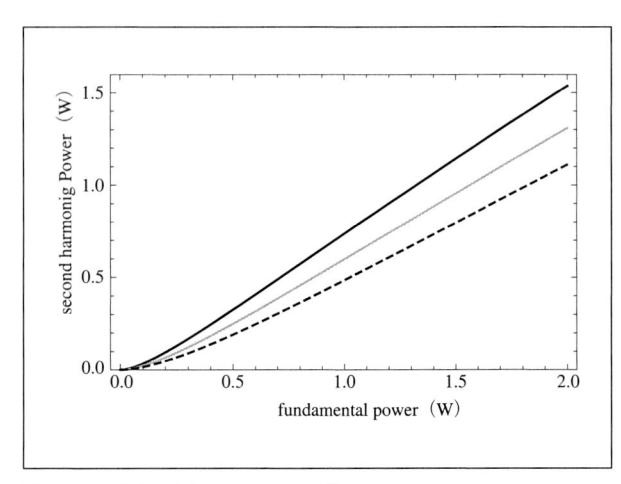

図2　SHG出力のシミュレーション結果

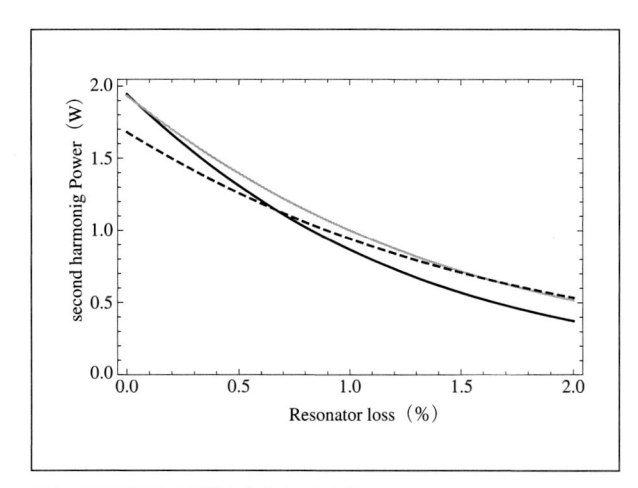

second harmonig Power (W) / Resonator loss（%）

図3　共振器損失の関数としたSHG出力

と書ける。$\delta\gamma P_{circ}$ は小さいとして無視した。ここで分子に注目してみると

$$T_i = 1 - R_i = \delta + \gamma P_{circ}$$

の時に反射パワーはゼロになる。すなわち，入力結合鏡の透過率がSHGによる基本波の減衰を含めた共振器のすべての損失と等しい場合に，入射した基本波パワーはすべて共振器の中に入っていくという事を意味する。この条件をインピーダンス整合と呼び，外部共振型波長変換デバイスの設計に際して考慮すべき重要な条件である。非線形変換効率がパワーに依存することから，インピーダンス整合条件もまた入射パワーに依存する。具体的には共振器モードの非線形結晶への集光条件からγを見積もり，現実的に達成可能なδと，利用可能なP_{in}あるいは目標とするP_{SH}から，（ミラーの製造誤差も含めた）適切なR_iを設定するのが一般的な手法である。上に挙げた式から，無損失の共振器で，インピーダンス整合が満たされた状態であれば100％変換が式の上では理論上可能であることがわかる。無論，無損失の共振器はあり得ないのでこの議論はあまり意味を持たないのは言うまでもない。

外部共振型波長変換デバイスを使う上でインピーダンス整合と同様に重要なことがモードマッチである。入射する基本波は単一周波数であることは仮定したが，回折限界（もしくはそれに近い）品質の高いビームであることも必要であり，さらに，その空間モードが外部共振器の空間基本モード，TEM_{00}モードと整合していることが重要である。共焦点共振器などのいくつかの例外を除いて，共振器の異なる空間モードの共振周波数は異なるので，入射した基本波のうち重なっている空間分布成分だけしか共振器に結合されることはなく，残りの入射パワーはインピーダンス整合条件によらず，共振器には入らず反射されてしまう。これは入射基本波ビームのウェストサイズと位置を外部共振器の空間基本モードに整合するような結合光学系で達成される。外部共振器あるいは基本波のビームが楕円パターンであったりする場合などは円筒面レンズなどを用いてそれぞれの方向で空間モードが整合するようにする必要が生じることもある。

以上から，インピーダンス整合が満たされ，モードマッチされた基本波が入射する外部共振型デバイスは高効率の波長変換が可能であることがわかる。

次に，外部共振器を共振状態に保つ手法について説明する。まず，共振器のミラーの一つがピエゾ素子などの精密位置決めデバイスに搭載され，共振器長，すなわち共振周波数が精密制御できるようになっているか，あるいは入射する基本波の周波数が精密制御できるようになっている必要がある。そして入射する基本波の周波数と共振器の共振周波数との相対関係を誤差として帰還することで共振の制御が可能になる。この誤差信号の生成方法は主に二つの方法が用いられることが多い。すなわち，Pound-Drever-Hall法と呼ばれる方法と，Hansch-Coulliard法と呼ばれる方法である。いずれも，共振器からの反射波が共振点の前後で位相シフトを受けることを利用する。

Pound-Drever-Hall法[6]はFMサイドバンド法とも呼ばれる。共振器の共振線幅かそれより高い一定の周波数f_mで基本波に位相変調を与える。生成される二つの側帯波は共振線幅より十分外側にあるため，共振器からの反射時には位相変化を殆ど受けない。一方，搬送波は共振点付近にあるため，共振点の前後で反射波の位相が急峻に変化する。これを利用し，搬送波と側帯波のビートノートの位相を検出することで誤差信号を得る。具体的には共振器からの反射波をフォトディテクタで検出し，そのf_mの周波数成分の位相を位相変調のための発振器の位相と比較することで誤差信号が得られる。

Hansch-Coulliard法[7]は偏光法とも呼ばれ，共振器の偏

光依存性を利用する。非線形結晶を挿入した共振器はほぼ必然的に偏光依存性を持つので問題はないが，偏光依存性のない共振器の同期のためには使えない。共振させる偏光とわずかに異なる直線偏光の基本波を入射し，反射光の偏光状態を検出する。共振点では位相変化がゼロであるため，反射波も直線偏光となるが，それ以外の位置では入射光のうち共振する偏光と共振しない偏光は異なる位相変化を受けるため反射波は楕円偏光となる。具体的には，反射光にλ/4板と，その軸と45度をなす偏光ビームスプリッタを入れ，二つの偏光を別々のフォトディテクタで受光し，その差を取ることで誤差信号が得られる。

これらの誤差信号を共振器長またはレーザ周波数に帰還することで共振状態を保つことが出来る。

2.3　非線形波長変換による深紫外光発生の実施例

次に，先に述べた外部共振器を用いた連続波の深紫外光発生の実施例を紹介する。1966年のAshkinらによる提唱以来，高効率の連続波高調波発生は1987年のKozlovskyらによる532 nm光発生[8]を皮切りに数多く報告されている。ここでは深紫外光の発生例に限って紹介する。

高出力のグリーン光源が利用できることから，連続波の紫外光発生として最も活発に開発されているのはNd:YAGなどの近赤外光源の4 HGとなる266 nm光の発生であろう。1992年には岡らがBBO結晶を用いて0.1 Wの連続波の発生に成功した[9]。これは共振器内SHG型の単一周波数グリーンレーザ光源のSHGによるものである。この技術は後に1998年に商品化に至った。ファイバレーザ光源など高出力光源の開発が進み，深紫外光の高出力化の試みもされた。2004年には佐久間らが外部共振器内でCLBO結晶を用いて5 Wの266 nm光発生を報告した[10]。2008年にはSudmeyerらがファイバ光源を用いた12 Wの266 nm連続波出力を報告している[11]。この構成による1 W出力のレーザ光源は製品化され，現在は㈱オキサイドより2 Wまでの連続波266 nm光源が製品として製造・販売されている。これらはいずれも半導体ウェファの検査用を目指したものである。㈱オキサイドでは高出力光源の実用化を目指した開発を行っており，2017

年には中尾らがブリュスタカットのBBO結晶を用いて14 Wの出力を報告した[12]。ブリュスタ面の高調波の損失を考慮すると発生されたパワーは18 Wに達する。これらの例に見られるように，産業的に確立された基本波を用いた高調波発生による深紫外光発生による深紫外光発生は高出力化，実用化を含めて活発に開発が進んでいる。

特定レーザ媒質の特定遷移を用いたレーザ光源の場合，波長は先に決まってしまい，自由に選ぶことは出来ない。加工用レーザ光源として1064 nm光源が用いられるのは1960年代以来Nd:YAGレーザ光源の開発が進んだからに他ならない。グリーンレーザ光源として532 nm光が用いられるのも同じ理由である。一方，計測を含めた応用の立場からは特定波長の光源が必要となることが多い。

産業上利用されている244 nm（アルゴンレーザのSHG），193 nm（ArFエキシマレーザ）といった波長を非線形波長変換で得ようとする開発も見受けられる。筆者らは光励起半導体レーザの4 HGにより200 mW以上の連続波244 nm光源を2008年に報告した[13]。フッ化アルゴンレーザ波長である193.4 nmの連続波光源は産業界からの要望も強く，積極的に開発されているが直接SHGで位相整合可能な非線形材料が限られていることから，多くの実施例がSFMによっている。一例として，2015年に佐久間らは234.1 nmと1110 nmの和周波をCLBO結晶で非臨界位相整合を用いることで120 mWの出力を報告した[14]。前述のようにKBBF結晶は直接SHGに位相整合可能であるが，その加工の困難さからプリズム結合デバイスを用いざるを得ない。2014年にはScholzらが半導体テーパー増幅器を基本波とした4 HGを報告したが[15]，出力は15 mWに限られている。

分光用途から特定波長の深紫外光源が求められることもある。Scheidらは2007年にYb:YAGディスクレーザの4 HGで750 mWの253.7 nm光の発生を報告した[16]。これは水銀原子の冷却を目的としたものである。同じ波長は他の基本波を用いても実現されている。Paulらは光励起半導体レーザを基本波とし，その4 HGで125 mWの当該波長を得，水銀原子の分光特性を報告した[17]。基本波となる1014.8 nmはイットリビウムの利得ピークよりも短い波長であり，その利用には冷却などの工夫は必要だが，

イットリビウム添加ファイバ光源を用いた同波長の光源の開発も行われている。同様に原子冷却用の深紫外光源として、筆者らは0.5 Wを超える連続波の229 nm光源を2016年に報告した[18]。この光源はカドミウム原子の分光に用いられ、カドミウムの安定同位体すべてを分光的に分離することに用いられた。

3 連続波深紫外レーザの計測への応用

これらの連続波深紫外レーザ光源の応用について紹介しよう。限界に達したと言われて久しいムーアの法則は本稿執筆時点ではその様子は見えず、半導体製造プロセスの微細化はとどまることを知らないように思われる。実際にシリコンウェハ上にパターンを焼き付けるリソグラフィプロセスにはパルスのエキシマレーザが用いられるが、そのウェハやマスクの検査には連続波レーザを用いることが望ましい。産業上のインパクト、必要とされる台数から見ても深紫外レーザ光源の最も大きな応用であると言って良い。515 nmのアルゴンガスレーザの共振器内SHGによって得られる257 nmの深紫外光がウェハの検査に用いられることもあるが、アルゴンチューブの保守、高電圧高電流の電源や水冷の要求から、Nd:YAGなどの1064 nmレーザの4 HGである266 nmの深紫外光の方が好まれることの方が近年は多いようである。検査時間を短縮するため、あるいは検出感度を上げるために、同じ波長であっても求められるレーザ出力は年を追う毎に高くなっており、ウェハ検査用にはワット級以上の連続波深紫外光が求められる。ウェハ検査装置は多くの台数を実用化する必要があるため、装置自体、あるいはそこに必要とされるレーザデバイスに対するコスト要求は非常に厳しく、複雑な構成のレーザ光源を用いることが困難であることも現状である。一方、マスクの検査に関しては、装置台数が多くないこともあり、コスト的にはウェハ検査用に比べてその制限はある程度少なく、検査にかかる時間も大量に生産されるチップの製造時間には直接効いてこないので求められる出力もウェハ検査用に比べると比較的低いようである。しかしながら、検査精度には高いものが求められるため、一般にはより短い波長のレーザ光源が必要とされる。この

ため、199 nm、193 nmといった短波長の100 mW級の出力を和周波混合プロセスを用いて得るという報告もある[19〜21]。

半導体製造プロセス以外の応用に目を移してみると、深紫外光の高い光子エネルギを利用した応用がある。レーザPEEM、Laser Photoemission Electron Microscopy；レーザ光電子顕微顕微法と呼ばれる新しい微細構造の観察方法で、観察対象の仕事関数より高いエネルギを持った光子を照射することで放出される電子を検出する手法である。この用途にはパルス光は向いていない。それは、高いピークパワーで一度にたくさんの電子が放出されると互いの反跳効果によって電子が局在しなくなり、空間分解能を損ねてしまうからである。回折限界であり、かつ連続波である前述のような固体レーザ光源はこの用途に強く求められており、また、より高い光子エネルギ、つまり短波長の光源が要望されている。一つの目標として、金の仕事関数でもある5.1 eV以上の光子エネルギを求められることがあるが、波長としては234 nmにあたり、その実現はそう簡単ではない。

光子エネルギが高い事で可能になる応用の一つが蛍光観測である。観測対称の物質のバンドギャップよりも高いエネルギを持つ光子を照射し、その蛍光を観察することで材料の特性をある程度知ることが出来、品質管理に役立てることが出来る。例えば、照明用に用いられる白色LEDは窒化ガリウムで作られるが、その基板あるいは作成された量子井戸の特性が蛍光スペクトルを観察することで評価することが可能になる。

ラマン分光は本来深紫外線に限らず物質の特定に用いられる手法である。物質に単色光を照射し、観察されるストークス光のスペクトルから照射された物質が何であるかを知ることが出来る。物質に固有な、いわば「指紋」は波長のシフト量なので必ずしも照射光（励起光）が深紫外である必要はないが、物質によってラマン蛍光の効率が異なる場合があることや、あるいは観測環境が日中の太陽光下の場合、太陽光スペクトルが十分に減衰されている領域にストークス光が来るよう、深紫外域の狭帯域のレーザ光源が必要となる。民生応用には遠いが深紫外レーザ光源の応用分野の一つである。

同様の狭帯域レーザ光源の一つには言うまでもなく分光応用がある。しばしば深紫外光が原子の冷却用レーザ

光源として用いられることもある。例えばシリコン原子（252 nm），水銀原子（184 nm，254 nm），カドミウム原子（229 nm）などである。水銀やカドミウムはストロンチウムやイットリビウムと並び，光格子時計[22]による時間標準の確立を目指し，各国で積極的に研究がなされている。数多く，例えば百万個程度の原子を一度にトラップ，冷却し，その「時計遷移」の周波数のアンサンブル平均を計測する事で，一つの原子の遷移周波数を計測する場合に比べて百万の平方根，千倍程度の精度の向上が見込める。これを用いて18桁まで正確な時計を作成しようという研究が活発になっている。ストロンチウムやイットリビウムの場合には冷却波長も時計遷移波長も可視域であり，深紫外光は必要としない。しかし，そのため，室温での黒体輻射の影響を受けるので，実験には注意が必要となる。一方，水銀やカドミウムは可視域や近赤外域には遷移を持たないので室温での黒体輻射の影響を受けにくいという特徴がある。

このように，産業に直結する応用から科学技術研究用に至るまで，数多くの深紫外レーザ光源の計測応用があることがわかる。

4 まとめ

本稿では連続波深紫外光発生に関し，非線形光学結晶のレビューと外部共振器を用いた波長変換技術に関して解説し，いくつかの連続波深紫外光の発生例を紹介し，さらにそれらの計測分野への応用を挙げた。半導体デバイスの微細化に関し，限界と言われて久しいムーアの法則だが微細化への挑戦はとどまることを知らないようであり，半導体検査分野を含めた微細観測のための深紫外光レーザ光源の短波長化，高出力化への要求はこれからも強まって行くであろう。レーザ光源の今後の開発に期待がかかる。

参考文献
1) C. Chen, B. Wu, A. Jiang, et al.: Sci. Sinca (Ser. B), 28 (1985) 235-243.
2) C. Chen, Y. Wu, A. Jiang, et al.: J. Opt. Soc. Am. B, 6 (1989) 616-621.
3) Y. Mori, I. Kuroda, S. Nakajima, et al.: Appl. Phys. Lett., 67 (1995) 1818-1820.
4) C. Chen, Y. Wang, Y. Xia, et al.: J. Appl. Phys., 77 (1995) 2268-2272.
5) A. Ashkin, G. D. Boyd and J. M. Dziedzic: IEEE J. Quant. Electron., QE-2 (1966) 109-124.
6) R. W. P. Drever, J. L. Hall, F. V. Kowalski, et al.: Appl. Phys. B, 31 (1983) 97-105.
7) T. W. Hansch and B. Couillaud: Opt. Comm., 35 (1980) 441-444.
8) W. J. Kozlovsky, C. D. Nabors and R. L. Byer: Opt. Lett., 12 (1987) 1014-1016.
9) M. Oka, N. Eguchi, H. Masuda, et al.: Conference on Lasers and Electro-Optics '92, (1992) paper CWQ7.
10) J. Sakuma, Y. Asakawa and M. Obara: Opt. Lett., 29 (2004) 92-94.
11) T. Sudmeyer, Y. Imai, H. Masuda, et al.: Opt. Exp., 16 (2008) 1546-1551.
12) H. Nakao, M. Morita, Y. Kaneda, et al.: CLEO/Europe-EQEC 2017, (2017) CA-P.16.
13) Y. Kaneda, J. M. Yarborough, L. Li, et al.: Opt. Lett., 33 (2008) 1705-1707.
14) J. Sakuma, Y. Kaneda, N. Oka, et al.: Optics Letters, 40 (2015) 5590-5593.
15) M. Scholz, D. Opalevs, J. Stuhler, et al.: Proc. SPIE, 8964 (2014) 896402-896402-7.
16) M. Scheid, F. Markert, J. Walz, et al.: Opt. Lett., 32 (2007) 955-957.
17) J. Paul, Y. Kaneda, T.-L. Wang, et al.: Opt. Lett., 36 (2011) 61-63.
18) Y. Kaneda, J. M. Yarborough, Y. Merzlyak, et al.: Optics Letters, 41 (2016) 705-708.
19) T. Ohtsuki, H. Kitano, H. Kawai, et al.: *Conference on Lasers and Electro-Optics 2000, postdeadline paper*, 2000 paper CPD9.
20) J. Sakuma, Y. Asakawa, T. Sumiyoshi, et al.: IEEE J. Selected Topics in Quantum Electron., 10 (2004) 1244-1251.
21) Y. Urata, T. Shinozaki, Y. Wada, et al.: Appl. Opt., 48 (2009) 1668-1674.
22) H. Katori: Oyo Butsuri, 81 (2012) 656-662.

■Continuous-wave deep ultraviolet lasers and their applications in metrology

■Yushi Kaneda
■Oxide Corporation / University of Arizona, College of Optical Sciences

カネダ　ユウシ
所属：㈱オキサイド／アリゾナ大学光科学カレッジ

半導体量産露光用高出力EUV光源の開発状況

ギガフォトン㈱

溝口 計，斎藤隆志，山崎 卓

1 はじめに

　ここ十年の日本の半導体製造産業の退潮にも関わらず，世界の半導体需要は今も年率約4%で着実な拡大を遂げている。半導体の微細加工技術の心臓部である縮小投影露光装置のリソグラフィ工程は180 nm以降KrFエキシマレーザーが，100 nm以降ではArFエキシマレーザーが量産装置として使用され，続く65 nm以下の最先端量産ラインではArF液浸（Immersion）リソグラフィ技術が使用されている。また45 nmノード以降では，現在主力の32 nm，22 nmのNANDフラッシュメモリの量産ラインでは，ArF液浸リソグラフィにダブルパターンニング技術を実現する露光装置が導入され半導体が量産されている。それに続く16 nmでは，かっては13.5 nmの極端紫外光（EUV）をつかうEUVリソグラフィが本命とされていたが，光源出力の問題から量産技術の選択からはずされ（2012年），現在ではArF液浸リソグラフィにマルチパターンニングを組み合わせた導入が始まっている。2016年現在，リソグラフィ用エキシマレーザーの市場規模は，800億円／年を超え着実に成長を遂げている。

　さて液浸露光技術は装置の対物レンズとウエハの間を屈折率の大きな液体を満たし，見かけの波長を短くし解像力を上げ，焦点深度を大きくする。液浸による解像力と焦点深度は，次式で表されレーリー（Rayleigh）の式と呼ばれる。すなわち；

$$\text{Resolution} = k_1 (\lambda/n)/\sin\theta$$

$$\text{DOF} = k_2 \cdot n\lambda/(\sin\theta)^2$$

k_1, k_2：experimental constant factor

n：屈折率，λ：波長

　しかしながら，1回の露光ではこの式中のk_1値を0.25以下に下げる事はできない。そこで2回露光技術が注目を集め実際に用いられてきた。図1に2回露光の基本的な方式の一例を示す。1回目の露光で形成したパターンの空間周波数を2倍にするのはマルチプルパターンニング技術[2]といわれ，最近は三回露光，四回露光までもが最先端工程へ導入検討されている。

　現在，量産工場ではArF液浸露光および多重露光工程に挟帯域ArFエキシマレーザー[2]が使用されている。ギガフォトン社ではArFリソグラフィ用光源"GTシリーズ"を量産している。2004年に独自のインジェクションロック方

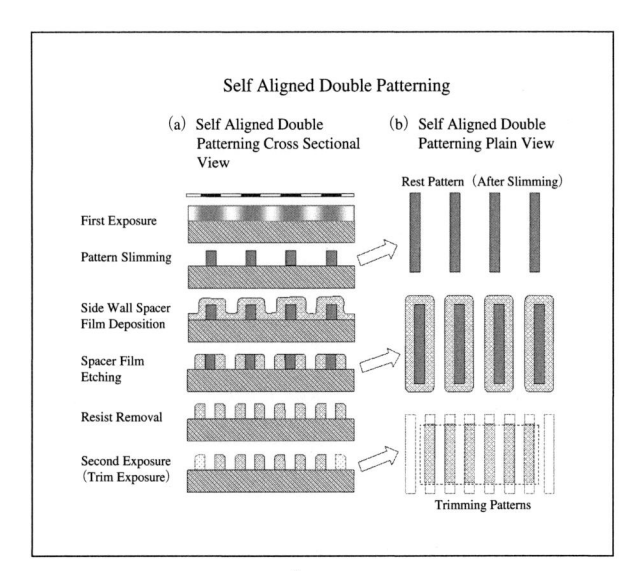

図1　2回露光パターン技術の例[1]

式のArFレーザーGT40A（4 kHz，0.5 pm（E95），45 W）をギガフォトン社から製品化し，その後GT60A（6 kHz，0.5 pm（E95），60 W）を2005年にリリースして以来，120 W出力のGT64Aにまで進化し続けている[3]（図2）。"GTシリーズ"は，量産工場ですでに大量に使用され，登場が遅れているEUVを尻目に高い稼動実績（Availability＞99.6％）がエンドユーザから高く評価されている。2015年末現在，世界の主要ユーザーで400台以上の累積出荷実績を有する。

ギガフォトン社はリーマンショック以来の日本の半導体産業の退潮で伸び悩んできたが最近は省エネ性能の優位性が海外ユーザーにも高く評価され，反転攻勢に転じ

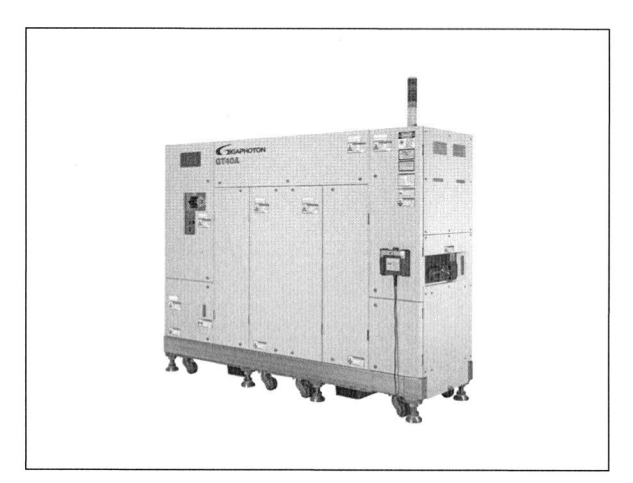

図2　量産用ArFエキシマレーザGT64A

た。2014年度の通年世界シェア52％，2015年度63％を越えた（図3）。事実上は世界一のエキシマレーザー出荷台数を誇る光源メーカーに成長した。

2　EUVリソグラフィ

2.1　EUVリソグラフィと開発の経緯

波長13.5 nmのEUV光は反射光学系（反射率68％程度）による縮小投影を用いたリソグラフィで1989年にNTTの木下ら[4]により提唱された日本発の技術である。NA＝0.3程度の反射光学系を使って20 nm以下の解像力を実現でき，究極の光リソグラフィのともいわれている（図4）。ただし13.5 nm光は気体によって強く吸収され高真空または希薄な高純度ガスの封入された容器内でしか伝播しない。さらにミラー反射率が68％しかないため，11枚系のミラーで高NAの縮小投影を行うと1.4％しか露光面に届かない。量産では300 mmウエハで100 WPH（Wafer Per Hour）以上の生産性を実現するには光源は250 W以上の出力が必要とされる。

EUVリソグラフィは光源の出力がネックとなり登場が遅れている。しかしその波及効果の大きさから，次の世代の11 nmノード以降での本命技術として現在も世界的に大きな研究開発費が投じられている。光源波長，光学系のNAと解像度の関係を（表1）に示す。現在は

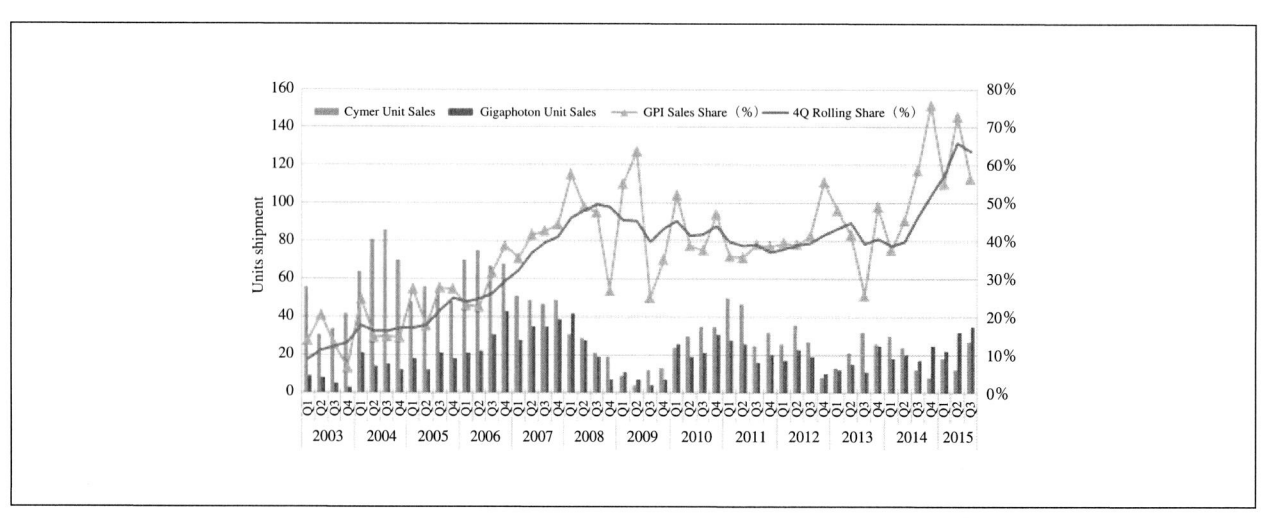

図3　リソグラフィ用エキシマレーザの世界シェア推移（Data source: Gigaphoton）

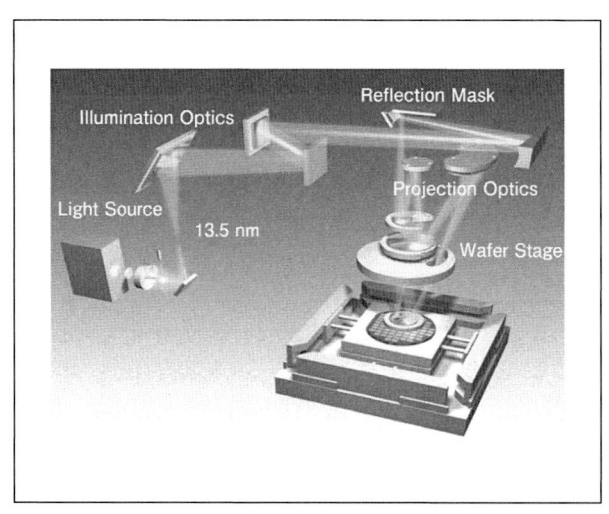

図4 EUVリソグラフィ露光装置の概念図

表1 液浸露光技術の波長，屈折率と解像力

	R (K1=0.4) nm	n	medium	λ/n nm	NA	Power
KrF dry	124	1	Air	28	0.8	40
ArF dry	103	1	Air	193	0.75	45
F$_2$ dry	84	1	N$_2$	157	0.75	–
ArF immersion	57	1.44	H$_2$O	134	1.35	90
EUV (λ = 13.6 nm)	18	1	Vacuum	13.6	0.3	>250
EUV (λ = 13.6 nm)	9	1	Vacuum	13.6	0.6	>500
EUV (λ = 6.7 nm)	4.5	1	Vacuum	6.7	0.6	>1000

NA＝0.3の光学系と13.5 nmの波長を組み合わせることで18 nm程度の解像力が得られる。NA＝0.55以上の次世代投影光学系の開発も進められ，光量ロスが少なく縦横倍率の異なるAnamorphic opticsが提案され開発が進められている。ただし次世代では微細化に伴うレジスト感度低下などのシステム要求から，500 W以上が必要とされている[5]。将来は6.7 nm近傍の波長の1000 W程度の光源とNA＝0.6の光学系との組み合わせが実現できれば5 nm以下の解像も可能とされている（**表1**）。

2.2 世界の露光装置開発と市場の現況

現在世界のEUVリソグラフィの最先端量産用露光装置開発はオランダのASML社主導のもとに進んでいる。初期（2000年頃）には小フィールドの露光装置が試作されたが，2006年にASML社が開発したフルフィールドのα-Demo-Toolが現在に繋がる本格的露光装置であった。

光源に10 W級（設計値）の放電プラズマ光源を搭載し，欧州のIMECおよび米国SEMATECHのAlbany研究所などに納入された[6]。2009年からはASML社は100 W光源（設計値）を搭載したEUV β機NXE-3100を開発した[7]。この装置にはEXTREME社製のDPP光源を搭載した1台とCymer社製LPP光源を搭載した5台の計6台が出荷された。当初100 W光源の搭載を目指し量産の先行機の実現を目指したが，2012年時点で光源出力は7～10 Wの出力に低迷しEUVリソグラフィ量産性検証のボトルネックとなった。

2013年EUV γ機NXE-3300では250 W（設計値）のEUV光源を搭載し200 WPH以上の生産性を目指したが[9]，光源は当初10 Wレベルの稼働で，2014年8月にようやくフィールドで40 Wレベルの改良が複数のユーザー先で実行され，600 WPD（Wafer Per Day）の達成が報告されている。ASMLからは2015年までに80 W以上に光源を改良する計画が公表されTSMC社[9]，Intel社[10]で2014年後半に改造が行われ80 Wの模擬運転に成功したと報告されている。他方で光源メーカーはビジネスの遅れでEUV光源開発費が嵩み，経営が圧迫され厳しい状況にある。EUVβ機で先行したCymer社は2013年6月に開発費が嵩みASML社に買収された。さらにα-Demo-Toolで先行していたEXTREME社は2013年5月にその煽りで解散となった。光源メーカーは文字通り激動の"Death Valley"の中にある。

3 高出力EUV光源の開発の経緯とコンセプト

図5にギガフォトンのEUV光源の概念図を示す。現在はこの方式の優れた特性が認められ，世界の高出力EUV光源の主流の方式となった。EUV光を効率よく発生させるには，黒体輻射の原理より約300,000 Kのプラズマを生成する必要がある。このプラズマを生成するためには，これまで2つの方式でアプローチがなされてきた。すなわち，1つはパルス放電を用いたDischarge Produced Plasma方式[11]，もう一つはパルスレーザをターゲットに照射するLaser Produced Plasma方式である。世界では1990年台末から米国でEUVLLC[12]，欧州のFraunhofer研究所等の機関で研究が開始された。

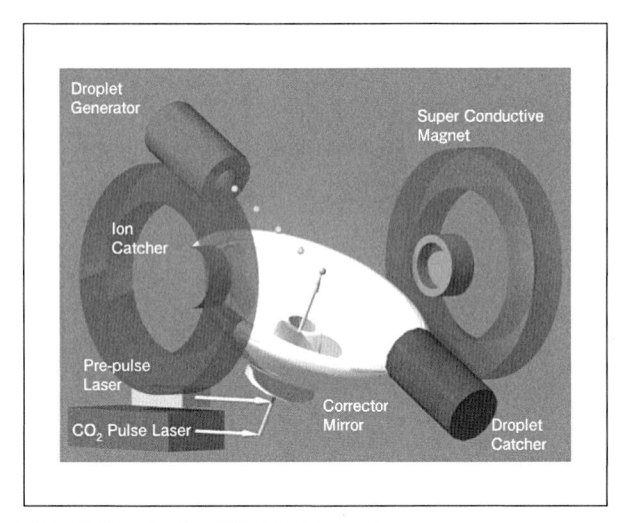

図5 ギガフォトン社EUV光源のコンセプト

　我が国では2002年より研究組合極端紫外線露光技術研究開発機構（EUVA）が組織されEUVリソグラフィの露光装置技術および光源技術の開発がスタートした。筆者らもこれに参画し当初からターゲット物質にパルスCO_2レーザを照射し高温プラズマを発生させるスキームをテーマとして追求してきた[13]。また2003年からスタートした文科省リーディングプロジェクトの九州大学岡田教授の測定結果[14]をきっかけに，筆者らは2006年から本命になる技術と確信しドライバーレーザにCO_2レーザを用いたLPP方式の優れた性能を予見するデータを確認して，この方式を開発してきた。CO_2レーザシステムには信頼性が確立した産業用のCW-CO_2レーザを増幅器として用いた独自のMOPAシステムを採用している。すなわち発振段の高繰り返しパルス光（100 kHz, 15 ns）を，複数のCO_2増幅器により増幅している[15]。ターゲットはSnを融点に加熱して，20 μm程度の液体Snドロップレットの生成技術の安定化を行ってきた。EUV集光ミラーは，プラズマ近傍に設置され，EUV光を露光装置の照明光学系へ反射集光する。このプラズマから発生する高速イオンによるミラー表面の多層膜のスパッタリング損傷が発生するが，独自の磁場を用いたイオン制御で，その防止・緩和を行っている。

4 最近の高出力EUV光源開発の進展

4.1 変換効率の向上

　YAGレーザとCO_2レーザを時間差を置いてSnドロップレットに照射するダブルパルス法により生成プラズマのパラメータを最適化したところ高い変換効率（>3％）が得られることを柳田らは実験的に見出した[16]。この結果は西原らのグループの理論計算の結果と変換効率で良く説明できた[17]。さらに2012年にはプリパルスレーザのパルス幅の最適化を行い画期的な約50％の効率改善を実現した。すなわち，これまでパルス幅約10 nsのプリパルスを約10 psのパルスに変更してCO_2レーザパルスで加熱することで変換効率が3.3％から4.7％に向上した。さらに最近では5.5％の変換効率も実験的に検証された（図6）。これは世界最高記録で画期的なデータである。製品レベルでこの効率が実現できれば，平均出力21 kWパルスCO_2レーザで250 WのEUV出力が，40 kWパルスCO_2レーザでEUV 500 Wが達成できることになる[18]。

4.2 高出力CO_2レーザの開発[19, 20]

　250 WのEUV出力を達成するために2011年度と2012年度NEDOの支援の元で三菱電機㈱との共同プロジェクトを実施し，ギガフォトン製のパルスオシレータと三菱電機製の4段増幅器を組み合わせ100 kHz，15 nsのパルスで20 kWを超えるCO_2レーザ増幅器の出力が実証され

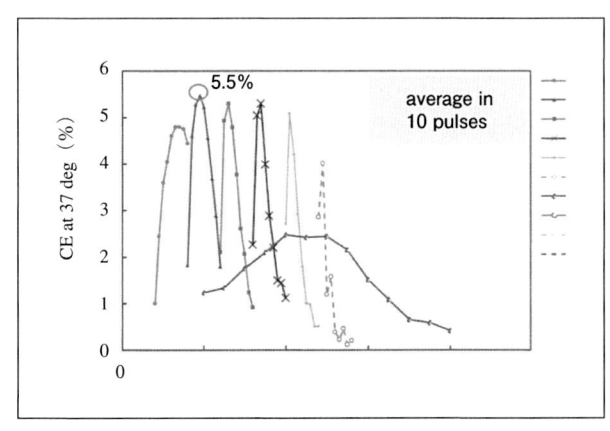

図6 EUV変換効率（EUV光／CO_2レーザー）

図7　CO₂増幅実験装置（三菱電機㈱提供）

図8　コレクタミラー周辺の構造

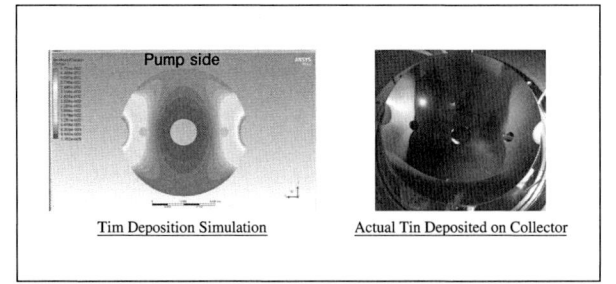

図9　EUVミラー部のSn汚損データー

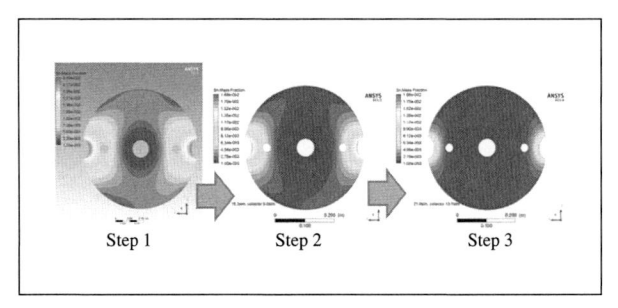

図10　イオン捕集器からの逆拡散の改善

た（図7）。この成果をもとに，この増幅器を実用レベルに仕上げて2014年春より高出力のEUVプラズマ発生実験がギガフォトン社で始まっている。その試験結果によれば，従来10 kWで制限されていた出力が，2倍の20 kWまで改善できている）。現在は，この増幅器を4台直列に並べたシステムが開発中である（5章）。

4.3　磁場デブリミチゲーション[21]

錫液滴にプリパルスレーザ光が照射し炭酸ガスレーザ一光が照射されEUV発光する。その後磁場によりガイドされた錫イオンが磁力線に沿って排出される（図8）。

現在，前節で述べた10 psのプリパルスにCO₂レーザを組み合わせるとイオン化率が99％以上に改善できるこ

とが計測の結果証明されている。集光ミラー周辺部には磁気ミラーのイオン収集部からの逆拡散によるSnのデポジションが観測されている（図9）が，エッチングガスの流路の制御でEUV発生試験の集光ミラー位置でのデブリが桁違いに改善されることがシミュレーションで確認され（図10），すでに10 Wレベルのプロト1号機では3日間に渡るEUV光照射部へのEUV光の伝送にも成功している。

またプロト2号機のシステム試験の最新データ（2015年11月）ではEUV出力で113 W（in Burst）で露光動作を模擬したDuty＝75％での143時間連続で安定した発光データ（3σ<0.5％）が確認されている（図11）。

5　EUV光源システムの開発[22]

ギガフォトンでは2017年の12 nmノード以降の量産工場向け250 W（@I/F）のEUV光源の実現とその量産化を目指し開発を進めている。図12に商品型第1世代機（Gigaphoton GL200E）の概観を示す。サブファブと呼ばれる階下スペースにプリパルスレーザ光とメインプラズマ加熱用のCO₂レーザが配置され，クリーンルーム階に

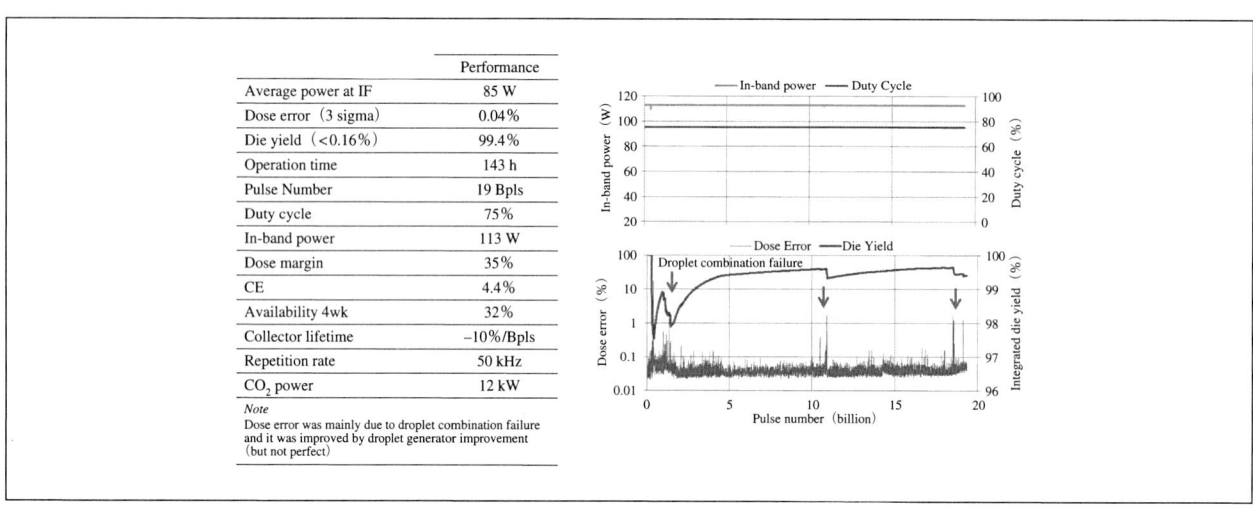

図11　EUV光源の最新データ（113 W，143 h，Duty＜75%）

	Performance
Average power at IF	85 W
Dose error（3 sigma）	0.04%
Die yield（<0.16%）	99.4%
Operation time	143 h
Pulse Number	19 Bpls
Duty cycle	75%
In-band power	113 W
Dose margin	35%
CE	4.4%
Availability 4wk	32%
Collector lifetime	−10%/Bpls
Repetition rate	50 kHz
CO_2 power	12 kW

Note
Dose error was mainly due to droplet combination failure
and it was improved by droplet generator improvement
（but not perfect）

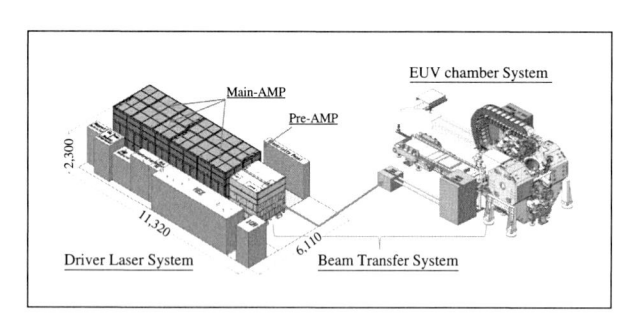

図12　250 W EUV光源装置 GL200E-Pilot

EUV発生用のチャンバが配置されている。EUV発生用
チャンバと露光装置とは光学的に結合されている。この
内部でSnドロップレットにレーザ光を照射しEUV光を
発生させる。現在ギガフォトン平塚事業所で建設を終え
（図13），現在は本格的な稼働試験を行っている。

　パイロット装置では現在は，実コレクターミラーを装
着して反射率の低下を観測している。100 W（in burst）
レベルで1週間程度の運転で−0.4%/Billion pulseという
非常に低い低下率での運転に成功している。今後，さら
に運転時間を延長して検証を進める予定である。

6　おわりに

　これまで述べてきたように，EUV開発は民間主体の努
力で，ようやく商用ベースでの国際競争の時代となって
いる。今年2017年はINTEL，Grobal Foundry, TSMC,
Sumsung Electronicsといった大手のロジックデバイス製
造メーカーのEUVでの量産宣言の年となった。2019年
には数十台レベルのEUV装置が並ぶ半導体量産ライン
が現実のものとなろうとしている[23]。同時にEUV光源
も，短時間の輝度性能だけでなく長時間安定性，部品寿
命，Availabilityがビジネスの勝敗を分ける時代になって
きた。

謝辞

　EUV光源開発の一部は2003年から2010年にわたり
NEDO「極端紫外線（EUV）露光システムの基盤技術研
究開発」の一部としてEUVAにてなされ，2009年以降の
高出力CO_2レーザシステムの開発はNEDO「省エネルギ
ー革新技術開発事業」による補助金を受けて平成21−
23年度および23−24年度に実施された。現在は，「NEDO
戦略的省エネルギー技術革新プログラム」において25
−27年度「高効率LPP法EUV光源の実証開発」の一部
として研究開発を実施している。ここに記し研究を支え
ていただいている関係機関および関係機関の皆様に感謝
の意を表します。

　またEUV光源開発に携わる弊社社員諸氏の昼夜を分
たぬ開発への努力に感謝します。末尾ながら三菱電機株
式会社との共同開発で中心的研究者として活躍され2014
年2月に急逝された谷野陽一氏の生前の貢献に深く感謝
し冥福をお祈り申し上げます。

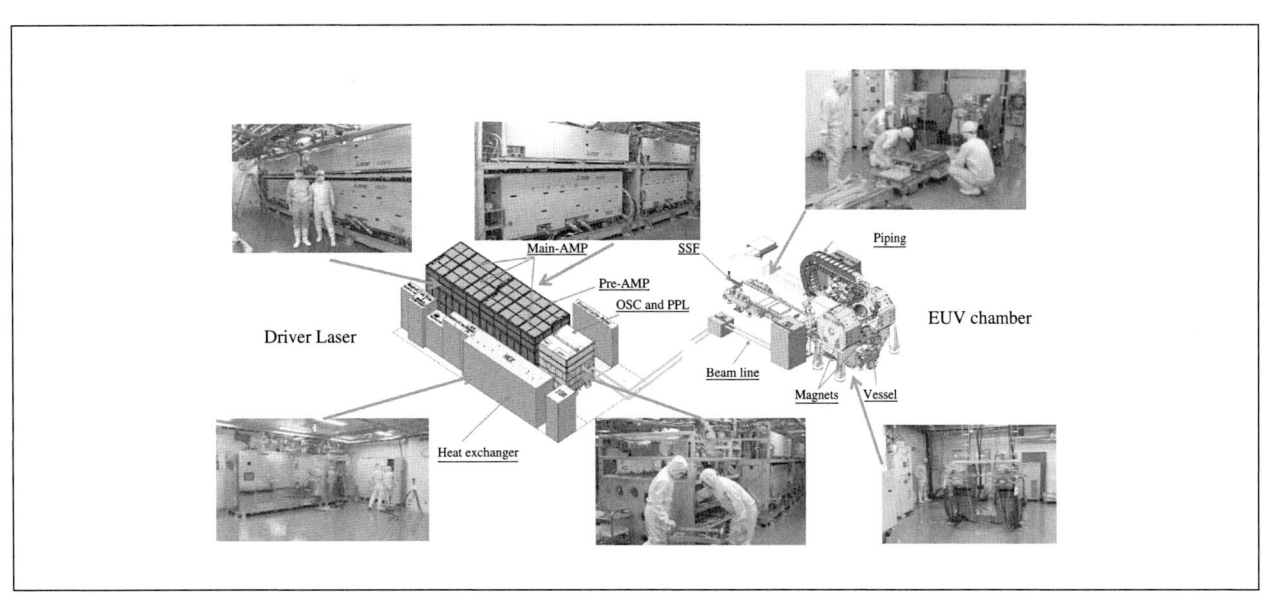

図13 パイロット装置の建設風景

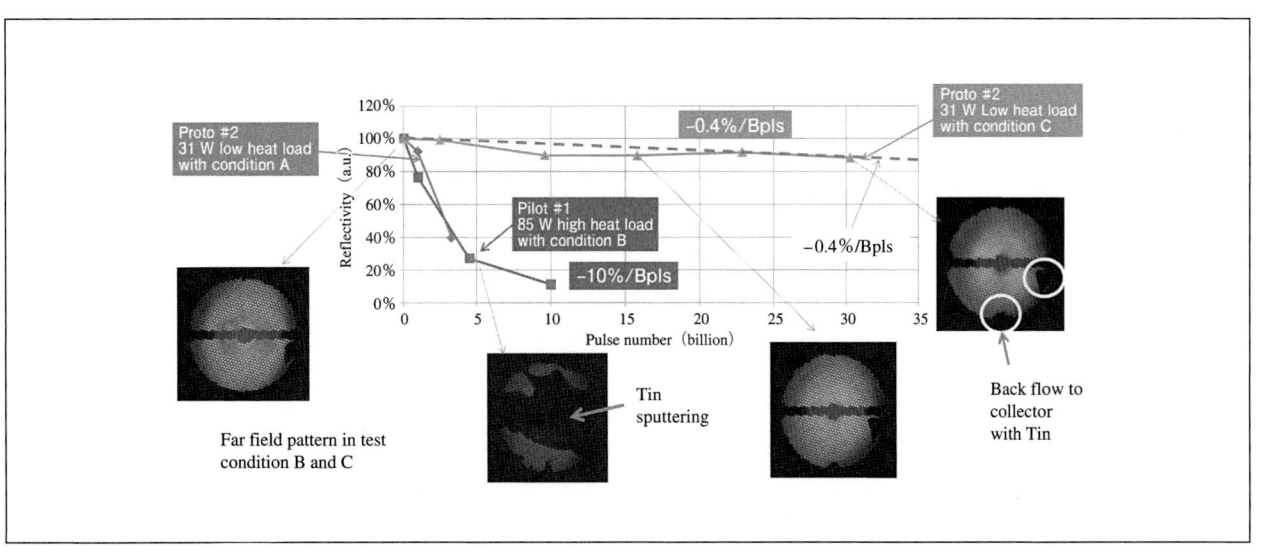

図14 EUV光源に搭載された集光ミラーの反射率変化データ

参考文献

1) 岡崎信次：「先端リソグラフィの技術動向」，クリーンテクノロジー，No. 3, Vol. 19 (2009) 1-6.

2) O. Wakabayashi, T. Ariga, T. Kumazaki et al,: Optical Microlithography XVII, SPIE Vol. 5377 (2004) [5377-187]

3) Hirotaka Miyamoto, Takahito Kumazaki, Hiroaki Tsushima, Akihiko Kurosu, Takeshi Ohta, Takashi Matsunaga, Hakaru Mizoguchi: "The next-generation ArF excimer laser for multiple-patterning immersion lithography with helium free operation" Optical Microlithography XXIX, Proceedings of SPIE Vol. 9780 (2016) [9780-1L]

4) H. Kinoshita et al., J. Vac. Sci. Technol. B7, 1648 (1989).

5) Winfried Kaiser; "EUV Optics: Achievements and Future Perspectives", 2015 EUVL Symposium (2015. Oct. 5-7, Maastricht , Nietherland)

6) J. Zimmerman, H. Meiling, H. Meijer, et al: "ASML EUV Alpha Demo Tool Development and Status" SEMATECH Litho Forum (May 23, 2006)

7) J. Stoeldraijer, D. Ockwell, C. Wagner: "EUVL into production – Update on ASML' s NXE platform" 2009 EUVL Symposium, Prague (2009)

8) R. Peeters, S. Lok, et al.: "ASML's NXE platform performance and volume Introduction" Extreme Ultraviolet (EUV) Lithography IV, Proc. SPIE 8679 (2013) [8679-50]

9）Jack J. H. Chen, TSMC: "Progress on enabling EUV lithography for high volume manufacturing" 2015 EUVL Symposium (5-7 October 2015, Maastricht, Netherlands)

10）Mark Phillips, Intel Corporation "EUVL readiness for 7 nm" 2015 EUVL Symposium (5-7 October 2015, Maastricht, Netherlands)

11）U. Stamm et al.; "High Power EUV sources for lithography", Presentation of EUVL Source Workshop October 29, 2001 (Matsue, 2001)

12）C. Gwyn: "EUV LLC Program Status and Plans", Presentation of the 1st EUVL Workshop in Tokyo (2001)

13）遠藤彰：「極端紫外リソグラフィー光源の装置化技術開発」レーザー研究32巻12号 (2004) 757-762

14）H. Tanaka，著者5名, et al.: Appl. Phys. Lett. Vol. 87 (2005) 041503

15）A. Endo, et al.: Proc. SPIE 6703 (2007) , 670309

16）T. Yanagida, et al: "Characterization and optimization of tin particle mitigation and EUV conversion efficiency in a laser produced plasma EUV light source" Proc. SPIE 7969, Extreme Ultraviolet Lithography II, (2011)

17）K. Nishihara et al.: Phys. Plasmas 15 (2008) 056708

18）H. Mizoguchi, "High CE technology EUV source for HVM" Extreme Ultraviolet (EUV) Lithography IV, Proc. SPIE 8679 (2013) [8679-9]

19）Y. Tanino, J. Nishimae et al.: "A Driver CO_2 Laser using transverse-flow CO_2 laser amplifiers", Symposium on EUV lithography (2013.10.6-10.10, Toyama, Japan)

20）K. M. Nowak, Y. Kawasuji, T. Ohta1 et al.: "EUV driver CO_2 laser system using multi-line nano-second pulse high-stability master oscillator for Gigaphoton's EUV LPP system", Symposium on EUV lithography (2013.10.6-10.10, Toyama, Japan)

21）H. Mizoguchi, et al,: "High CE Technology EUV Source for HVM" Extreme Ultraviolet (EUV) Lithography IV, Proc. SPIE8679 (2013) [8679-9]

22）Hakaru Mizoguchi, Hiroaki Nakarai, Tamotsu Abe, Krzysztof M Nowak, Yasufumi Kawasuji, Hiroshi Tanaka, Yukio Watanabe, Tsukasa Hori, Takeshi Kodama, Yutaka Shiraishi, Tatsuya Yanagida, Georg Soumagne, Tsuyoshi Yamada, Taku Yamazaki and Takashi Saitou; "High Power LPP-EUV Source with Long Collector Mirror Lifetime for High Volume Semiconductor Manufacturing" EUVL Symposium, Montlay USA (11-14. September, 2017)

23）「ムーアの法則，EUVで再起動へ」日経エレクトロニクス2017年9月号

■Development of High Power EUV Source for Semiconductor High Volume Manufacturing

■①Hakaru Mizoguchi　②Takashi Saito　③Taku Yamazaki

■①～③Gigaphoton Inc

①ミゾグチ　ハカル　②サイトウ　タカシ　③ヤマザキ　タク
所属：①～③ギガフォトン㈱

総論

東海大学

山口　滋

1 はじめに

　これまで本誌にて環境計測応用や実時間化学物質分析用のレーザーや周辺技術に関する特集を何回か行ってきた。筆者が本誌の特集に関わらしていただいて「環境計測への応用」を中心に2010年11月号と2015年6月号で，計測技術とレーザー光源技術を中心にこれまで新たな進展が見られたものを挙げてきた。分野で活躍していただく専門の研究者の方々からの寄稿により，コヒーレント光源の技術革新が進むとともに，レーザー光源のビジネスを取り巻く状況の変化から，赤外線領域での光源自身の技術開発も社会からの要求も多くあり，それらに応えるべく研究開発が活発になされていることが再度認識された。そこで，今回は，赤外線領域の光源とそれらの応用について焦点を当てて，その技術展望を中心に各分野の専門の方にご寄稿をいただいている。筆者はどちらかと言えば環境計測や微量物質計測への応用を念頭に分光計測の技術と必要な赤外光源の研究を中心に据えているが，ここでは，応用分野をより広く，加工・医療を含めている。

　"赤外線領域の波長"という定義は，読者諸兄から「いささか曖昧である」という指摘が出そうであるが，本特集では他の特集での重複が少なくなるようにファイバーレーザー発生装置を除いて，1.5 μm より長い波長で充実してきた光源とその応用の展開を特集した。

2 赤外線領域のレーザー光源技術

　光源の技術は，各種あるが，それらを図1に示す。第一は非線形光学結晶を組み合わせ高調波，差周波，光パラメトリック発振により発生したコヒーレント光を得る技術である。第二は，レーザー媒質そのものからコヒーレント光を得る技術で，固体レーザーや量子カスケードレーザー（Quantum Cascade Laser, QCL）レーザー光源である。もちろんのことながら通信帯1.5 μm や2 μm 付近半導体レーザー光源の波長同調範囲と選択性が充実している。これらのレーザー光源は，常温動作で制御も容易であり，本特集では，燃焼ガスや排ガス等の分布計測を寄稿いただいているが，それにとどまらず，今後の応用展開は幅広いと考えられる。また，1.5 μm 領域のLバンドとCバンド全域で，自由に波長が得られかつ狭線幅の光源が市販されていることは以前の特集でも取り上げた通りである。

　3 μm 周辺ではEr：YAGレーザー，波長領域4.5～15 μm では，量子カスケードレーザー（Quantum Cascade Laser, QCL）は，外部共振器型やDFBレーザーで波長同調範囲や選択性が同時に得られ，最近では複数のメーカーから供給を受けることができる。波長選択制という面では，媒質の制約を受けない自由電子レーザーがあり，必要な波長を設計パラメータで指定でき優位な点も多い。

　もう一つ見逃せないのは，ガスレーザーの技術進展であろう。CO_2 レーザーは，もちろん成熟した技術でありかつ多くの改善が加えられていてその地位は簡単に揺ら

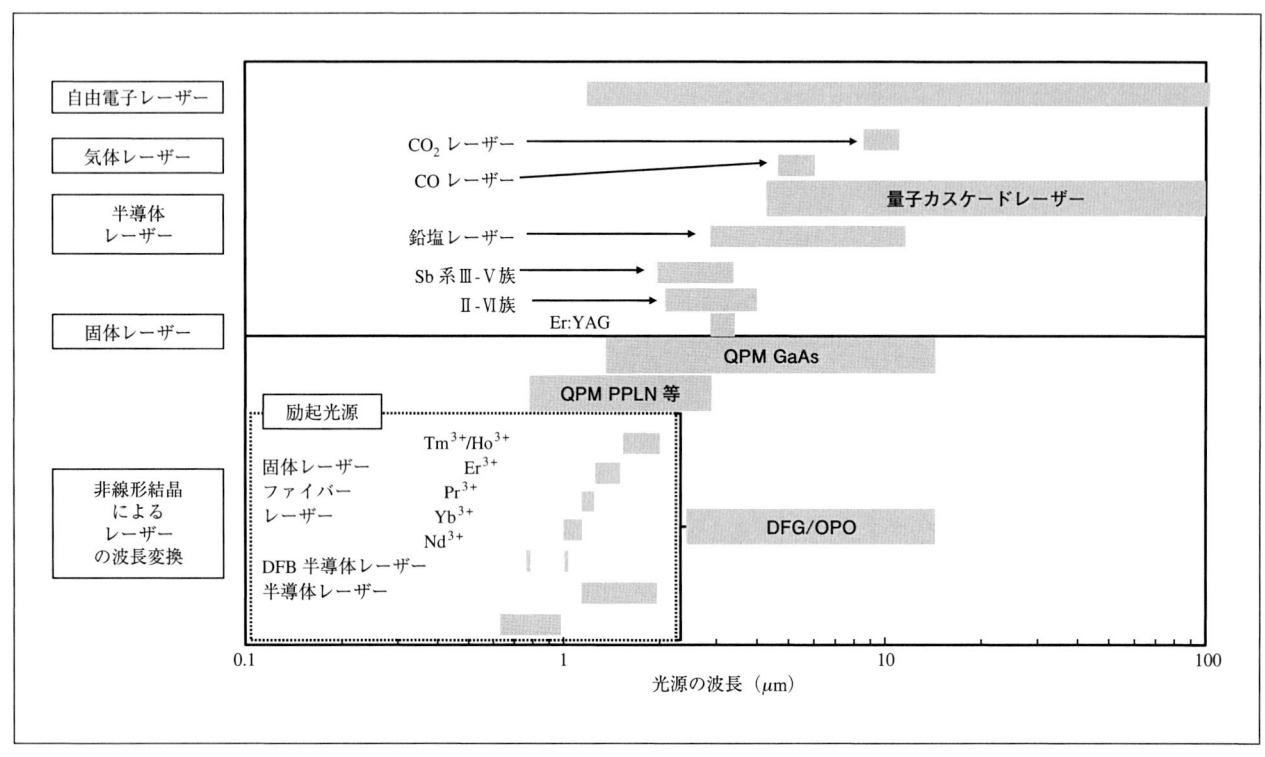

図1　赤外線領域の各種コヒーレント光発生光源

ぐものではないが，4.5 μm付近を中心に発振するCOレーザーは加工やセンシングの分野でも再度注目を浴びている。COレーザーは，初めて発振が確認されてから1980年代半ばまでは，CO_2レーザーに対して短波長で集束性能が高めやすいことやカルコゲナイド系光ファイバーでの導光が可能なことから装置の研究開発が活発に行われた。ただ，COレーザーは振動準位励起の原理的から低温で高効率化が達成されることから，研究開発の段階でCOレーザーシステムでは多く液体窒素冷却装置を伴っていた。さらに，数百～1 kWレベルの出力を得ようとして高密度な放電入力を低温低圧で達成することには技術的困難が常にある上，赤外のガスレーザーでは多くの場合動作に伴ってレーザー媒質であるガスを消費するため，毒性のあるCOガスを適切に処理して，かつ，産業用レーザーとして信頼性安定動作をなしえることが長らく困難であった。CO_2レーザーでさえも封じ切りで高出力の領域で長時間の安定動作を得るには，研究開発に長い年月を要したが，最近になり課題を徐々に解決しながらCOレーザーも産業用レーザーとしての地位を得

られるようになってきたといえる。

　産業でも，CO_2レーザーに代替できる別の赤外線領域の固体や半導体レーザー光源実現の要求は根強くあり，1チップで数Wクラスの量子カスケードレーザーの出力安定化や2 μmや3 μmより長い波長帯で高ピークパワーのパルスや高エネルギーの連続（RF領域の繰り返し含む）レーザー技術は今後も重要であろう。

3 赤外線計測・制御用のセンサーに対する検討

　加工や医療，また，微量物質の分析等でのレーザーの制御計測では，様々な赤外線検出器を使用していて，感度が高く高速時間応答であるものが望ましい。従来から，一般的な非接触温度センサーや安価な焦電型センサーが多くの場合赤外光源と組み合わせて使用されてきた。しかしながら，例えば赤外光源の遠隔制御や遠隔検知のため感度の高い赤外の半導体センサーはかなり材料が限定されており，かつ，5 μmより長波長側では特に背景放射の影響を受けやすく，十分な冷却システムも必要である。

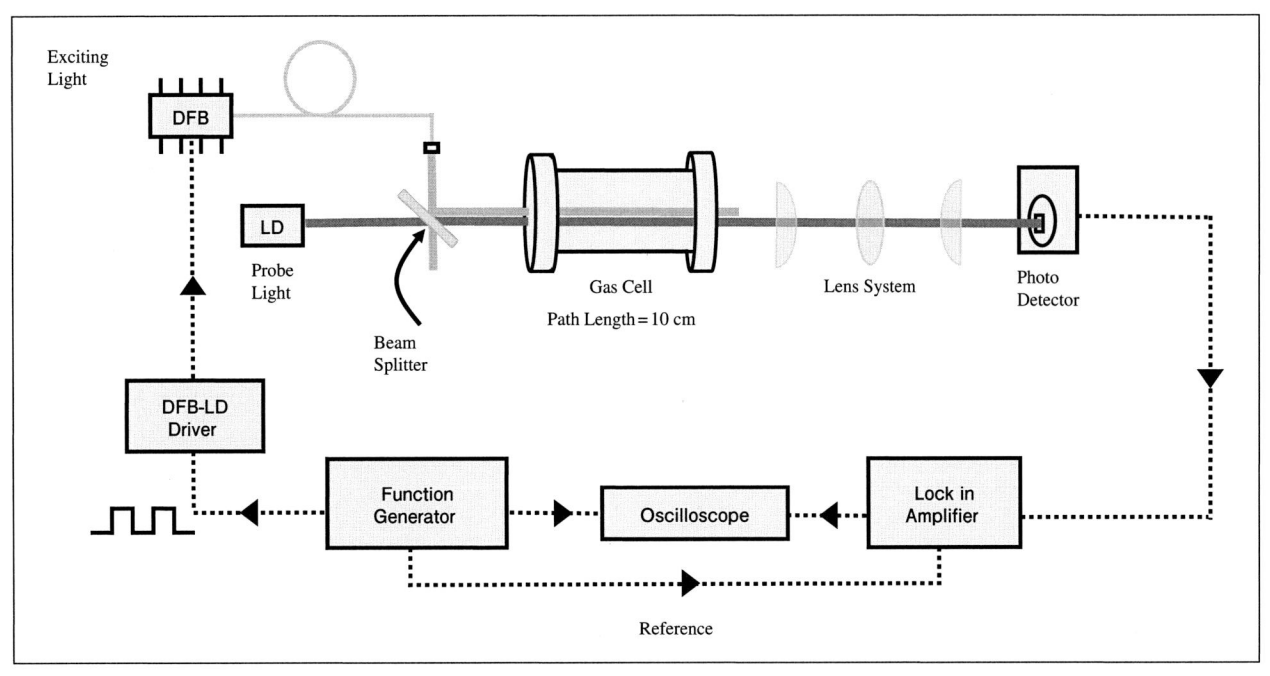

図2 赤外吸収により発生する音響波の遠隔検知装置構成図

厳しい環境下で使用しても性能を十分に発揮するために
は検出システムの設計に十分な配慮を要する。もし，可
視光領域の光検出素子を遠隔での赤外線吸収に利用する
ことができるなら，選択肢も多い可視光検知の既存技術
で置き換えることができ耐環境性もあって有利と言え
る。このような状況は光源がさらに長波長となるテラヘ
ルツ光源領域でも同様であろう。ここでは改善への一検
討例として赤外線吸収分光に，可視光のセンサーを取り
入れている筆者らの研究取り組みを簡単に紹介する。

　筆者らは，将来的に遠赤外で半導体光センサーでは実
現が容易ではない遠隔の分光分析を行うことを目標に光
音響分光の基礎研究を手掛けている。コンデンサマイク
ロホンを利用し，計測場に共振装置を置いて音響信号強
度を増強して検出するのが一般的な光音響分光の従来研
究である。対して，筆者らは，赤外励起光により試料に
生じる音響波を可視光で遠隔検知することを検討してい
る。音響波により可視光線のプローブ光の一部を回折さ
せ，可視光領域の検出器受光面でプローブ光と回折光の
干渉像として検出する為，音響波発生点に検出器を設置
する必要がない[1]。従来の光音響分光と異なり遠隔にか
つ空間分解能を十分に有して時間応答性も高く音響波の

計測が可能である。

　図2に実験装置の構成を示す。DFB-LDの電流値を
C_2H_2ガスの吸収線である1534.1 nmを中心に10 kHz程度
変調することで波長掃引を行う。これにより試料ガスに
周期的な吸収波長の光を与えることで掃引周波数に応じ
た音響波を生成する。可視光LDから出射されるビーム
をプローブ光，DFB-LDから出射されるビームを励起光
としてC_2H_2ガスを封入した光路長10 cmのセルに入射す
る。励起されたC_2H_2分子は遷移する際に，吸収した光
エネルギーの一部を熱として変換，放出する。これによ
り，周囲に励起光の周期変化に応じた空気の疎密波が生
じる。この粗密波により生じたプローブ光の強度変化を
レンズ系によりフーリエ変換した後，光検出器の受光面
上に音響波の強度変化に応じた光の強度変化を再生す
る[2,3]。

　図3に全圧を変化させてC_2H_2ガスを測定した際の音響
検出信号強度を示す[2]。励起された気体によって生じる
音響波の強度は，一般に気体が吸収した励起光の強度，
媒質の吸収係数，濃度に依存する。検討結果から，試料
ガスの密度変化による励起光の吸収率すなわち音響波強
度の変化とそれに対する信号強度がよく一致しているこ

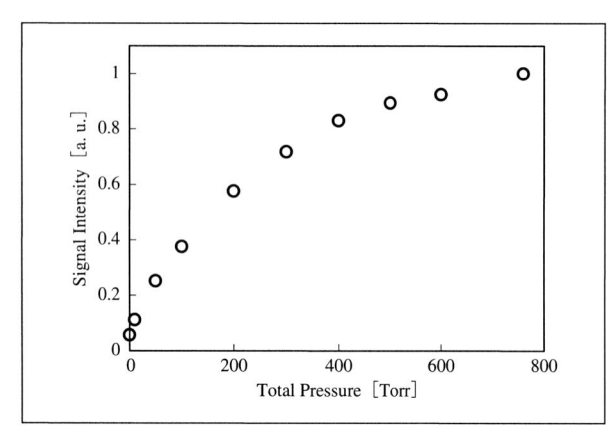

図3　赤外吸収気体の全圧に対する音響波音圧の変化の様子

とが検証された。赤外吸収による音響波検知の可視光プローブの性能は，コンデンサマイクロホンと同等な感度が実現できることを確認し，遠隔からの音響による基礎分光分析が可能であることを示した。この方式は，可視光の安価なLDと光検出器の組み合わせで実現できるので，赤外の半導体センサーを用いる場合に比べ耐環境性や，環境からの赤外放射に強く，対象とする赤外線以外の赤外の信号をある程度容易に排除できる。この試験装置では，$1.5\,\mu\mathrm{m}$帯のDFBレーザーを励起光源にしているので，もちろんのことながらこの励起光源の透過光は，背景放射の影響少なく直接に検知が可能ではあるが，将来的に励起光源を$5\,\mu\mathrm{m}$より長波長側で利用する吸収分光やテラヘルツの光源による吸収分光をスタンドオフ形式で遠隔からの非接触計測にも適用する場合には，背景放射の影響を少なくして吸収信号の検知が可能で，筆者らは有望な簡易検知技術であると考えている。

4 まとめ

　赤外領域にも周波数コム光源を利用した広い波長帯域で高分解分光が提案されてきていて，その一端は本特集にも寄稿をいただいている。最近では，広い赤外帯域のマルチモード光源を用いた分光も研究され，必ずしも分散型の高分解測定器がなくとも高分解分光ができるようになってきた[4]。今後の研究発展にも注目したい。

　赤外線光源は今後も，計測・加工・医療の応用を中心に各方面に用いられ技術発展を続けるであろう。光源の

みならず，イメージングなどのセンサーは，米国のように幅広い技術の集積と比較すると研究開発が我国では少なく十分な製品レベルでの実現は少しの時間を要する。これらのセンサーは時として，輸出管理規定の規制にかかるものもあるため，輸出入に法律上の課題も生じる。今後どのように効率的に研究開発し産業に寄与するようにするかは，大切な案件ともいえる。医療や農業など我国で成長が今後も見込める分野でもレーザー光源を基本にしてガンの検診や食品の分析技術開発は，重要さが増しており，光源技術はこれからも活発に研究がなされるべき点であろう。

謝辞

　実験装置の紹介の項では，本学大学院生の佐藤和秀君はじめ，天本貫人・永井龍太郎・藤井大地君にも多大な協力をいただいたことをここに深謝する。

参考文献

1) Yoshito Sonoda, "Considering optical system for directly detecting audible sounds by optical fourier transform" in *Acoustical Society of Japan*, 8th ed. vol. 62, 2006, pp. 571-579.

2) Kazuhide Sato[a], Kazuyoku Tei, Shigeru Yamaguchi, Masaki Asobe and Yoshito Sonoda, "Remote Photo-Acoustic Spectroscopy (PAS) with an Optical PickUp Microphone", Paper No. JW2A.7, Proceedings of the Conference on Lasers and Electro-Optics 2017, (May 2017)

3) Kazuhide Sato, Kazuo Maeda, Kazuyoku Tei, Shigeru Yamaguchi, and Yoshito Sonoda, "Novel Photo-acoustic Spectroscopy Using Optical Wave Microphone" Paper No. Thu P-97, Proceedings of the 10th Asia-Pacific Laser Symposium (APLS), (May 2016)

4) S. O'Hagan, J. H. Northern, B. Gras, P. Ewart, C. S. Kim, M. Kim, C. D. Merritt, W. W. Bewley, C. L. Canedy, I. Vurgaftman, J. R. Meyer, "Multi-species sensing using multi-mode absorption spectroscopy with mid-infrared interband cascade lasers" Appl. Phys. B (2016) 122:173 DOI 10.1007/s00340-016-6377-0

■**Overview**

■Shigeru Yamaguchi

■Tokai University, Department of Physics, School of Science, Professor

ヤマグチ　シゲル
所属：東海大学　理学部　物理学科　教授

中赤外レーザーの医療応用

大阪大学

間　久直，粟津邦男

1 はじめに

　赤外線の中でも波長2〜20 μm程度の中赤外線は分子内部の振動と共鳴する波長領域であり，図1に示すとおり，分子内の化学結合の種類によって振動の共鳴波長が異なることから，分子の指紋領域と呼ばれている。例えば，水分子内のO-H結合の伸縮振動は波長約3 μmの中赤外線と共鳴するため，この波長の中赤外線を水に照射すると非常に強く吸収される。また，生体内のある特定の分子のみが持つ化学結合の振動と共鳴する波長の中赤外線を照射すれば，様々な分子の中で，ある特定の分子のみに選択的にエネルギーを吸収させることができるため，正常な組織に損傷を与えない，病変部のみに対する選択的な治療法も考えられる。逆に，生体組織が中赤外線のどの波長を強く吸収するかを調べることによって組織の診断を行うことも可能であると考えられる。中赤外線領域では波長を使い分けることによって様々な応用が考えられる反面，レーザー光源の種類が非常に限られていたため，他の波長領域と比べて応用研究が著しく遅れていた。しかし，1990年代頃から各国において，広範囲で連続的に波長を変えることができ，高出力の中赤外線レーザー光を発生できる自由電子レーザーが開発されるようになった[1, 2]。そして，自由電子レーザーを用いて様々な波長で様々な応用研究が行われ，中赤外線を用いることで動脈硬化や胆石などの選択的な治療が可能であることなどが実験的に示されてきた[1, 2]。ただし，自由電子レーザーは電子加速器や，外部に放射線を放出しないための遮蔽など大規模な設備を必要とするため，医療現場での応用には適していなかった。その後，2000年代頃から光パラメトリック発振や差周波発生などの非線形光学を用いたテーブルトップサイズの波長可変レーザー光源の高出力化が進み，中赤外線を用いた応用研究をより容易に行うことができるようになった[3〜7]。しかし，医療現場で用いるにはまだ装置が大きすぎることや，価格が高いことが普及を妨げている。これらに対して，近年，中赤外線を発生させることができる量子カスケード

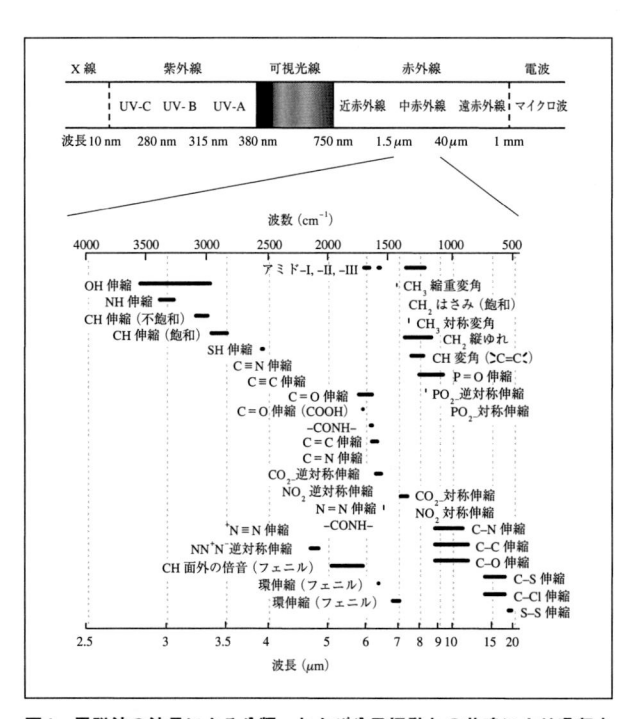

図1　電磁波の波長による分類，および分子振動との共鳴により吸収される中赤外線の波長の化学結合による違い

レーザー（quantum cascade laser：QCL）と呼ばれる新しいタイプの半導体レーザーが開発され，高出力化が進められている[3,8]。最近では，10 cm四方程度の小型の装置でも治療用途に十分使用できるレベルの中赤外QCLが開発されている[8]。本稿では，筆者らが進めている，中赤外レーザーを用いた低侵襲な診断・治療技術の開発例について述べる。

2　波長5.75 μmの中赤外レーザーによる動脈硬化治療

　動脈硬化症のカテーテル治療においてレーザー血管形成術は，高度石灰化病変や完全閉塞病変などの複雑病変における狭窄物質を蒸散除去でき，血管内腔を本質的に拡張でき，バルーンやステントを用いた経皮的冠動脈形成術の失敗病変やステント内再狭窄病変などに対応できることから有力な治療技術である。国内では，2012年7月より波長308 nmのXeClエキシマレーザーによるエキシマレーザー血管形成術（excimer laser coronary angioplasty：ELCA）が保険適用となっている。ELCAでは，非熱的な光子エネルギーが分子結合に作用するフォトアブレーションにより，動脈硬化病変を分解除去することができる。すなわち，局所的な熱発生が非常に少なく周辺組織への熱損傷が問題視されない。しかしながら，血管壁への誤照射の場合，血管壁の貫通といった危険が伴う。また，8〜9割の症例でバルーンおよびステントによる追加治療が必要となっており，現時点ではELCA単独での治療は考えにくいと報告されている。したがって，正常動脈に低侵襲に，動脈硬化病変を選択的に除去可能な治療技術が求められている。

　狭窄・閉塞部分に蓄積する粥腫性プラークの主成分は，コレステロールと脂肪酸（リノール酸やオレイン酸等）がエステル結合した物質，コレステロールエステルである。コレステロールエステル内のエステル結合のC=O伸縮振動は波長5.75 μmの中赤外線を特異的に吸収する。図2（a）に正常なウサギの動脈，および動脈硬化を自然発症するmyocardial infarction-prone Watanabe heritable hyperlipidemic（WHHLMI）ウサギ[9]から採取した動脈硬化病変部の赤外吸収スペクトルを測定した結果を示す。動脈硬化病変部のみが波長5.75 μmに吸収ピークを

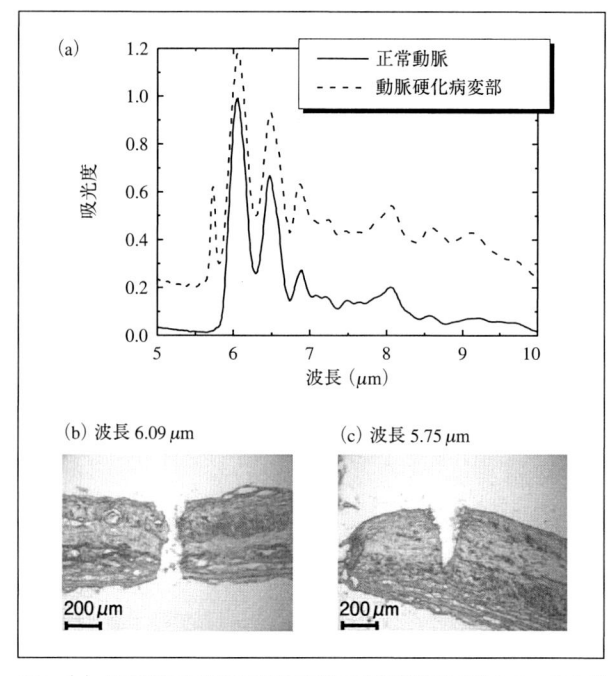

図2　**(a)　正常動脈と動脈硬化病変部の赤外吸収スペクトル，および (b)　波長6.09 μm，(c)　波長5.75 μmのレーザーを照射した後の動脈硬化病変部の断面図。ただし，見やすさのために動脈硬化病変部の吸収スペクトルは0.2だけ上にシフトさせてある。**

持ち，波長5.75 μmの中赤外レーザーを用いることで，粥状動脈硬化病変を選択的に除去する安全なレーザー血管形成術が実現可能であると期待できる。

　近年，非線形光学技術の一つである差周波発生（difference-frequency generation：DFG）を用いたテーブルトップサイズで高ピークパワーのナノ秒パルス中赤外波長可変レーザーが開発され[4,7]，波長5.75 μmでのレーザー照射により，正常動脈内膜に低侵襲に，粥状動脈硬化内膜を選択的に除去可能なことがin-vitroレベルで示されている[10,11]。図2（b），(c)にDFG方式の中赤外波長可変レーザーを用いて行った粥状動脈硬化病変の選択的除去実験の結果を示す。平均パワー密度50 W/cm²，パルス繰り返し周波数10 Hzで3秒間照射した結果，正常組織も吸収ピークを持つ波長6.09 μmでは動脈壁を貫通しているのに対して，波長5.75 μmではコレステロールエステルが蓄積した動脈硬化病変部のみが除去されていることがわかる。本技術は過照射時でも照射効果が内膜に留まることが特徴であり，従来法と比べて原理的に安全性が保証されている。さらに，近年では，波長5.7 μm

帯のQCLでも動脈硬化病変部のみを選択的に除去できることが示されている[11]。そこで，筆者らは現在，QCLを光源に，中空光ファイバーを治療用カテーテルに用いた治療装置プロトタイプの開発を進めている。

3 胆石の内視鏡診断・治療

動脈硬化の場合と同様に，胆石についても正常な組織に損傷を与えずに，胆石のみを破砕する低侵襲な治療が実現できると考えられるが，ヒトの胆石は患者によって主成分が異なり，治療に最適なレーザー波長も患者毎に異なることがわかった[12]。そこで，中赤外波長可変レーザーを用いて体内の胆石の吸収スペクトルを測定し，その結果に基づいて最適な波長にレーザーの波長を変更して胆石の破砕を行う新規診断・治療システムを提案し，開発を進めている。本稿では，同システムで用いる経内視鏡分光診断用プローブによる基礎実験の結果，およびDFG方式の中赤外波長可変レーザーを用いた胆石切削実験の結果について述べる。

図3に，減衰全反射（attenuated total reflection：ATR）方式の経内視鏡分光診断用プローブ[7]，および市販のフーリエ変換赤外分光光度計（Fourier transform infrared spectrometer：FT-IR，FT-520，堀場製作所）を用いて測定したコレステロールの吸収スペクトルを示す。同図より両スペクトルの形状が良く一致しており，どちらのス

ペクトルにおいてもコレステロール分子内のC-H変角振動による波長6.83 μmの吸収ピークを検出できていることがわかり，経内視鏡分光診断用プローブを用いて体内の胆石の成分を特定できると考えられる。

次に，DFG方式の中赤外波長可変レーザーを焦点距離51 mmのZnSeレンズにより集光して，ヒト胆石（コレステロール石）の破砕実験を行った。レーザーの波長には，コレステロール分子内のC-H変角振動による吸収と一致した波長6.83 μm，およびコレステロール石の吸収係数が波長6.83 μmのものと比べて約1/5となる波長6.03 μmを用いた。切削深さを共焦点レーザー顕微鏡（VK7510，キーエンス）で測定した結果を図4に示す。同図より，波長6.83 μmの方が6.03 μmの場合と比べて低い平均パワー密度で切削を行えることがわかる。また，どちらの波長によっても平均パワー密度が高くなるにしたがって切削深さが増加したが，約100 μm以上には増加しなかった。これは，レーザーの焦点位置を固定して照射を行ったことが原因であると考えられる。すなわち，集光したレーザーは焦点を過ぎた後はレーザーのビーム径が再び広がり，パワー密度が低下するため，ある程度以上切削が進むと切削に必要なパワー密度が得られなくなり切削が止まったものと推測される。

また，実際の胆石破砕治療においては破砕断片が体内に残留すると，それが核となり胆石を再発する原因となる。そこで，DFG方式の中赤外波長可変レーザーによる

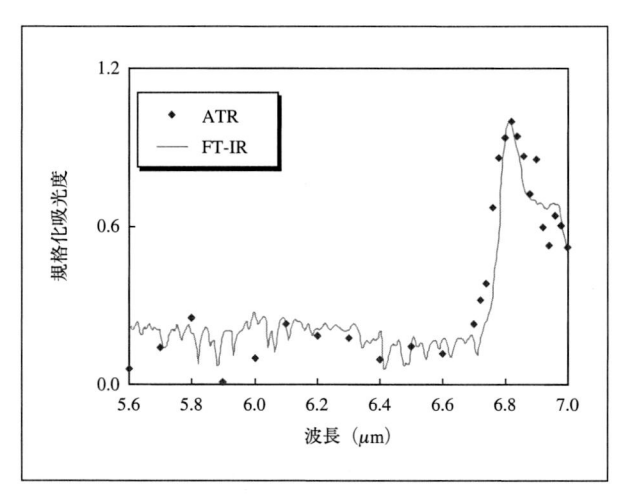

**図3　ATR方式の経内視鏡分光診断用プローブおよびFT-IRで測定した
　　　コレステロールの吸収スペクトル**

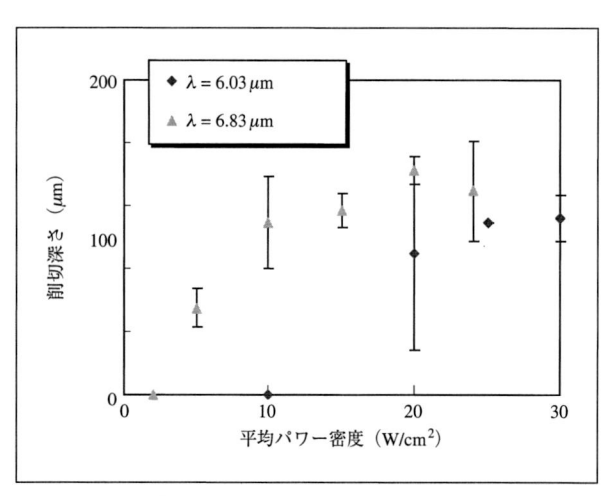

**図4　DFGレーザーによるヒト胆石（コレステロール石）の切削深さの
　　　レーザー波長による違い**

切削の際に飛散した粒子を走査型電子顕微鏡（JSM-7000F，日本電子）で観察したところ，飛散した粒子は数μm程度の大きさに微粉末化されていることが確認された。

以上より，DFG方式の中赤外波長可変レーザーの波長を胆石の吸収が強い波長に合わせることで，胆石をより低いパワー密度で周囲の組織に低侵襲に破砕することができ，治療後の再発の危険性も少なくすることができると考えられる。

4 早期消化管がんの内視鏡診断・治療

近年，早期消化管がんに対して内視鏡的粘膜下層剥離術（endoscopic submucosal dissection：ESD）が積極的に行われている。ESDは消化管の粘膜下層に液体を注入し，病変部を隆起させた後に高周波電気メスで病変部の粘膜を切開し，粘膜下層を剥離する手法であり，回収した病変組織の病理検査を行うことで遺残の有無や浸潤度の診断を行うこともできる。しかし，技術的難易度が高いため，出血や穿孔のリスクがあり，安全性を更に高めるために，病変部の隆起を長時間維持できる粘膜下注入材（ヒアルロン酸ナトリウム溶液やグリセロールなど）を用いることや，電気メスの形状を工夫するなどの対処が行われているが，安全性の確保は未だ十分ではない。したがって，筋層に非侵襲に粘膜層の切開，および粘膜下層の剥離が可能な内視鏡治療技術の開発が求められている。

そこで，筆者らはESDに用いられる粘膜下注入材に強く吸収される波長の中赤外レーザーを切開・剥離用のメスとして利用した，安全なESD手技の開発を行っている[13, 14]。具体的には，図5（a）のように粘膜下注入材までレーザーが達すると切開が停止することを利用して，粘膜層および粘膜下層まで選択的に切開し，粘膜下層より下の筋層（温存したい層）には低侵襲な手技を目指している。光源に波長10.6μmの炭酸ガスレーザー，粘膜下注入材（すなわちレーザー吸収材）に電気メスによるESDでも用いられているヒアルロン酸ナトリウム溶液，または生理食塩水を用いることで，筋層への損傷を生じることなく電気メスと同等にESDを行えることがin-vitroレベル，およびin-vivoレベルで示されている[13, 14]。図5（b），（c）に生体ブタを対象としてin-vivoで炭酸ガ

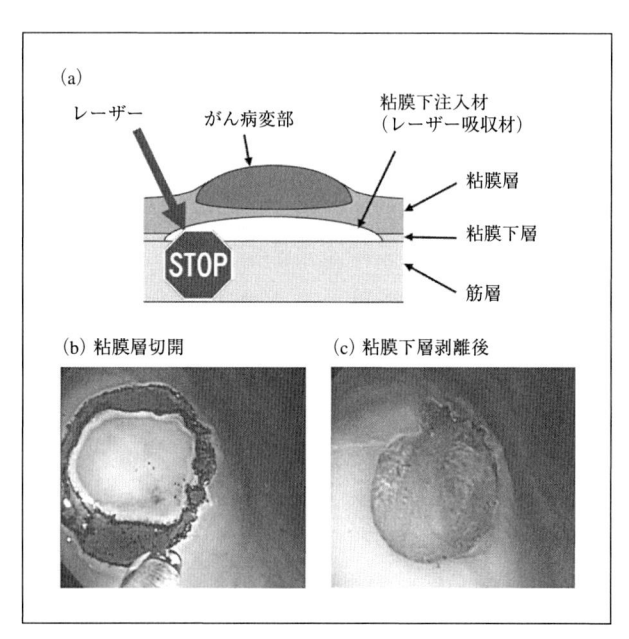

図5　(a) 波長10.6 μmの炭酸ガスレーザーによる安全なESDの原理，および (b)，(c) 生体ブタを対象に炭酸ガスレーザーによるESDを行った際の胃内壁の内視鏡画像。剥離させた部位の直径は約1cmであった。粘膜下注入材には生理食塩水を使用し，照射ファイバー先端出力約15 W，連続発振，ファイバー先端の移動速度約1〜2 mm/sで照射を行った。

スレーザーによるESDを行った例を示す。出血や穿孔を生じずに粘膜層の切開，および粘膜下層の剥離を行えていることが確認できる。

現在，臨床応用に向けたESD用炭酸ガスレーザー装置，および中空光ファイバーを用いた導光デバイスの開発，臨床での現象をできる限り忠実に再現したin-vitro実験系での装置評価，in-vivoレベル（動物実験）での前臨床試験といったレーザー医療研究のトランスレーショナルリサーチ（橋渡し研究）を進めている。

5 まとめ

これまでレーザー光源の種類が非常に限られていた中赤外線領域では，分子固有の吸収に対応した波長のレーザーを利用することにより低エネルギーで高い治療効果を与えることができ，安全なレーザー治療を実現することができる。また，使用する波長や照射エネルギーが治療対象（疾患部位）の正常組織に低侵襲であれば，疾患選択的な治療も夢ではない。そして，これら応用技術の

実用化を目指して光パラメトリック発振や差周波発生などの波長変換技術を用いた小型・高出力な波長可変レーザー，およびQCLのような小型光源などが開発され，高出力化が進められてきている。これらに加え，中赤外レーザーを伝送可能な中空光ファイバーが開発されたことで，今後，中赤外レーザーの医療応用がさらに拡大していくと予想される。

参考文献

1) 粟津邦男，赤外レーザー医工学，大阪大学出版会 (2008).
2) 粟津邦男監修，次世代光医療−レーザー技術の臨床への橋渡し−，シーエムシー出版 (2010).
3) I. T. Sorokina, K. L. Vodopyanov (eds.), Solid-state mid-infrared laser sources, Springer (2003).
4) H. Hazama, Y. Takatani, K. Awazu, "Integrated ultraviolet and tunable mid-infrared laser source for analyses of proteins," *Proc. SPIE* **6455**, 645507 (2007).
5) H. Hazama, M. Yumoto, T. Ogawa, S. Wada, K. Awazu, "Mid-infrared tunable optical parametric oscillator pumped by a *Q*-switched Tm, Ho:YAG ceramic laser," *Proc. SPIE* **7197**, 71970J (2009).
6) H. Hazama, M. Yumoto, T. Ogawa, S. Wada, K. Awazu, "Development of a mid-infrared tunable optical parametric oscillator pumped by a *Q*-switched Tm, Ho:YAG laser," *Proc. SPIE* **7917**, 79170N (2011).
7) H. Hazama, K. Ishii, K. Awazu, "Less-invasive laser therapy and diagnosis using a tabletop mid-infrared tunable laser," *J. Innov. Opt. Health Sci.* **4**, 285-292 (2010).
8) K. Fujita, S. Furuta, A. Sugiyama, T. Ochiai, T. Edamura, N. Akikusa, M. Yamanishi, H. Kan, "High-performance $\lambda \sim 8.6\,\mu m$ quantum cascade lasers with single phonon-continuum depopulation structures," *IEEE J. Quantum Electron.* **46**, 683-688 (2010).
9) M. Shiomi, T. Ito, S. Yamada, S. Kawashima, J. Fan, "Development of an animal model for spontaneous myocardial infarction (WHHLMI rabbit)," *Arterioscler. Thromb. Vasc. Biol.* **23**, 1239-1244 (2003).
10) 石井克典，月元秀樹，間久直，粟津邦男，"波長5.75 μmのナノ秒パルスレーザーによる粥状動脈硬化症の低侵襲血管形成術の開発," 生体医工学 **46**, 529-535 (2008).
11) 橋村圭亮，石井克典，粟津邦男，"波長5.75 μmのパルスレーザーによる動脈硬化プラークの低侵襲切削技術の開発," レーザー研究 **44**, 174-178 (2016).
12) H. Hazama, H. Kutsumi, K. Awazu, "Mid-infrared pulsed laser lithotripsy with a tunable laser using difference-frequency generation," *Opt. Photon. J.* **3**, 8-13 (2013).
13) 東健，小畑大輔，森田圭紀，間久直，石井克典，粟津邦男，"炭酸ガスレーザーを用いた内視鏡の粘膜下層剥離術," 医学のあゆみ **240**, 523-526 (2012).
14) D. Obata, Y. Morita, R. Kawaguchi, K. Ishii, H. Hazama, K. Awazu, H. Kutsumi, T. Azuma, "Endoscopic submucosal dissection using a carbon dioxide laser with submucosally injected laser absorber solution (porcine model)," *Surg. Endosc.* **27**, 4241-4249 (2013).

■ **Medical Applications of mid-infrared lasers**
■ ① Hisanao Hazama　② Kunio Awazu
■ ① Graduate School of Engineering, Osaka University, Associate Professor　② Graduate School of Engineering, Osaka University, Professor

①ハザマ　ヒサナオ
所属：大阪大学　大学院工学研究科　准教授
②アワヅ　クニオ
所属：大阪大学　大学院工学研究科　教授

Er:YAGレーザーの歯周治療への応用

東京医科歯科大学

青木　章，水谷幸嗣，野田昌宏，和泉雄一

1　はじめに

　歯周病は，我が国の成人の多くが罹患している生活習慣病の一つであり，近年，全身疾患と深い関係にあることが次第に明らかにされてきている。少子高齢化が急速に進む我が国にとって，全身の健康のためには，口腔衛生を確立し歯周病をコントロールすることが重要な課題となりつつある。

　歯周組織の破壊は，歯周病原細菌とそれに対する宿主の免疫反応による炎症の結果引き起こされるものである。主因となる細菌因子の除去は，従来の機械的治療に加え，重度の歯周炎に対しては抗菌薬などの化学療法が併用されつつある。一方で，約30年前より光治療としてレーザーが歯周治療にも応用されてきており，近年ではレーザーやLEDと色素を併用した抗菌的光線力学治療も新しい除菌手段として注目を集めている[1]。

　レーザーは，その蒸散，止血，滅菌などの優れた生体への効果により，歯周治療において従来の機械的治療法の補助あるいは代替手段として役立っている。歯周治療においては，レーザーは歯肉や歯根膜などの軟組織と，歯根セメント質や歯槽骨などの硬組織という光学的に異質な両者を常にターゲットとする。波長2,940 nmのEr:YAGレーザーは従来の高出力レーザーとは異なり，水への吸収が極めて高いという特性があり，その結果，軟組織・硬組織両者に応用できることが明らかにされている。

　本レーザーの登場により，歯周治療においてレーザーの応用の範囲が歯周病罹患根面や歯槽骨などの硬組織処置も含め大きく拡大し，臨床応用が広がっている[2〜4]。本総説では歯周治療へのEr:YAGレーザーの研究および臨床応用について紹介する。

2　Er:YAGレーザーの特徴と装置

2.1　Er:YAGレーザーの特徴と作用メカニズム

　Er:YAGレーザーは，1974年にZharikovらによって発振された固体レーザーで，発振波長が2,940 nmのパルス波であり，理論的に水への吸収性がCO_2レーザーより10倍，Nd:YAGレーザーよりも15,000〜20,000倍と非常に

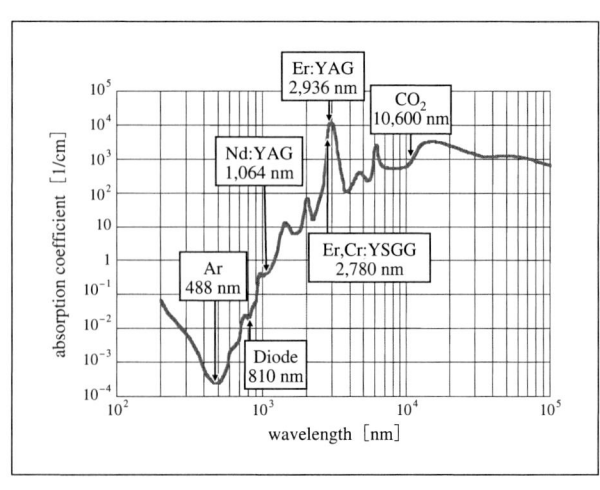

図1　水の光吸収スペクトル
　横軸は波長を示し，縦軸の吸収係数は，どのくらい光を吸収しやすいかを示す定数。Er:YAGレーザーは発振波長が2,940 nmで，水への吸収性がCO_2レーザーより10倍，Nd:YAGレーザーよりも15,000〜20,000倍高い。(Hale & Querry, 1973)[5]

高いため，水分を含む生体組織によく吸収され[5]，特に硬組織の蒸散能力にも優れたレーザーである（図1）[6]。作用は，熱作用による組織中の水および有機成分の蒸散効果に加えて，特に硬組織では，気化に伴い内圧が亢進し微小爆発が生じ，それにより硬組織の物理的崩壊が生じる熱力学的効果（thermo-mechanical effect）であると考えられている[7]。硬組織処置の場合には，組織の含水量がわずかであるため発熱を生じやすいが，注水を併用することにより発熱を顕著に抑制することができる。

2.2　装置の種類と仕様

現在臨床応用されている装置には，「アーウィン・アドベール」，「アーウィン・アドベール・Evo」（モリタ製作所）（図2）と，「デントライト」（HOYA社）などがある。装置の仕様は，「アーウィン」では，出力設定30〜350 mJ/pulse，パルス幅200 μsec，最大繰り返しパルス数25 Hzであり，レーザー光が赤外線領域にあるため，ガイド光として波長670 μmの赤色光の半導体レーザーが装備されている。レーザー光は中空ファイバーによりハンドピースに伝送され，ハンドピース先端には用途に応じて各種のコンタクトチップを装着する（図2）。また，硬組織処置時には必ず，軟組織治療時には必要に応じて装備されているwater sprayを術野の冷却のために使用する。パルス型レーザーのため，組織の蒸散に伴い間欠的

な粘撥音が生じ，特に注水を併用すると常に音を発するが，歯科治療用の吸引器の使用によりある程度消音され，患者の受ける振動や騒音は軽微である。

3　Er:YAGレーザーの効果と臨床応用

3.1　軟組織処置

Er:YAGレーザーは，軟組織を効果的に蒸散し，しかも照射部の炭化や熱変性が極めて少ないので術後の創傷治癒が良好である[8]。そのため，逆に止血効果は劣ることになり，舌や口唇などの易出血性の軟組織の蒸散や大きな切開には不向きであるが，歯周治療においては，逆に，熱変性層が少なく治癒を遅延させないため有利である。コンタクトチップを用いることにより正確な照射が可能であり，切開や蒸散に優れ，歯周治療領域では小帯切除や歯肉切除，歯肉のメラニン色素沈着の除去などの繊細な小外科手術に用いられる（図3）[7,9]。

深部組織への熱影響の心配は殆どないため，臨床的安

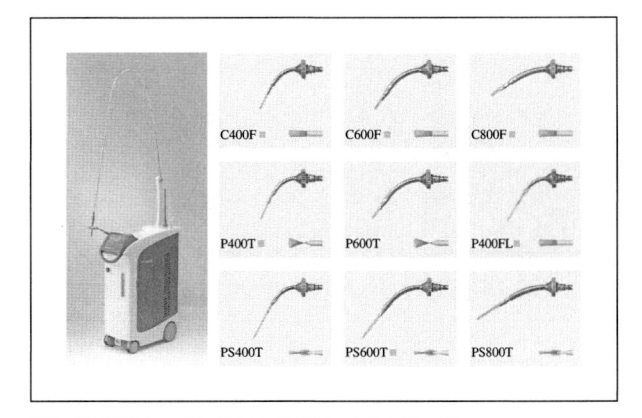

図2　Er:YAGレーザー装置と各種コンタクトチップ
アーウィン・アドベール・Evo（Erwin AdvErL Evo）（モリタ製作所）。中空ファイバーによる伝送とコンタクトハンドピースが装備されており，治療内容に応じて各種のコンタクトチップを装着して，注水下で照射する。ガイド光として赤色の半導体レーザーが使用可能である。

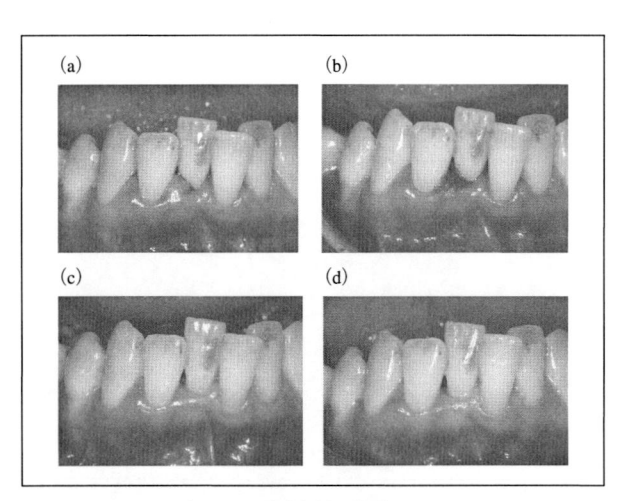

図3　Er:YAGレーザーによる歯肉切除・整形
（a）39歳女性，術前。ポケット深さ6 mm，プロービング時の出血（BOP）（+）で歯間部歯肉の腫脹・増殖が認められる。
（b）わずかに局所麻酔を行い，SRP後に，チップ先端出力約30 mJ/pulse（パネル60 mJ/pulse），30 Hzで接触照射にて，増殖した歯肉を蒸散した。出血はわずかであり，創面には明かな炭化や凝固などの熱変性は認められない。
（c）術後1週。早期の治癒が認めれ，生理的な歯肉の形態が得られている。
（d）術後約1ヶ月。ポケット深さ1 mm，BOP（-）で安定した状態を示している。

全性は確立されており，直下に歯槽骨のある歯肉にも安心して用いることができる。軟組織処置中に万一骨組織へ達した場合にも，骨組織に壊死を生じることがないため，治癒に問題は生じない。

3.2　殺菌効果

歯周治療では病変部局所からの歯周病原細菌の除去が治療目標のひとつである。レーザーの特徴のひとつに殺菌効果があり，高出力レーザーでは熱作用により直接細菌を蒸散する[10]。Er:YAGレーザーでは歯周病原細菌に対して0.3 J/cm^2（通常臨床で用いる出力の1/100〜1/20）というかなり低い出力においても殺菌作用を示すため[11]，感染性疾患である歯周病の治療において，歯周病罹患根面や歯周ポケット掻爬などに用いる場合には臨床上有益である。

3.3　歯周病罹患根面への応用

歯周治療においては，歯周病罹患根面のデブライドメントが重要な基本的処置であるが，従来のCO$_2$レーザー，Nd:YAGレーザー，半導体レーザーなどの高出力レーザーでは歯石の蒸散は困難であり，根面の硬組織の融解や炭化などの熱変性を生じやすく，歯髄への影響にも注意す

る必要があった。これに対し，Er:YAGレーザーは歯根面に炭化や融解などの重篤な熱変性を生じることなく歯肉縁下歯石を効果的に蒸散することができる（図4）[12, 13]。歯石は細菌性プラークが石灰化したものであり，多数の小腔を有し，水分も比較的多く含まれているため，Er:YAGレーザーによる熱力学的効果により容易に崩壊する[6]。レーザー照射面には，殺菌効果や，特にエンドトキシンであるリポ多糖（LPS）への吸収が高いために，LPSの除去による根面の無毒化も得られる。また，Er:YAGレーザーでは注水により根面の炭化は生じない。根面表層の蒸散により粗造化した表面には数ミクロンの変化層が認められるが，歯周組織の付着には問題はない。

3.4　歯周ポケット治療への応用

レーザーは，ポケット内の殺菌，掻爬，さらに根面のデブライドメントに応用されている。Er:YAGレーザーでは歯肉縁下歯石の除去も可能なため，スケーラーによる機械的なスケーリング・ルートプレーニング（SRP）の補助としてだけでなく，SRPの代替としてレーザー単独での根面のデブライドメントも行われている[6, 7]。歯周ポケット治療へのレーザーの併用あるいは単独療法については，近年，臨床研究が盛んで，従来のSRPと同等

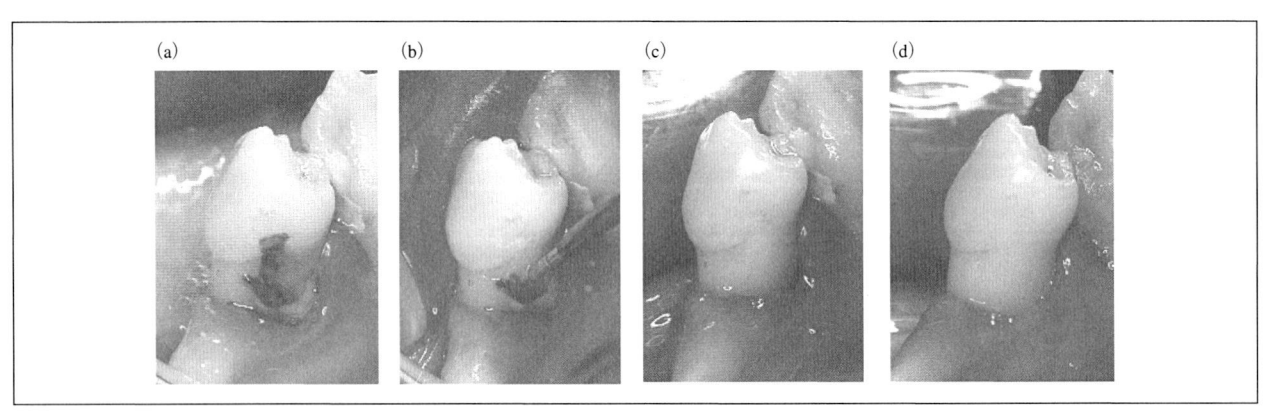

図4　Er:YAGレーザーによる歯石のスケーリング
　（a）46歳女性，術前。下顎左側第一小臼歯遠心面に歯肉退縮により縁上に現れた歯肉縁下歯石が認められる。
　（b）歯石除去中の状態。80度彎曲型チップを用い，25 mJ/pulse（パネル45 mJ/pulse），10 Hzにて注水下で照射した。チップを根面に対して斜めに接触させ，左右に振り動かしながら丁寧に照射する。
　（c）スケーリング後の状態。患者にとって不快な振動や騒音も少なく，歯石は比較的容易に除去できた。表面は白色を呈したが，根面の歯質の蒸散は少なく明らかな凹凸はなく，術後に知覚過敏などの不快症状も認められていない。
　（d）2年後の状態。
　（Modified pictures and legend from Aoki A et al. Lasers in non-surgical periodontal therapy. *Periodontol 2000* 36 (1): 59-97, 2004. © copyright (2004) John Wiley & Sons A/S)[6]。

以上の効果を報告する論文がある一方で効果は無いとする報告もあり，術式などの差もあるために評価は一定せず，まだ十分なコンセンサスは得られていない[14]。

当分野では，Er:YAGレーザーの有利な特徴を活かし，中等度から重度の歯周ポケット治療において，生物学的根拠に基づきEr:YAGレーザーを複合的に応用した新規の包括的歯周ポケット治療法（Er:YAG Laser-assisted Comprehensive Periodontal Pocket Therapy：Er-LCPT）を開発し，提案した（図5）[7, 14, 15]。スケーラーを用いた歯根面の機械的処置に加えてEr:YAGレーザーを戦略的に用いることで，根面のみならず歯周ポケットを構成する組織を包括的に，より確実に治療し，骨髄からの出血を促進し，良好な治癒の達成を目指すものである（図6）。

これまでに，本法に関しては，その症例研究により有効性と安全性を確認し，単根歯の残存ポケットの再治療において，術後約70%の歯周ポケットに，ポケット深さが3 mm以下で，ポケット深さ測定の際のプロービング時の出血（bleeding on probing：BOP）が陰性となる治癒が認められており[16]，さらに従来のSRP単独治療よりも有意に良好な治癒が得られることをランダム化臨床比較試験において確認した[17]。その際に，垂直性骨吸収を伴う症例においても良好な骨再生が認められている。

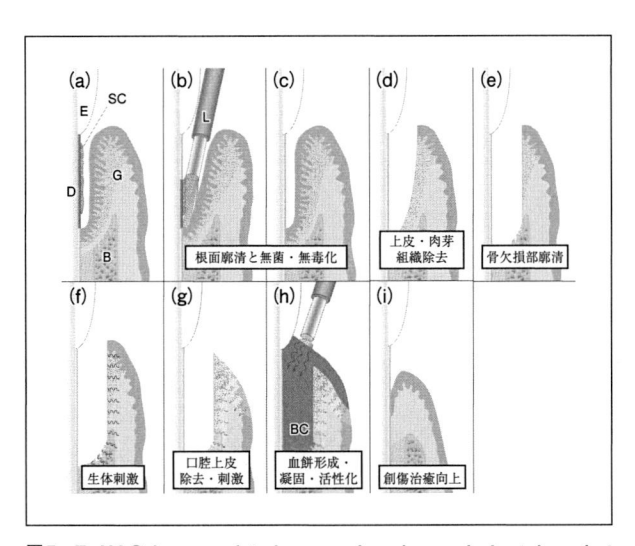

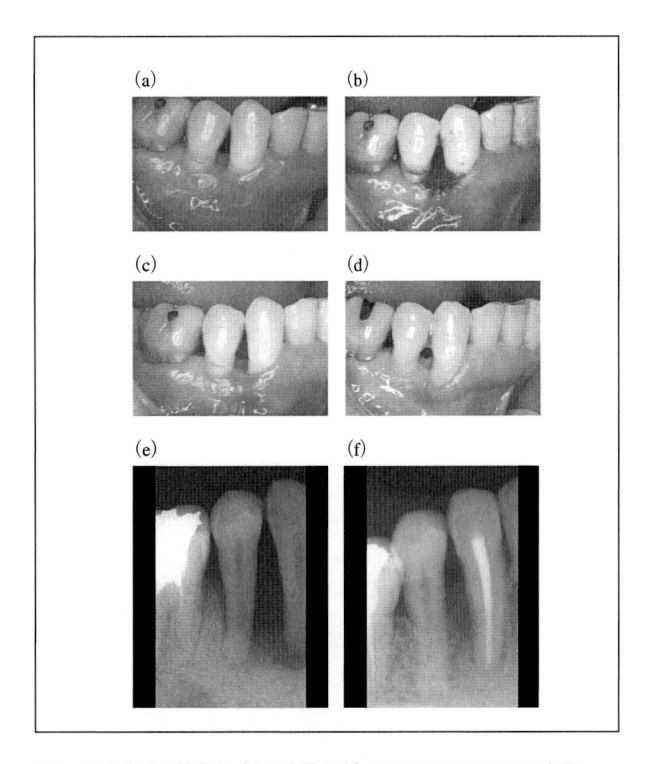

図5　Er:YAG laser-assisted comprehensive periodontal pocket therapy（Er-LCPT）
（a）垂直性骨欠損を伴う進行した歯周ポケット。(b)，(c) 機械的手段（スケーラー）による根面のデブライドメントおよびレーザー照射による根面の除菌と無毒化，(d)，(e)，(f)。スケーラーおよびレーザー照射によるポケット内壁の上皮および炎症性結合組織と骨欠損部の炎症性肉芽組織の除去，さらにレーザー照射に伴う周囲組織の活性化，(g) レーザーによる口腔上皮の除去（周囲幅3−5 mm程度で，場合により上皮下の結合組織も一部除去。またポケット内掻爬の前に行なうこともある），(h) 無注水非接触照射によるポケット入り口の血液の凝固と歯肉組織の活性化による血餅形成，(i) 期待される理想的治癒。E：エナメル質，D：象牙質，SC：歯肉縁下歯石，B：歯槽骨，G：歯肉，L：レーザーコンタクトチップ（Modified pictures and legend from Aoki A et al. Periodontal and peri-implant wound healing following laser therapy. *Periodontol 2000* 68 (1) : 217-269, 2015. © copyright (2015) John Wiley & Sons A/S）[7]。

図6　重度歯周炎罹患歯（歯内歯周病変）におけるEr-LCPTの応用
（a）58歳男性，術前。下顎右側犬歯遠心部に深さ13 mm，BOP（+），動揺度1度の歯周ポケットが存在。(b) 歯内治療後にEr-LCPTを実施。根面，ポケット内壁，骨欠損部をミニキュレット，マイクロエキスカベーター，超音波スケーラー，Er:YAGレーザーを30−40 mJ/pulse（パネル60−80 mJ/pulse），30 Hz，注水下にて照射し徹底的に掻爬し，さらに口腔上皮をレーザーで除去し，出血部をディフォーカス照射。血液表面の凝固と炭化が認められる。(c) 術後1週の治癒は良好である。(d) 歯肉退縮は進行したが，7年後も歯周ポケットは良好に維持され，ポケットは2 mmに減少し，BOP（−），動揺度0度で，11 mmのポケット深さ減少が認められた。(e) 術前のエックス線写真。根尖周囲を含む重篤な垂直性および水平性骨欠損が認められる。(f) 7年後に骨再生は徐々に進行し，骨欠損部はある程度まで良好に修復されている（Modified pictures and legend from Aoki A et al. Periodontal and peri-implant wound healing following laser therapy. *Periodontol 2000* 68 (1) : 217-269, 2015. © copyright (2015) John Wiley & Sons A/S）[7]。

3.5　歯周外科治療

3.5.1　骨外科手術

　骨組織の整形・切除においては，従来の機械的切削では患者へ与える振動などのストレスが大きく，臼歯部においては器具の到達性に難点があった。Er:YAGレーザーは，振動や騒音などのストレスも少なく，操作性は良好で，フラップ手術における骨外科の手段として効果的に用いられている（図7）[7, 9]。注水下において，非常に少ない熱影響で骨組織の蒸散が可能で，処置面には明らかな炭化や壊死などの熱傷害が生じることはなく[18]，術後の治癒も組織学的に良好である[19, 20]。近年では，フラップレスでの歯冠長延長術も行われている。

3.5.2　フラップ手術

　Er:YAGレーザーは，フラップ手術において根面のデブライドメントとともに，骨欠損部からの炎症性肉芽組織の効率的な除去や，術野の殺菌に有効であり[7, 9]，動物実験においてEr:YAGレーザー治療による骨再生の促進が報告されている（図8）[21]。手術中の根面の歯石除去

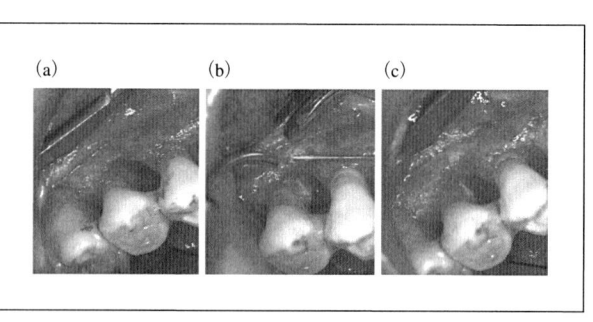

図7　Er:YAGレーザーによる歯槽骨切除・整形
　（a）68歳女性。術前。歯周炎による歯槽骨の吸収で，フラップ手術中に骨の鋭縁が認められる。
　（b）Er:YAGレーザーを用いて，生理食塩水の注水下で，40－50 mJ/pulse（パネル80－100 mJ/pulse），10 Hzの接触照射により，骨組織を蒸散した。
　（c）創面には重篤な炭化や凝固などの熱変性は認められず，同部位の術後の治癒も良好であった。

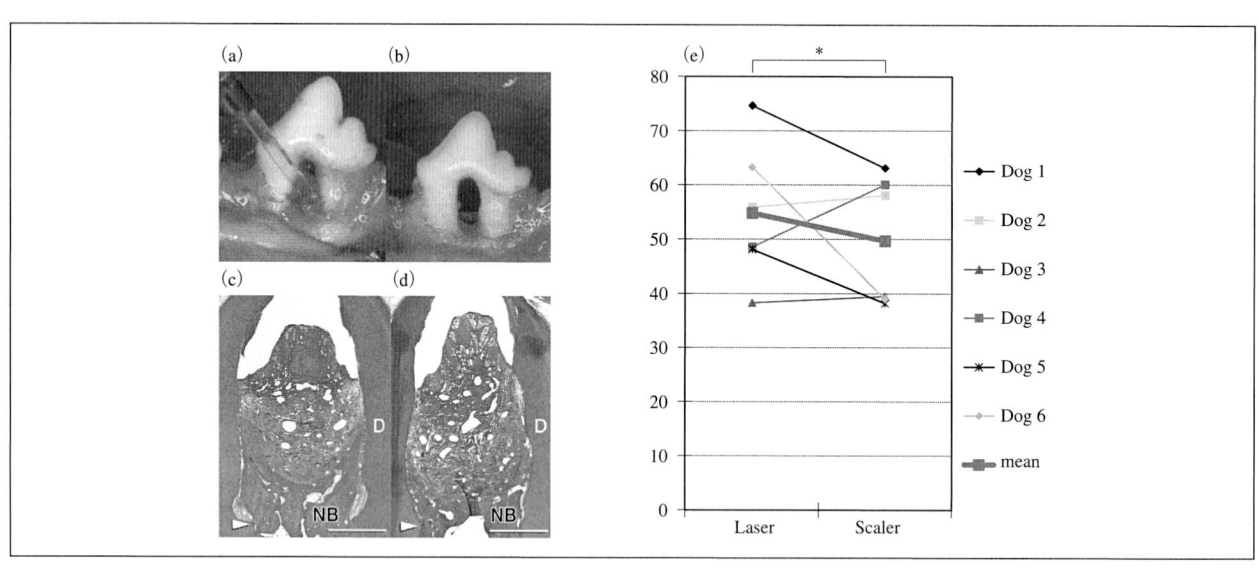

図8　ビーグル犬における歯周炎のフラップ手術後の治癒の組織学的分析
　（a）下顎前臼歯の貫通型根分岐部病変のフラップ手術においてEr:YAGレーザーと手用スケーラーを比較した。チゼル型チップを用い，62 mJ/pulse（パネル90 mJ/pulse），20－30 Hz，生理食塩水注水下にて照射した。分岐部内側根面には湾曲チップ（先端径600 μm）を先端出力30 mJ/pulse（パネル55 mJ/pulse）にて使用した。
　（b）デブライドメント後。骨や歯根の表面に明らかな炭化などは認められない。
　（c）術後3か月のレーザー治療後の組織像。照射骨面に炭化および変化層の残存は認められない。処置直後の骨レベル（矢頭）より上方に新生骨（NB）の形成を認める。根面に沿った新生骨の形成がスケーラー群より多く認められる。（Azan染色，原倍率×27，バー：800 μm）
　（d）スケーラー処置後の組織像。
　（e）組織計測結果。レーザー群においてスケーラー群より統計学的に有意に高い新生骨の形成が認められた。*P<0.05。
　（Modified pictures and legend from Mizutani K et al. Periodontal tissue healing following flap surgery using an Er:YAG laser in dogs. Lasers Surg Med 38:314-324, 2006. *Lasers Surg Med* © copyright (2006) John Wiley & Sons, Inc.）[21]。

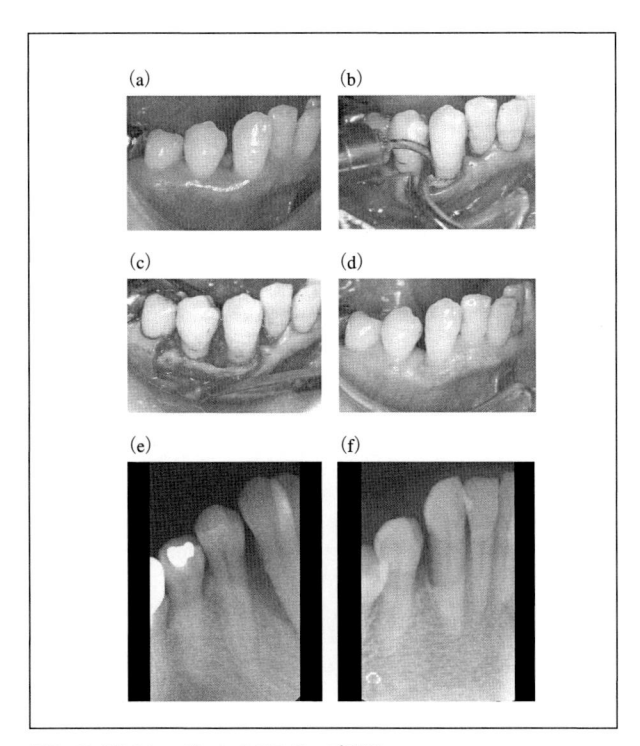

図9　Er:YAGレーザーによるフラップ手術
　(a) 63歳女性。術前。下顎右側犬歯遠心に深さ9 mmでBOP（+）の歯周ポケットが残存している。
　(b) Er:YAGレーザーを用い，注水下にて，骨欠損部および根面のデブライドメントを行った。
　(c) 掻爬後。広くて深い骨欠損が認められる。骨組織および根面の照射面には炭化や熱凝固などの明らかな熱損傷は認められない。
　(d) 11年後。歯周ポケットは3 mmでBOP（−）と改善し，安定した。
　(e) 初診時エックス線写真。犬歯遠心に深い垂直性骨欠損が認められる。
　(f) 術後10年。骨欠損は新生骨で修復され平坦化している。レーザー照射された骨組織に異状は認められない。
　（Modified pictures and legend from Aoki A et al. Periodontal and peri-implant wound healing following laser therapy. *Periodontol 2000* 68 (1) : 217-269, 2015. © copyright (2015) John Wiley & Sons A/S)[7]。

への応用については保険適用されている。特に，深くて狭い垂直性骨欠損底部や根分岐部など従来の機械的操作が困難な部位においては，より確実な肉芽組織の掻爬が可能である（図9）。今後，Er:YAGレーザーは歯周組織再生の向上のためのより効果的なツールになると期待されている[22]。

3.6　インプラント治療

　Er:YAGレーザーは，インプラントの植立において，埋入したフィクスチャーを露出させる二次手術（歯肉切除）に頻用されているが，さらに最近ではインプラント周囲炎時のインプラント周囲ポケットや外科治療におけるインプラント体の汚染フィクスチャー表面および骨欠損部のデブライドメントにも応用されつつある[7, 23]。金属器具やNd:YAGレーザーはインプラント表面を損傷してしまうため禁忌であるが，Er:YAGレーザーではインプラント表面のチタンを損傷せずに，石灰化物の除去も含め除染することが可能である[24, 25]。今後，本レーザーの特性が非常に発揮される治療分野である。

4　おわりに

　レーザーによる治療は，従来の機械的処置では得られない止血，殺菌，無毒化などの効果を伴っているため，感染性疾患である歯周治療においても有効な新たな手段となっている。また，処置中および術後の疼痛や不快感の軽減，処置操作の容易化，治癒促進[26]などの臨床上の利点も併せ持っている。

　Er:YAGレーザーの開発により，歯肉などの軟組織のみならず歯根面や歯槽骨などの硬組織およびインプラント治療までレーザーの応用範囲が拡大されたが，その基礎研究や臨床応用はまだ途上にある。今後，臨床術式が徐々に確立され，治癒促進などの副次的な生物学的効果[27〜30]が明らかにされるにつれて，その臨床的有用性がさらに向上するものと思われる。

参考文献
1) 青木章. レーザーやLED等の光エネルギーの歯周・インプラント周囲組織への応用に関する研究 (2015): *日歯周誌*, 57:1-10.
2) 和泉雄一，青木章，石川烈. *歯周治療・インプラント治療における Er:YAGレーザーの使い方*. 東京: 医学情報社; 2011.
3) 石川烈. *Er:YAGレーザーの基礎と臨床*. 東京: 第一歯科出版; 2011.
4) 青木章，和泉雄一編著. *歯科用レーザー120%活用術*. 東京: デンタルダイヤモンド社; 2012.
5) Hale GM and Querry MR. Optical constants of water in the 200-nm to 200-μm wavelength region (1973): *Appl Opt*, 12:555-563.
6) Aoki A, Sasaki K, Watanabe H and Ishikawa I. Lasers in non-surgical periodontal therapy (2004): *Periodontology 2000*, 36:59-97.
7) Aoki A, Mizutani K, Schwarz F, Sculean A, Yukna RA, Takasaki AA, Romanos GE, Taniguchi Y, Sasaki KM, Zeredo JL, Koshy G, Coluzzi DJ, White JM, Abiko Y, Ishikawa I and Izumi Y. Periodontal and peri-

implant wound healing following laser therapy (2015): *Periodontol 2000*, 68:217-269.

8) Sawabe M, Aoki A, Komaki M, Iwasaki K, Ogita M and Izumi Y. Gingival tissue healing following Er:YAG laser ablation compared to electrosurgery in rats (2015): *Lasers Med Sci*, 30:875-883.

9) Ishikawa I, Aoki A, Takasaki AA, Mizutani K, Sasaki KM and Izumi Y. Application of lasers in periodontics: true innovation or myth? (2009): *Periodontol 2000*, 50:90-126.

10) Akiyama F, Aoki A, Miura-Uchiyama M, Sasaki KM, Ichinose S, Umeda M, Ishikawa I and Izumi Y. In vitro studies of the ablation mechanism of periodontopathic bacteria and decontamination effect on periodontally diseased root surfaces by erbium:yttrium-aluminum-garnet laser (2011. Erratum in: Lasers Med Sci 26 (2):277, 2011): *Lasers Med Sci*, 26:193-204.

11) Ando Y, Aoki A, Watanabe H and Ishikawa I. Bactericidal effect of erbium YAG laser on periodontopathic bacteria (1996): *Lasers Surg Med*, 19:190-200.

12) Aoki A, Ando Y, Watanabe H and Ishikawa I. In vitro studies on laser scaling of subgingival calculus with an erbium:YAG laser (1994): *J Periodontol*, 65:1097-1106.

13) Aoki A, Miura M, Akiyama F, Nakagawa N, Tanaka J, Oda S, Watanabe H and Ishikawa I. In vitro evaluation of Er:YAG laser scaling of subgingival calculus in comparison with ultrasonic scaling (2000): *J Periodont Res*, 35:266-277.

14) Mizutani K, Aoki A, Coluzzi D, Yukna RA, Wang CY, Pavlic V and Izumi Y. Lasers in minimally invasive periodontal and peri-implant therapy (2016): *Periodontol 2000*, 71:185-212.

15) 青木章，江尻健一郎．垂直性骨欠損の非外科的治療—応用編．In: 和泉雄一，二階堂雅彦, eds. *垂直性骨欠損への対応*：医学情報社，2016:34-43.

16) 青木章，水谷幸嗣，谷口陽一，小牧基浩，小田茂，渡辺久，和泉雄一．Er:YAG レーザーを用いた新規の非外科的歯周ポケット治療．第57回秋季日本歯周病学会学術大会 (2014): *日歯周誌*，56:129.

17) 青木章，水谷幸嗣，谷口陽一，他．Er:YAG レーザーを併用した新規の歯周ポケット治療法の臨床評価：ランダム化比較試験 (2017): *日歯周誌*，59:47.

18) Sasaki KM, Aoki A, Ichinose S and Ishikawa I. Ultrastructural analysis of bone tissue irradiated by Er:YAG Laser (2002): *Lasers Surg Med*, 31:322-332.

19) Pourzarandian A, Watanabe H, Aoki A, Ichinose S, Sasaki K, Nitta H and Ishikawa I. Histological and TEM examination of early stages of bone healing after Er:YAG laser irradiation (2004): *Photomed Laser Surg*, 22:355-363.

20) Yoshino T, Aoki A, Oda S, Takasaki AA, Mizutani K, Sasaki KM, Kinoshita A, Watanabe H, Ishikawa I and Izumi Y. Long-term histologic analysis of bone tissue alteration and healing following Er:YAG laser irradiation compared to electrosurgery (2009): *J Periodontol*, 80:82-92.

21) Mizutani K, Aoki A, Takasaki AA, Kinoshita A, Hayashi C, Oda S and Ishikawa I. Periodontal tissue healing following flap surgery using an Er:YAG laser in dogs (2006): *Lasers Surg Med*, 38:314-324.

22) Taniguchi Y, Aoki A, Sakai K, Mizutani K, Meinzer W and Izumi Y. A novel surgical procedure for Er:YAG laser-assisted periodontal regenerative therapy: case series (2016): *Int J Periodontics Restorative Dent*, 36:507-515.

23) Takasaki AA, Aoki A, Mizutani K, Kikuchi S, Oda S and Ishikawa I. Er:YAG laser therapy for peri-implant infection: a histological study (2007): *Lasers Med Sci*, 22:143-157.

24) Matsuyama T, Aoki A, Oda S, Yoneyama T and Ishikawa I. Effects of the Er:YAG laser irradiation on titanium implant materials and contaminated implant abutment surfaces (2003): *J Clin Laser Med Surg*, 21:7-17.

25) Taniguchi Y, Aoki A, Mizutani K, Takeuchi Y, Ichinose S, Takasaki AA, Schwarz F and Izumi Y. Optimal Er:YAG laser irradiation parameters for debridement of microstructured fixture surfaces of titanium dental implants (2013): *Lasers Med Sci*, 28:1057-1068.

26) Noda M, Aoki A, Mizutani K, Lin T, Komaki M, Shibata S and Izumi Y. High-frequency pulsed low-level diode laser therapy accelerates wound healing of tooth extraction socket: An in vivo study (2016): *Lasers Surg Med*, 48:955-964.

27) Pourzarandian A, Watanabe H, Ruwanpura SM, Aoki A and Ishikawa I. Effect of low-level Er:YAG laser irradiation on cultured human gingival fibroblasts (2005): *J Periodontol*, 76:187-193.

28) Aleksic V, Aoki A, Iwasaki K, Takasaki AA, Wang CY, Abiko Y, Ishikawa I and Izumi Y. Low-level Er:YAG laser irradiation enhances osteoblast proliferation through activation of MAPK/ERK (2010): *Lasers Med Sci*, 25:559-569.

29) Ogita M, Tsuchida S, Aoki A, Satoh M, Kado S, Sawabe M, Nanbara H, Kobayashi H, Takeuchi Y, Mizutani K, Sasaki Y, Nomura F and Izumi Y. Increased cell proliferation and differential protein expression induced by low-level Er:YAG laser irradiation in human gingival fibroblasts: proteomic analysis (2015): *Lasers Med Sci*, 30:1855-1866.

30) Izumi Y, Aoki A, Yamada Y, Kobayashi H, Iwata T, Akizuki T, Suda T, Nakamura S, Wara-Aswapati N, Ueda M and Ishikawa I. Current and future periodontal tissue engineering (2011): *Periodontol 2000*, 56:166-187.

■ **Application of Er:YAG laser in periodontal therapy**

■ ①Akira Aoki　②Koji Mizutani　③Masahiro Noda　④Yuichi Izumi

■①〜④Department of Periodontology, Graduate School of Medical and Dental Sciences, Tokyo Medical and Dental University（TMDU）

①アオキ　アキラ　②ミズタニ　コウジ　③ノダ　マサヒロ　④イズミ　ユウイチ
所属：東京医科歯科大学　大学院医歯学総合研究科　歯周病学分野

産業・医療用途向け次世代メタルシールドCOレーザとその応用

コヒレント・ジャパン㈱
東谷明郎

1 はじめに

COレーザは，CO_2レーザと同時期の1960年代半ばに開発された。CO_2レーザの2倍の効率等，様々なポテンシャルがあったため，当時非常に期待された技術であった。しかし，当時のCOレーザは，高効率・高出力を維持するために極低温冷却が必要で，且つCOレーザの寿命は数十時間程度であったために研究用途の域を超える事は無かった。

米国コヒレント社（現ナスダック上場企業）は，今日まであらゆるレーザ光源（エンジン部）をベースにし，さらにプリ・システムや計測器などを様々な業界・アプリケーションに提案・提供できるレーザメーカーで，設立当初の1966年はCO_2レーザの開発・製造からスタートした。その後，CO_2レーザに関して長年，様々な自社技術を開発・確立してきた結果，室温で5〜6μm波長範囲で高効率発振する高出力COレーザを開発した。

2 産業用COレーザ開発のモチベーション

今日，既にレーザは様々なアプリケーションに用いられている。アプリケーション分類を大別すると，①材料加工，②検査・計測とに分けることができ，特に①の材料加工の市場が大きく，しかも今後も伸び続ける市場である。①の材料加工の主なアプリケーションは，切断，穴あけ，マーキング（印字），溶接／溶着，その他となっており，これらのアプリケーションの多くは，各レーザ加工機メーカーや各アプリケーション・エンジニアの長い加工技術・ノウハウの蓄積により，概して安定したレーザ技術が市場に提供されている。

そのような状況の中で，加工対象材料の変遷と多品種化が見られる。産業では材料コスト減，耐久性向上などが求められており，加工対象材料の変遷や新素材・複合材へのレーザ加工ニーズが日々高まっている。しかし，レーザは万能では無い。レーザ加工において，上手くレーザ加工できるかどうかの大きなファクターの1つは，加工対象材料に対する最適なレーザ波長選定である。個々の材料は特有の波長吸収スペクトルを持っており，これを用いることで，その材料がどの付近のレーザ波長の吸収率が高いかを確認することができる。つまり，吸収率が高い＝加工効率や加工特性が良いということが成り立つ。逆に吸収率が低い，もしくは吸収が無い波長のレーザで加工した場合，その加工対象材料に対し，レーザ光が透過や反射することで加工されない，若しくは加工特性が良くないということになる。この事から様々な

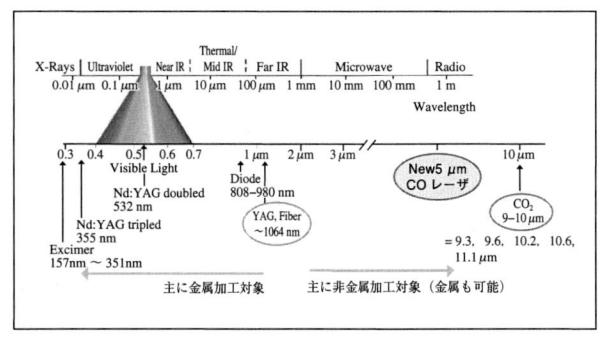

図1 レーザ発振波長と主な加工対象材料

材料への加工ニーズに対応するには，様々な発振波長の
レーザを持っていることが強みとなる。

　コヒレント社はこれまでに，エキシマレーザ
（157/193/248/308/351 nm），UV固体レーザ（355 nm），
SHG固体レーザ（532 nm），IR固体レーザ（1064 nm），
半導体レーザ（450 nm〜2 μm），ファイバーレーザ（1070
nm），CO_2レーザ（9.3/9.4/9.6/10.2/10.6 μm）と幅広い
波長のレーザ光源を長く産業用途に提案・販売してきて
いる。今回，新たにCOレーザを製品リリースしたことで，
CO_2レーザとファイバーレーザの中間の発振波長（5〜6
μm）も提案することが可能となった。

3　COレーザの特徴・利点

　COレーザには，20数年以上市場に供給実績のあるメ
ンテナンス・フリーの自社製ガス・メタルシールドRF
励起CO_2レーザで培った技術を採用しており，20 W〜1
kWの既存のCO_2プロダクトの筐体を用いてCOレーザを
生産することを可能としている。CO_2レーザとCOレー
ザで85%の共有ハードウェアとなっており，CO_2レーザ
に近いリーズナブルなコストで生産装置への安定導入が
可能となっている。

　また，多段階マルチ発振ラインで，5.55 + /−0.25 μm（95
% within〜0.5 μm）。戻り光に強く，しかもコヒレント
社製CO_2レーザと比較して2倍の出力安定性能を持つ。
発振波長は5 μmなので，外部集光光学系を用いること
でCO_2レーザの半分（約30 μmϕ）までビームを集光可能。
CO_2レーザと比較して高エネルギー密度，低HAZ（熱影
響層）の加工が可能である。水分に吸収される波長のた
め，生体（メディカル用途）への適用が可能。また，金属，
酸化金属，セラミックス，概してフィルム，樹脂に対し，
強い吸収，硝子は内部まで深く吸収（CO_2レーザとの比
較による）する。出力減衰が低いソフト硝子（カルコゲ
ナイド）ファイバーでファイバー伝送することも可能と
なっている。

4　ターゲット・アプリケーション

　波長の優位性から現在，ガラスの切断，穴あけや溶接，

フィルム切断（偏光フィルムやFPD用フィルム），マイ
クロ・ビア・ドリリング，樹脂溶着，セラミックス加工，
金属加工，シンタリング（Additive Manufacturing），手術
（軟組織切断や焼灼），しわ取りなどエステ（美容）など
幅広いアプリケーションで期待されており，その多くは
現在までCO_2レーザが導入されている分野となっている
が，5 μmというユニークな発振波長，また，今後の新素
材へのレーザ加工ニーズから，新しいアプリケーション
の期待が高まっている。

5　PFA（フッ素樹脂）溶着

　樹脂の重ね合わせ溶着では，既に半導体レーザ（LD）
やCO_2レーザが導入されている。基本的に2つの樹脂を
重ね合わせ，1つの樹脂面（透過材）からレーザを照射，
1つ目の樹脂を透過したレーザ光が2つの樹脂の境界面
で熱を発生させる事でレーザ溶着する接合法である。留
意点としては，①しっかりと2つの樹脂が密着するよう
適切な治具を用いること，②適切なエネルギー密度で，
可能な限り均一なエネルギー分布のビーム径をレーザ外
部光学系で作ることが重要となる。

　これは2つの材料に隙間があると溶着不良，またレー
ザビームを外部集光光学系で集光させ過ぎると材料の照
射表面にレーザによるダメージが発生してしまうからで
ある。また，照射側の樹脂でレーザを透過させる必要が
あるため，溶着対象材料のレーザ透過率や色，厚み等も
レーザ溶着ができるかどうかの要因となる。

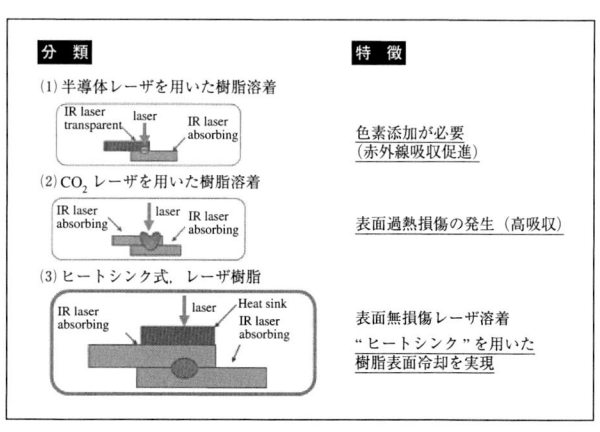

図2　レーザ樹脂溶着の分類と特長

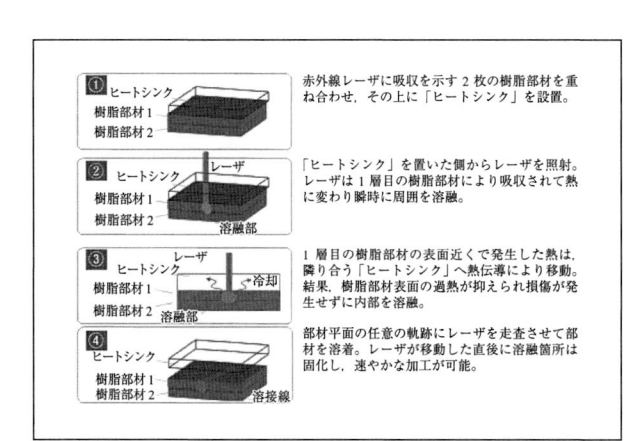

図3 ヒートシンク式レーザ樹脂溶着プロセス

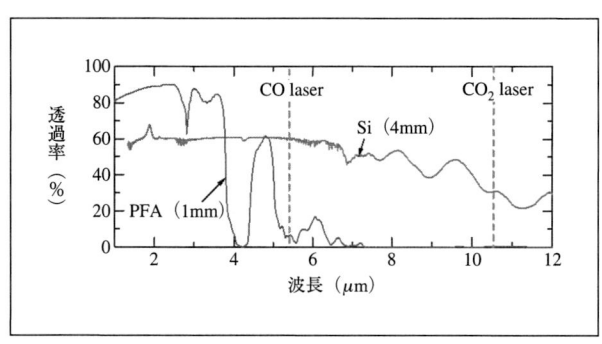

図4 PFAとヒートシンクの赤外線透過スペクトル

半導体レーザを用いた従来の樹脂溶着方法では，樹脂材料の透過率を変える色素添加が必要な場合や，またCO_2レーザを用いた方法では総じてそのレーザ波長が表面に吸収されやすいため，表面過熱による損傷が発生しやすい。

ヒートシンク式溶着法とCO_2レーザを用いることでPFA材（t=0.3 mm），2枚を重ね合わせたレーザ溶着が可能である。しかし，PFAはCO_2レーザ波長の吸収が非常に高いため，0.3 mm厚以上の溶着は困難である。しかし，この溶着方式とCOレーザを用いることで約5，6倍の厚みまでレーザ溶着が可能になる。

これは図5が示すようにPFA材（t=1 mm）のCO_2レーザ波長透過率が0.1%（@10.6 μm）に対し，COレーザ波長透過率が5.7%（@5.3 μm）とCOレーザの方がPFAに対する透過率が高いことが理由である。

この加工技術とCOレーザの融合で，従来加工ができなかったPFAチューブのレーザ溶着が可能となった。

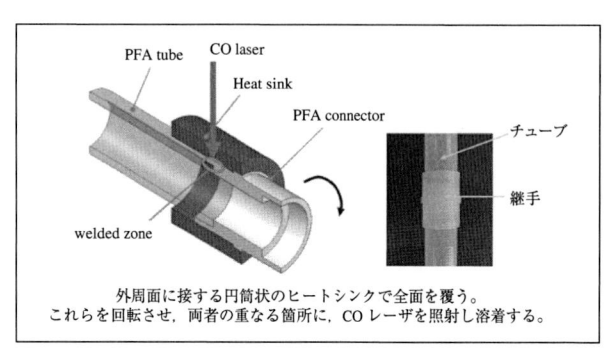

外周面に接する円筒状のヒートシンクで全面を覆う。これらを回転させ，両者の重なる箇所に，COレーザを照射し溶着する。

図5 PFAチューブの溶着方法

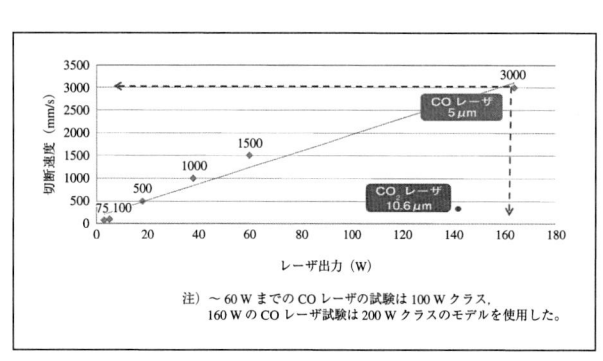

注）～60 WまでのCOレーザの試験は100 Wクラス，160 WのCOレーザ試験は200 Wクラスのモデルを使用した。

図6 COレーザとCO_2レーザのPEフィルム切断速度の比較

6 ポリエチレン（PE）フィルム

図7は，PEフィルムに対するCO_2レーザ（10.6 μm波長）とCOレーザ（5～6 μm波長）の切断比較である。COレーザの発振波長により，CO_2レーザと比較して高集光性，高エネルギー密度が得られ，～40 μmφの集光径で～6 μm切断幅が達成できた。また，150～160 W使用時，3,000 mm/sの切断速度となった。一方，CO_2レーザでは，

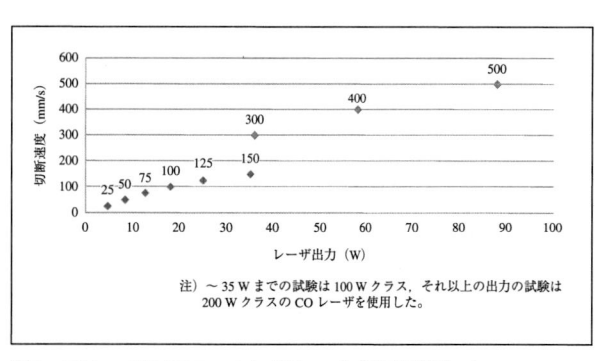

注）～35 Wまでの試験は100 Wクラス，それ以上の出力の試験は200 WクラスのCOレーザを使用した。

図7 COレーザのPEフィルム（60 μmt）切断速度データ

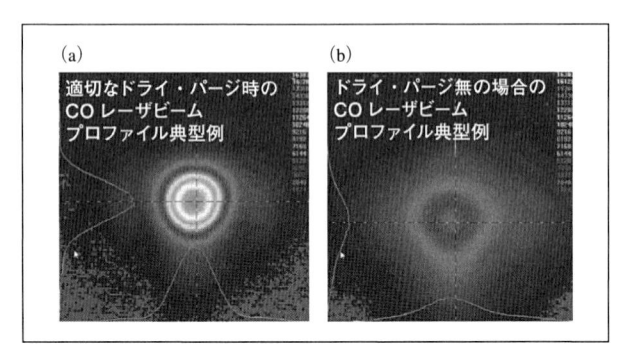

図8　ドライ・パージ有無によるCOレーザビームプロファイルの例

140 W使用時に100 mm/sの切断ができたが500 μmのHAZ（熱影響層）が発生した（COレーザの場合，30 μmHAZ）。

　図8に示すとおり，PEフィルムが60 μmtの場合も，COレーザ（～40 μmϕ集光径）で>500 mm/s切断スピード（@90 W）を達成することができた（HAZ 100～170 μm）。CO$_2$レーザ（10.6 μm）でも切断試験をしたが，この厚みのPEフィルムは切断できなかった。

7 COレーザ使用環境

　COレーザの発振波長帯は，水分（湿気）に吸収される。この水分に吸収される特性を利用したアプリケーション（照射対象が水分を含んでいる場合，特にメディカル用途等）も今後期待される。一般的にレーザはドライ・プロセスで使用されることが多い。レーザから出射されたレーザビームが空気中の湿気に吸収される波長特性であるため，レーザビーム光路を窒素ガス，あるいはドライ・エアパージで湿気を取ることでCOレーザビームが使用できる。

8 加工テスト時の構成とビーム・パラメータ

　CO$_2$レーザの一般的発振波長10.6 μmと比べ，COレーザの発振波長が5.5 μm（CO$_2$レーザの発振波長の約1/2）なので，図9に示すように単純な外部光学系設定の場合でも，3.5倍ビームエキスパンダーと2.5インチFLの集光レンズとの組み合わせにおいて，レーザビーム集光径は，32 μmϕとなる（5インチFLの集光レンズ使用時は

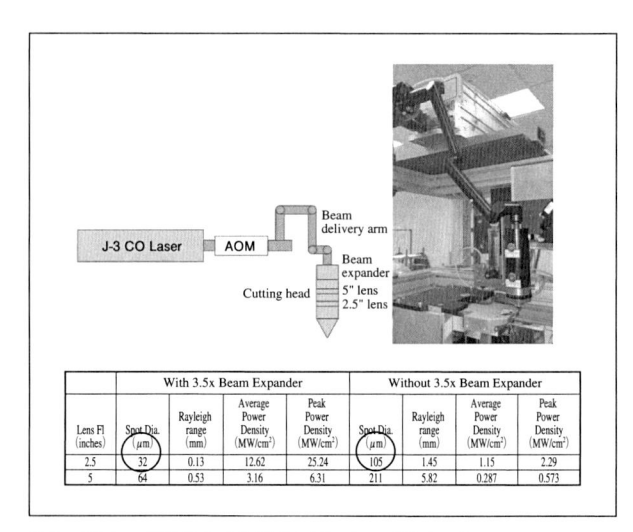

図9　COレーザ加工テスト構成とビーム・パラメータ

64 μmϕの集光径）。

- ビームデリバリーアーム・キット（加工ヘッド，集光レンズ，エキスパンダー込）はオプション
- AOMはオプション（穴あけ加工時に使用）

9 まとめ

　コヒレント社では，あらゆる種類のレーザ光源を開発・製造し続けている。今後も増え続ける加工材料（種類）や顧客ニーズに対し，加工品質・加工速度（生産性）・コスト等全てを満足させるには，その対象材料に適したレーザ波長やパルス幅（フェムト秒／ピコ秒／ナノ秒／マイクロ秒）等，広範囲なラインアップと最適なレーザソリューションを選定できる提案力が重要だと考えている。

*資料協力：㈱キャンパスクリエイト社ご提供（図3～6）

■**Next Generation's metal shield CO laser and the application for Industrial/Medical use**

■Akeo Higashitani

■Strategic Sales Support, Market and Development Manager

ヒガシタニ　アケオ
所属：コヒレント・ジャパン㈱　ストラテジックセールスサポート
マーケット＆デベロプメントマネージャ

量子カスケードレーザーと計測応用

浜松ホトニクス㈱

秋草直大, 枝村忠孝

1 はじめに

中赤外領域（4 μm ～ 10 μm）に発振波長を有する半導体レーザーである量子カスケードレーザーは、いわゆる「分子の指紋領域」と呼ばれる様々な分子の基本振動に由来する強い吸収線に一致した発振波長を有するため，高感度・高分解能なガス計測への応用が進んでいる。量子カスケードレーザーの極めて高い波長分解能，および波長制御性を利用して，グローランプと光学フィルタを組み合わせた非分散赤外吸収方式のガス分析計（Non-dispersive Infrared absorption, NDIR）では不可能であった干渉ガス雰囲気中のリアルタイム計測や，ppbレベルの極微量検出などの実証例が数多く報告されている[1~6]。量子カスケードレーザーを用いたガス計測の分光学的手法は，近赤外半導体レーザーダイオードと同様に，波長可変半導体レーザー吸収分光法（Tunable Diode Laser Absorption Spectroscopy, TDLAS）が適用されている。

これまで容易に入手できなかった中赤外領域の半導体レーザーが実用化されたことで，液層溶存物質の検出[7]や血中コレステロールの検出[8, 9]などのガス分析以外の計測用途や，アクティブな赤外イメージングキャプチャ[10]などへの応用分野の広がりを見せている。さらに，1 μm を超える広い波長可変域を実現する外部共振器型の量子カスケードレーザー（External Cavity QCL, EC-QCL）の開発が進展しており，それを用いた中赤外領域のハイパースペクトラルイメージングなどへの応用が研究されている[11]。近年では，量子カスケードレーザーを用いた中赤外～テラヘルツ領域の光周波数コム生成の研究が精力的

に行われている[12, 13]。モードロックレーザーや非線形光学結晶を用いずに中赤外領域の光周波数コムが生成できる半導体光周波数コム光源として注目されている。走査型近接場顕微鏡（scanning near-field optical microscopy, s-SNOM）のレーザー光源としての応用研究も進展している。グラフェンやカーボンチューブ，2Dプラズモンアンテナなどの表面を，微小な金属探針に量子カスケードレーザーを照射したときに発生する束縛された光電場（近接場光）で走査することで，ナノメートル以下の分解能で光学的な情報を取得できる[14, 15]。分光分析用途以外では，病変部位を構成する有機分子に固有の振動モードに共鳴する波長の量子カスケードレーザーを照射することによる，健常部位には影響を与えない選択的レーザー治療の研究が行われている[16]。これまでの研究では，1 W を超える高出力量子カスケードレーザーを用いて，動脈硬化病変部位の選択的除去の可能性が示唆される結果が得られている[17]。

2 量子カスケードレーザーとは

量子カスケードレーザーの材料は，半導体レーザーの材料として成熟したInP/InGaAs/InAlAsであるものの，その動作原理は従来の半導体レーザーと全く異なっている[18]。量子カスケードレーザーは，多重量子井戸中に形成されるサブバンド間の発光電子遷移を利用したユニポーラ半導体レーザーであり，電子のみがキャリアとして振る舞う。従って，正孔－電子対の再結合をレーザー発振の原理とするレーザーダイオード（Laser diode, LD）とは，舞台設定が全く異なっている。

量子カスケードレーザーの活性層領域は，活性層が多段（通常，30〜50段）にカスケード結合された構造を持ち，その構造が"カスケード"レーザーと呼ばれる所以である。図1にフォノン共鳴−ミニバンド緩和（SPC）構造[19]を用いた活性層のバンド図を示す。活性層の設計は，電子の波動関数を記述するシュレディンガー方程式を用いたシミュレーションによってなされる。SPC構造は，非常に短い下位準位寿命（〜0.8 ps）を実現し，且つ下位準位からの緩和構造をミニバンドとすることで設計および結晶成長の自由度が大きく，動作許容範囲が広く安定したレーザー動作を可能にする特徴がある。

図2は活性層領域の全体を模式的に示したものであり，1ユニットの活性層を多段にカスケード結合させた様子を表している。ここで，量子カスケードレーザーは電子遷移を利用したユニポーラデバイスであるため，荷電子帯のバンド構造はレーザー動作にまったく関与せず，正孔−電子対の再結合によりキャリア（電子）は消滅しないことに注意されたい。発明当初は極低温での動作に限られていたが，SPC構造などの考案により室温動作が実現され，浜松ホトニクス㈱などのメーカーから製品化されている（図3）。浜松ホトニクス㈱では，SPC構造のほかに，単峰かつ長大な利得帯域を実現した，結合二重上位準位（Anti-crossed dual upper state design, DAU）構造[20, 21]や，テラヘルツ帯での発振に好適な間接注入励起（Indirect-pump scheme, IDP）構造[22, 23]などの特徴的な活性増構造を考案している。

量子カスケードレーザーの生来的な特徴はサブバンド間遷移にあるものの，半導体LDの常識を覆し得る点は，単純にサブバンド間の光学遷移に所以するものではない。その本質は，量子力学に基づいた波動関数工学により，超格子構造中のキャリアのトランスポートや遷移確率，緩和寿命などの設計自由度を手に入れたことであり，それらを巧妙に設計・最適化することで，これまでの半導体レーザー特性を凌駕する特性が得られている[24, 25]。

レーザープロセスでは，埋め込みヘテロ（Buried hetero, BH）構造などの通信用半導体レーザーで培われてきたInAlAs/InGaAs材料のプロセス技術が用いられる。ガス分析用レーザーとして必須な単一シングルモード化も，通信用半導体レーザーで実績のある分布帰還型構造（Distributed Feedback, DFB）を用いて実現されている。典型的なレーザーチップの大きさは，幅500 μm長さ3 mmであり，銅製のヒートシンクに半田付けされる。これをペルチェ素子（Thermoelectric cooler, TEC）などの

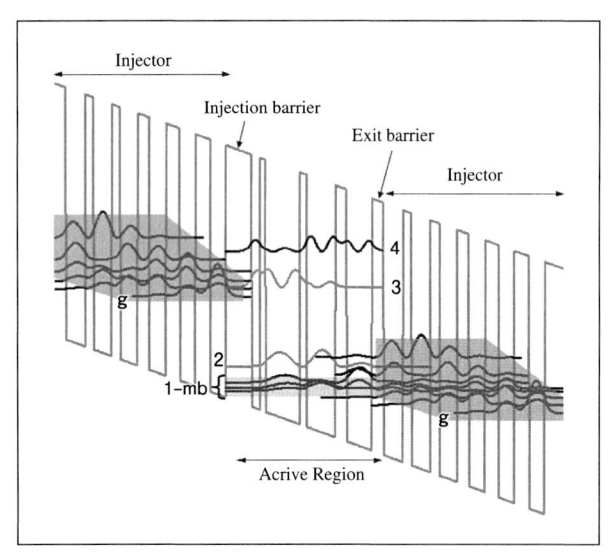

図1　SPC構造の活性層のエネルギーバンド図

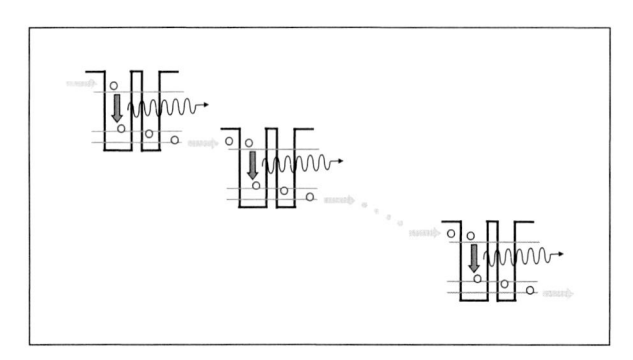

図2　量子カスケードレーザーの活性層領域全体の模式図

図3　量子カスケードレーザー

温度制御デバイスの上に搭載して動作させる。

3 ガス計測用・シングルモード量子カスケードレーザー

　高い波長分解能が求められるガス計測用のレーザー光源には，単一波長（縦シングルモード）と連続的な波長可変が必須である。縦シングルモード化には回折格子を素子中に埋め込んだ分布帰還形構造（DFB）が用いられる。図4に一酸化窒素（NO）計測用に開発した発振波長5.26 μm の連続動作（Continuous wave, CW駆動）DFB量子カスケードレーザーの動作温度（素子温度）および順電流（駆動電流）に対する発振波数（波長）の関係を示す。縦シングルモードを維持したまま連続的な波長掃引が可能となっている。量子カスケードレーザーの発振波長は動作温度が高くなるにつれ長波長側にシフトするため，ペルチェ素子により動作温度を変化させることで波長を制御することができる。また，CW駆動型の量子カスケードレーザーの発振波長は順電流にも依存する。これは順電流による自己発熱（ジュール熱）に起因している。連続的に順電流を変化させることで，発振波長も連続的に制御できる。ただし，発振波長の可変幅は約10 nm（数cm^{-1}）と狭く，フーリエ変換赤外分光法（Fourier-Transform Infrared Spectroscopy, FTIR）のように広帯域に波長を掃引することはできない。そのため，ガス計測においては，対象とする1つのガスに対して1つのレーザーが必要となる場合が多い。

　量子カスケードレーザーの発振スペクトル線幅はきわ

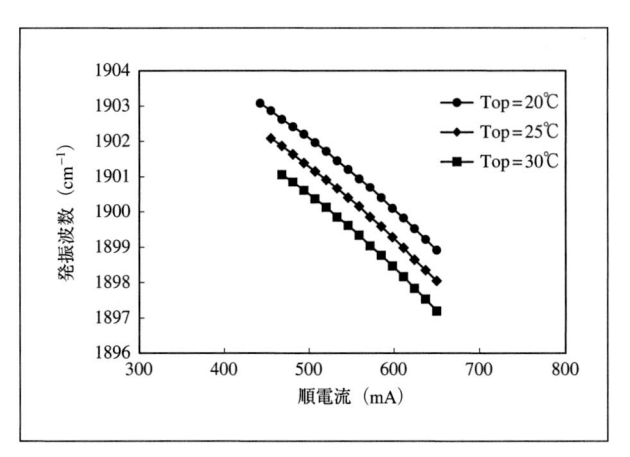

図4　一酸化窒素（NO）計測用のCW駆動型量子カスケードレーザーの動作温度（素子温度）および順電流と発振波数（波長）の関係

めて狭く，真性なレーザー線幅は260 Hzという値が報告されている[26, 27]。実用の上では，駆動用ドライバのリップルノイズなどの周辺機器により制限され，10〜数MHz程度の発振スペクトル幅がフリーランニングで得られる[28]。このような狭い発振スペクトル幅は，量子カスケードレーザーを用いたTDLAS法によるガス計測の優位点となっている。水分や二酸化炭素などの干渉ガスが存在する混合ガスであっても，着目するガスの1本の吸収線のみを選択的に計測することが可能であり，干渉ガスによる妨害を受けない。また，脱湿などの前処理が不要となり，*In-situ*な計測が実現できる。発振スペクトルが1本の吸収線幅より十分に狭いことから理想的にランベルト・ベール則（Lambert-Beer law）が成立し，計測精度も極めて高い。

　量子カスケードレーザーは，その出現以降，TDLASに代表される古典的なレーザー吸収分光では到達できなかった超極低濃度のガス計測が実現されるなど，レーザー分光技術そのものに革新的な飛躍をもたらしている。究極的な高感度・精密ガス計測の好例として，有機物質の年代測定マーカとして知られている放射性同位体炭素（^{14}C）の計測技術がある[29]。我々とイタリア国立光学研究所（Istituto Nazionale di Ottica, INO）は，過飽和吸収キャビティリングダウン分光法（saturated-absorption cavity ring-down spectroscopy, SCAR）により5 ppq（pars per quadrillion）という驚異的な検出限界で^{14}Cの計測に成功している。^{14}Cの濃度計測は1970年代より巨大な加速器質量分析（AMS）で行われてきたため，利用機会は一部の考古学者や法医学者に限られていたが，量子カスケードレーザーを用いたSCAR法は約2 m^{2}の光学定盤で実現されており，一般的なAMS装置の1/100の設置面積で済む。^{14}Cは製薬分野においてマイクロドーズ臨床のマーカとして利用され始めており，量子カスケードレーザーは，このようなレーザー吸収分光法の革新技術の創出や先端計測の普及にも寄与している。

4 波長可変・外部共振器型量子カスケードレーザー

　分布帰還型（DFB）量子カスケードレーザーの発振波長の可変幅は約10 nm（数cm^{-1}）と狭く，計測対象が限定される難点がある。広帯域な波長可変を実現できれば，

FTIRを上回る感度と精度で様々な分子の同定と濃度計測が可能となる[30]。広帯域波長可変光源は，利得帯域の広い量子カスケードレーザーを利得媒質に用いた外部共振器で実現できる。一例としてリトロー配置の外部共振器型の量子カスケードレーザーの構成図を図5に示す。回折格子からのフィードバックにより利得帯域内の出力波長が選択され，選択された波長は回折格子の回転によって同調される。これまで利得スペクトルの広帯域化は，複数の発振波長の活性層を積層させた構造で検討されていたが，発振閾値が高くなり，動作電圧の変化に伴い利得スペクトル形状が大きく変化するという問題があった。

これに対し我々のグループは，お互いに強く結合した2つの発光上位準位を用いる結合二重上位準位構造（Anti-crossed dual upper state design, DAU）を考案し，動作温度の変化に対して安定で，単峰かつ広い利得帯域を実現した[20, 21]。この広い利得帯域は，スペクトル上ではほぼ均一とみなされ，外部共振器で波長掃引させる上でのモード安定性に極めて重要である。図6に結合二重上位準位構造（DAU）量子カスケードレーザーを用いて，リトロー配置の外部共振器を構成して波長可変させた例を

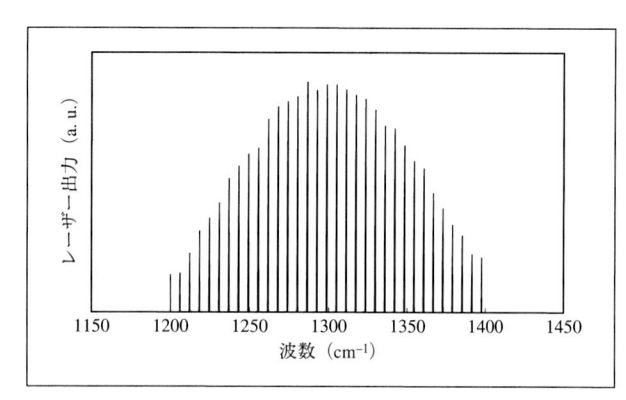

図6　外部共振器型量子カスケードレーザーの波長可変

示す。室温パルス駆動において，およそ1400 cm^{-1}から1200 cm^{-1}（7.14 μm～8.33 μm）の波長掃印に成功している。このような広い波長範囲を極めて高い分解能で高速にスキャンできる波長可変レーザー光源は，NDIRやFTIRなどの従来の赤外分光装置の世代交代を一気に進める革新的な赤外光源として期待されている[31, 32]。

5　差周波発生型テラヘルツ量子カスケードレーザー

電流注入だけで動作できる小型・堅牢なテラヘルツ量子カスケードレーザーは，テラヘルツコヒーレント光源の応用範囲の飛躍的な拡大，および産業用途に向けた大幅なコストダウンに寄与することが期待されている。しかしながら，室温でテラヘルツ波を発振させることが極めて困難であり，研究レベルでさえも最高動作温度は200 K程度に留まっている[33]。このような現状を解決するために，我々のグループでは，量子カスケードレーザー内部の大きな非線形光学効果を用いた，差周波発生（difference-frequency generation, DFG）型テラヘルツ量子カスケードレーザー光源（DFG THz-QCL）の研究開発を行っている。

DFB THz-QCLとは，1つの量子カスケードレーザー・チップで，2つの異なる中赤外レーザー発振を同時に実現させ，その差周波に対応するテラヘルツ波を，量子カスケードレーザー内の量子準位構造における非線形光学効果により発生させる方法である（図7）。中赤外光とテラヘルツ波を同じ量子カスケードレーザー・チップ内で発生させる，いわば自己周波数変換レーザーである[34]。我々のグループでは，室温においてテラヘルツ周波数

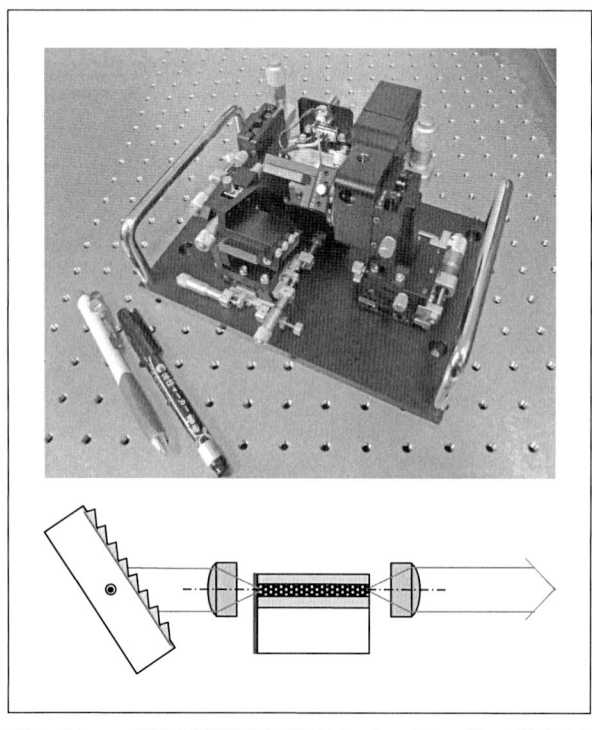

図5　リトロー配置の外部共振器型量子カスケードレーザーの外観写真と模式図

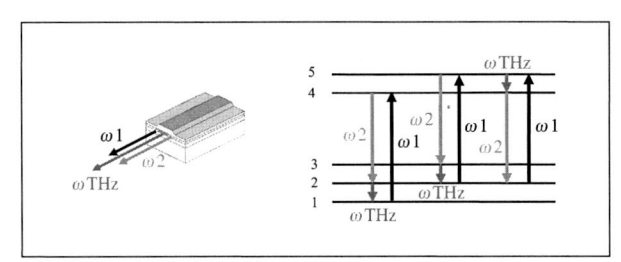

図7　差周波発生型テラヘルツ量子カスケードレーザー

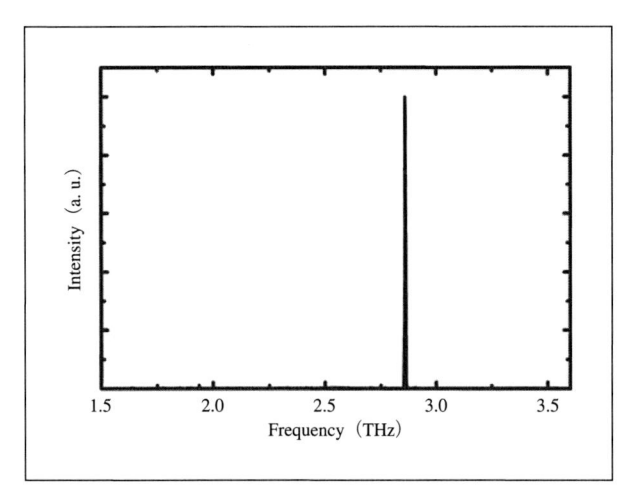

図8　室温動作・差周波発生型テラヘルツ量子カスケードレーザーの発振スペクトル

2.9 THz，ピーク光出力20 μW を発生させることに成功し，390 K までの最高動作温度を達成している[35, 36]。図8に室温におけるテラヘルツスペクトルを示す。中赤外光からテラヘルツ波の変換効率は0.8 mW/W^{2}であった。この高い変換効率は，我々独自の活性層構造である結合二重上位準位構造（DAU）の巨大な非線形光学効果に由来している。DAU構造が元来有する広帯域な利得特性と相まって[23]，豊富なスペクトル情報を有する3 THz以下の低周波領域における，高出力かつチューナブルなテラヘルツ量子カスケードレーザーの実現が可能になると考えられる。

6 量子カスケードレーザーの今後

　量子カスケードレーザーの発振が報告されてから20年以上が経過し，レーザー方式のガス計測用光源として着実に実用化が進んでいる。ガス計測以外の用途への浸透も加速しており，バイオ，医療，材料分析，安全セキュリティなど多種多様な応用研究が世界的に行われている。量子カスケードレーザーは，可視域と比較して多分に開拓の余地が残されている赤外応用を牽引するキーデバイスとして，更なる普及と発展が期待される。

参考文献

1) F. K. Tittle, *et al.*: *Rev. Laser Eng.* **34** (2006) 275.
2) A. A. Kosterev, *et al.*: *IEEE J. Quant. Elec.* **38** (2002) 582.
3) D. D. Nelson, *et al.*: *Appl. Phys. B.* **90** (2008) 301.
4) 枝村忠孝, *et al.*: レーザー研究 **36** (2008) 75.
5) H. Sumizawa, *et al.*: *Appl. Phys. B.* **100** (2010) 925.
6) 右近寿一朗, *et al.*: レーザー研究 **39** (2011) 106.
7) S. Schaden, *et al.*: *Appl. Spectrosc.* **58** (2004) 667.
8) Hermann, *et al.*: *Vib. Spectrosc.* **38** (2005) 209.
9) S. Liakat, *et al.*: *Biomed. Opt. Express* **5** (2014) 2397.
10) B. Guo, *et al.*: *Opt. Express* **12** (2004) 208.
11) Kroger, at el.: J. Biomed. Opt. 19 (2014) 111607.
12) A. Hugi, *et al.*: *Nature* **492** (2012) 229.
13) M. Rosch, *et al.*: *Nat. Photonics* **9** (2015) 42.
14) B. Pollard, *et al.*: *Nat. Commun.* **5** (2014) 3587.
15) T. Dougakiuchi, *et al.*: *The 14th Intl. Conf. on Near-Field Optics*, (2016) Hamamatsu.
16) 枝村忠孝, *et al.*: レーザー研究 **41** (2013) 250.
17) K. Hasimura, *et al.*: *Ad. Biomed. Eng.* **1** (2012) 74.
18) J. Faist, *et al.*: *Science* **264** (1994) 553.
19) K. Fujita, *et al.*: *Appl. Phys. Lett.* **91** (2007) 141121.
20) K. Fujita, *et al.*: *Appl. Phys. Lett.* **96** (2010) 241109.
21) K. Fujita, *et al.*: *Appl. Phys. Lett.* **98** (2011) 231102.
22) M. Yamanishi, *et al.*: *Opt. Express* **16** (2008) 20748.
23) K. Fujita, *et al.*: *Opt. Express* **20** (2012) 20647.
24) K. Fujita, *et al.*: *Appl. Phys. Lett.* **97** (2010) 201109.
25) K. Fujita, *et al.*: *Opt. Express* **19** (2011) 2694.
26) S. Bartalini, *et al.*: *Opt. Express* **19** (2011) 17996.
27) M. Yamanishi, *et al.*: *IEEE J. Quantum Electron.* **44** (2008) 12.
28) F. Cappelli, *et al.*: *Opt. Lett.* **27** (2012) 4811.
29) I. Galli, S. *et al.*: *Optica* **3** (2016) 385.
30) A. Schwaighofer, *et al.*: *Sci. Rep.* **6** (2016) 33556.
31) T. Dougakiuchi, *et al.*: *Appl. Phys. Exp.* **4** (2011) 102101.
32) T. Dougakiuchi, *et al.*: *Opt. Express.* **22** (2014) 19930.
33) B. Williams: *Nat. Photonics* **1** (2007) 517.
34) M. A. Belkin, *et al.*: *Nat. Photonics* **1** (2007) 288.
35) K. Fujita, *et al.*: *Appl. Phys. Lett.* **106** (2015) 251104.
36) K. Fujita, *et al.*: *Opt. Express* **24** (2016) 16357.

■**Quantum cascade lasers and their applications**
■①Naota Akikusa　②Tadataka Edamura
■①②Hamamatsu Photonics K. K.

①アキクサ　ナオタ　②エダムラ　タダタカ
所属：浜松ホトニクス㈱

ガスセンシング用中赤外量子カスケードレーザ

住友電気工業㈱

吉永 弘幸

1 はじめに

　波長3 μm～20 μmの中赤外領域には，COxやNOx，SOx等の産業上や環境上の重要なガス分子の基準振動の吸収帯が多数存在しており，基準振動による吸収は，近赤外領域に見られる倍音，結合音による吸収と比べて吸収係数が数桁大きいため，高感度センサーの実現が期待されている。

　これらのセンシングには，屋外に携行可能なポータブル性や，呼気診断等におけるリアルタイム計測が求められており，センサーの小型化や高速化が必要である。また今後の本格普及のためには低コスト化も必須である。そこでセンサー用光源としては，小型，高速で，且つ大口径基板を用いた量産化によるコストダウンも見込める半導体レーザが最適である。しかしながら，従来のpn接合型半導体レーザではバンドギャップの制約上，中赤外波長の実現が困難であった。そこで，これに代わる半導体レーザとして，量子カスケードレーザ（QCL）が開発された[1]。

　QCLは，多段接続された量子井戸構造（カスケード構造）をコア領域として有し，このコア領域における伝導帯サブバンド間の光学遷移（発光領域）と次段へのキャリア輸送（注入領域）という，量子井戸構造の特徴を巧妙に応用することで，中赤外領域でのレーザ発振を可能としたデバイスである。コア領域の量子井戸の材料組成や厚さを適宜選択して伝導帯サブバンド間のエネルギー差を調整することで，中赤外全域の波長をカバーできる。また緩和振動周波数が高く，高速性にも優れている。

1994年に実用的な構造での最初の発振に成功後[1]，現在までに様々な技術的改良が進み，既に製品化されている。

　さて，屋外に携行する携帯型の光学式ガスセンサーの場合，電池駆動が必須なため，光源に用いるQCLには，少なくとも1 W程度以下の低消費電力動作が望まれる。しかしながら，現状のQCLは，3～4 W以上の高い消費電力が必要で，本用途には適さないものが多く，また低消費電力動作に関する報告例も僅かである[2]。

　そこで我々は，携帯型ガスセンサーへの適用を目的に，波長7 μm帯の分布帰還型（DFB）-QCLの低消費電力化に取り組み，室温，CWで1 Wを切る閾値電力の実現に成功した。本稿ではQCLの低消費電力化と，そのQCLを用いた高感度ガスセンシングに関する筆者らの研究結果を紹介する。

2 低消費電力化へのアプローチ

2.1 活性層構造

　低消費電力化のための主要対策のひとつとしては，活性層の実効利得を高めることが重要であり，そのためには，サブバンド間の発光遷移確率を高めると共に，非発光遷移による損失を低減する活性層構造の設計が重要である。

　QCLにおける主要な非発光成分は縦光学フォノン（LOフォノン）散乱であることが知られている。このLOフォノン散乱を抑制するため，従来の活性層構造としては，隣接する異なる井戸間で遷移が生じる対角遷移型[1]の構造が用いられることも多かった。

しかしながら，この構造は反面，発光遷移確率も小さくなる欠点がある。一方，同一の井戸内で遷移が生じる垂直遷移型[3] では，発光遷移確率は高くなるが，同時にLOフォノン散乱の確率も高くなり，後者が支配的な場合は，レーザ利得の低下を招くというトレードオフがある。

そこで我々は，LOフォノン散乱の増大を抑制しつつ，発光遷移確率の選択的な増大による利得増加の効果が期待できる，垂直遷移型活性層構造を考案した[4]。本活性層採用により，同一発光波長の対角遷移型に対し，光学利得が60%程度増加する計算結果が得られ，実際に同一のデバイス構造で比較した結果，垂直型の方が対角型より閾値電流が低く，特に室温では30%程度の有意な低減が得られた。

2.2 素子構造

素子構造としては，半絶縁性のFe-InP電流ブロック層でメサ側壁を埋め込んで電流狭窄する，埋め込みヘテロ（Buried Hetero：BH）構造を採用した。

また，センシング用途には，ターゲットガスの特定の吸収線を狙い撃ちする必要上，単一モード動作が必要なため，波長選択用の回折格子を導入した，DFB-QCLが必須である。回折格子には幾つかの選択肢があるが，ここでは高い結合係数が得られ，且つ低損失である等，低消費電力化に有利な構造として，埋め込み型回折格子構造を選択した。本構造の詳細については，後述の作製工程のところで説明する。

また，低消費電力化のための別の有効策として，端面への高反射（High-reflectivity：HR）コーティングがあり，本開発でもこれを採用した。コーティング材料としては，中赤外領域で一般に用いられるAu膜を用い，またAu膜により端面が電気的にショートするのを防ぐため，両者の間にアルミナ膜を挿入した。これにより，100%近い端面反射率を実現した。

2.3 作製工程

結晶成長にはOMVPE法を用い，最初の成長にて，n-InP基板上にn-InPバッファ層，コア領域，及びn-GaInAs回折格子層を成長する。ここでコア領域は，AlInAs/GaInAs量子井戸から成る活性層と注入層を単位構造として，これを繰り返し所定の段数積層した構造となっており，活性層に

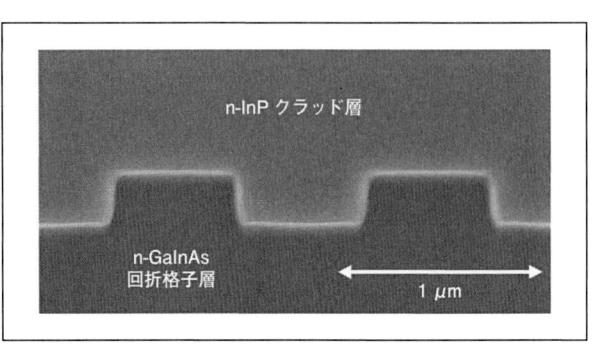

図1 回折格子のSEM像

は上記垂直遷移型構造を導入した。また積層段数は52段に設定した。

次にフォトリソグラフィーとドライエッチングを用いて，n-GaInAs回折格子層に周期約1 μm，デューティ比約0.5の1次の回折格子を形成し，その後，2回目の成長にて，n-InPクラッド層とn-GaInAsコンタクト層を回折格子層上に再成長し，埋め込み型回折格子を形成する。

図1に本回折格子のSEM像を示す。

回折格子は理想的な矩形状の形状を有しており，再成長界面に欠陥や異常成長を生ずること無く，クラッド層にて良好に埋め込まれていることが判る。回折格子層にAlを含まない半導体を用いることで，再成長界面の酸化が効果的に抑制された結果，このような良好な埋め込み形状を実現できたものと思われる。

この後，素子中央部において，少なくともコア層までをエッチングしてメサ導波路を形成し，メサ側壁を埋め込むようにFe-InP電流ブロック層を成長して，BH構造を形成する。最後に上下に電極を形成し，素子が完成する。

3 素子特性

まず後端面のみにHRコーティングを行ったQCLサンプルを評価した。本サンプルは劈開によりウエハから切り出した後，上記Auを用いたHRコーティングを後端面のみに施し，その後，ヒートシンクに実装した。なお，本サンプルでは，消費電力低減のため，メサ幅及び共振器長を各々5 μm，及び1 mmまで低減した。本QCLにおける，CWでの電流－光出力－電圧（I-L-V）及び発振スペクトルの温度特性の例を図2に示した。図2（a）に示す通り，本サンプルは50℃まで発振し，20℃において，

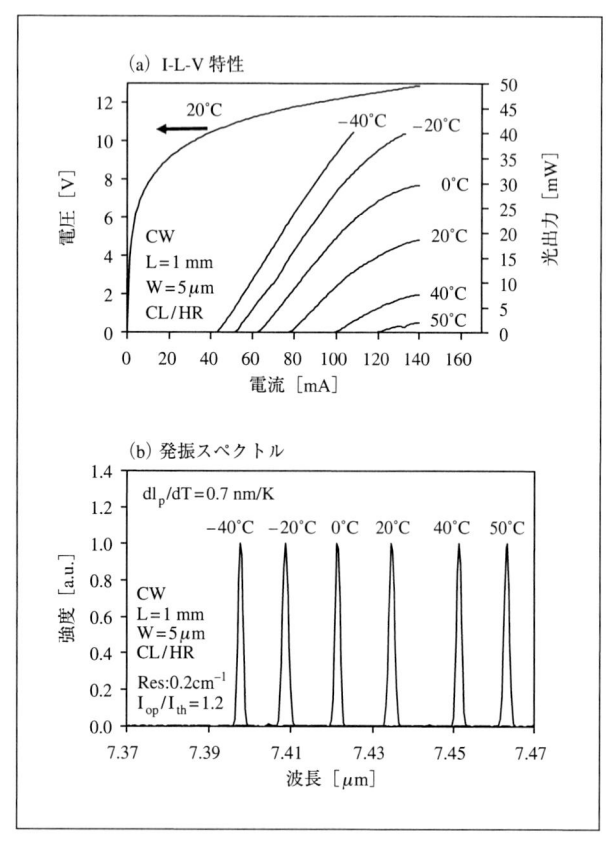

図2　後端面HRコーティングQCLの特性

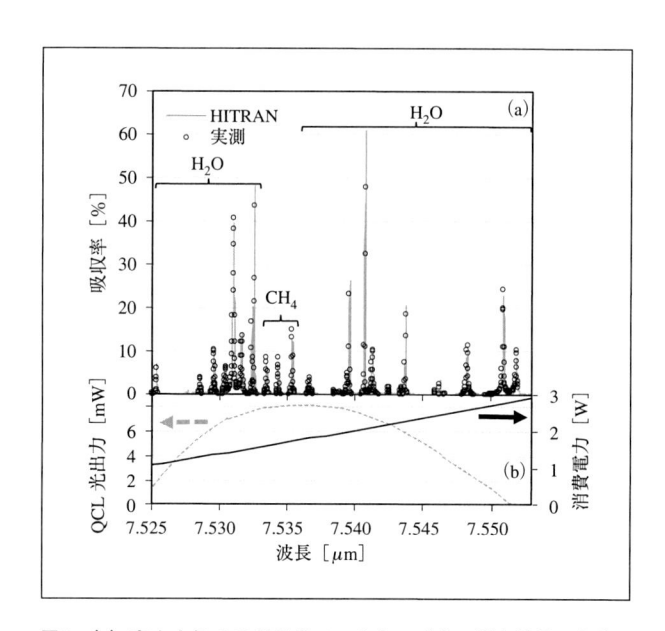

図3　(a) 室内大気の赤外吸収スペクトル（○：測定結果，実線：HITRANによるシミュレーション）
(b) (a) の吸収スペクトル測定時のQCLの光出力と消費電力の掃引波長に対する依存性

0.93 W（79 mA，11.8 V）と，閾値電力を1W以下に低減することに成功した。また室温（20℃）にて10 mWを超える，ガスセンシング用光源としては十分な光出力が得られた。

一方発振スペクトルに関しても，図2 (b) に示す通り，50℃まで回折格子のブラッグ波長（7.43 μm）近傍での単一モード発振が得られ，DFBとしての動作を確認した。SMSRとしても20℃で25 dB以上（測定限界）と良好な値が得られ，発振波長の温度依存性は，0.7 nm/Kであった。

以上のことから，今回開発したQCLは，ガスセンシングに必要な光出力及び単一モード性を有しており，且つ室温で1W以下の低閾値電力で動作すること確認した。

4　ガスセンシング性能評価

前節のQCLが，実際のガスセンシング用光源として使用できることを検証するため，大気の赤外吸収スペクトル測定を目的として，波長7.53 μmのDFB-QCLを用い

てガスセンシング性能の評価を行った[5]。図3に多重反射型セルによる吸収分光によって測定した大気の吸収スペクトルと，その測定におけるQCLの消費電力を示す。QCLがレーザ発振する領域において，印加電流を変化さることで波長を掃引でき，7.525〜7.553 μmの間で波長を28 nm掃引している。大気中の成分ガス吸収線の実測波長は，HITRAN[6]を用いた吸収スペクトルシミュレーション結果とよく一致し，この測定時のQCLの消費電力は，最も印加電流の大きい時でも3Wであった。

一方，レーザを光源としたガスセンシングの感度評価には，Allan分散による評価手法がよく用いられる。今回は，濃度1.01 ppmのCH_4を用いてセンシング感度を評価した。図4にCH_4の吸収線のうち，7.5355 μmの吸収線を0.4 sec間隔で連続測定した結果のAllanプロットを示す。積算時間100 secまでドリフトの影響なく安定性しており，最高感度として積算時間102 secにおいて17 ppbのCH_4が検知可能という結果が得られた。

以上のことから，低消費電力DFB-QCLを用いて，高感度センシングが可能なことを実証した。また0.4 secの積算時間で60 ppbの感度が得られていることから，十分にリアルタイムといえる高速センシングが可能であることも実証した。

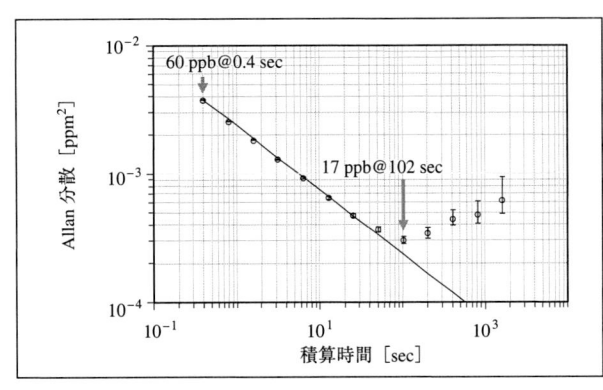

図4　濃度1.01 ppmのCH₄の吸収測定時のAllan分散プロット

5　今後の更なる低消費電力化に向けて

　後端面にHRコーティングしたBH型DFB-QCLにおいて，室温で0.93 Wの低閾値電力を実現したが，更なる低消費電力化のため，両端面にHRコーティングを施すことも検討した[7]。その結果，閾値電力は半分以下まで低減できることを確認できたが，前端面のAuコーティング膜による光吸収が非常に大きく，光出力が1 mW以下に急減することが判明した。そこで現在，Auコーティングの代替手法のひとつとして，光吸収の軽減が可能な分布反射（DBR）構造の検討を進めている。DBR構造は，Auコーティング膜と比べて中赤外領域における吸収損失が小さく，且つ構造の最適化により90%以上の高反射率が実現できるため，さらなる低消費電力化とガスセンシングに向けた実用レベルの光出力の両立が可能な技術として期待される。

6　まとめ

　今回我々は，中赤外領域における携帯型光学式ガスセンサーへの応用を目的に，7 μm帯DFB-QCLの低消費電力化に取り組んだ。消費電力低減に向けて，高い実効利得が得られる独自の垂直遷移型活性層や，高結合係数が得られ，低損失の埋め込み型回折格子，及び低光吸収，高熱伝導で狭メサ化に有利なBH構造を各々導入し，これに加えて，更なる低消費電力化のために，Auコーティングによる端面高反射化も併用した。その結果，共振器長1 mm，メサ幅5 μmの後端面HRコーティングサン

プルにおいて，20℃，CWで0.93 Wまでの閾値電力低減に成功し，且つSMSR>25 dBの単一モード発振と10 mWを超える光出力が得られた。

　実際に，波長7.53 μmのDFB-QCLを用いて多重反射型セルによる吸収分光によって測定した大気の吸収スペクトルは，HITRANのシミュレーション結果と一致し，Allan分散によるセンシング感度評価の結果，最高感度として積算時間102 secにおいて17 ppbのCH₄が検知可能という結果が得られ，本QCLが携帯型ガスセンサー用光源として十分に使用可能であることを実証した。

　また，更なる低消費電力化に向けて，両端面にHRコーティングを行ったところ，閾値電力は半減以下まで低減した一方で，前端面のAuコーティング膜による光吸収が非常に大きく，光出力が1 mW以下に急減することが判明した。そこで現在，光吸収の軽減が可能なDBR構造を含めてHRコーティングの代替手法への切り替えを検討している。今後，携帯型光学式ガスセンサー実現に向け，QCLのさらなる性能向上と低消費電力化を進めていく。

参考文献
1) J. Faist, F. Capasso, D. L. Sivco, C. Sirtori, A. L. Hutchinson, A. Y. Cho, "Quantum Cascade Laser", *Science*, vol. **264**, pp. 553-556, 1994.
2) B. Hinkov, A. Bismuto, Y. Bonetti, M. Beck, S. Blaser and J. Faist, "Singlemode quantum cascade lasers with power dissipation below 1 W", *Electron. Lett.*, vol. **48**, No. **11**, pp. 646-647, 2012.
3) J. Faist, F. Capasso, C. Sirtori, D. L. Sivco, A. L. Hutchinson, and A. Y. Cho, "Vertical transition quantum cascade laser with Bragg confined excited state", *Appl. Phys. Lett.*, vol. **66**, pp. 538-540, 1995.
4) 橋本順一，辻幸洋，稲田博史，三浦貴光，村田誠，吉永弘幸，八木英樹，加藤隆志，勝山造，"中赤外垂直遷移型DFB 量子カスケードレーザの試作"，電子情報通信学会2011年ソサイエティー大会講演論文集，**C-4-31**, p. 246, 2011.
5) 村田誠，吉永弘幸，森大樹，辻幸洋，橋本順一，猪口康博，"低消費電力量子カスケードレーザによる高感度センシング"，SEIテクニカルレビュー，第189号，pp. 52-56, 2016.
6) HITRAN on the Web, http://hitran.iao.ru/
7) 吉永弘幸，森大樹，橋本順一，辻幸洋，村田誠，勝山造，"ガスセンシング用低消費電力型（<1 W）中赤外量子カスケードレーザ"，SEIテクニカルレビュー，第185号，pp. 116-120, 2014.

■**Mid-Infrared Quantum Cascade Laser for Gas Sensing**

■Hiroyuki Yoshinaga

■Transmission Devices Laboratory, Sumitomo Electric Industries, Ltd.

ヨシナガ　ヒロユキ
所属：住友電気工業㈱　伝送デバイス研究所

広帯域中赤外レーザーの発生手法と期待される分光応用

東海大学

遊部雅生, 酒井俊一, 立崎武弘

1 はじめに

　様々なガスは分子構造に特有の吸収スペクトル, 所謂指紋スペクトルを示すことが知られている。特に中赤外波長域では分子の基本振動に基づく強い吸収が得られるため, この波長域において指紋スペクトルの分光を行うことができれば, 各種ガスの同定などを高感度, かつ高速に行うことが可能になると期待できる。このような中赤外波長域における分光においては広帯域なレーザの発生が有用であると考えられる。広帯域な中赤外レーザの発生法としては, 量子カスケードレーザ, 固体レーザ／ファイバレーザを励起光源としたパラメトリック発振器 (OPO), 近赤外波長域のレーザの差周波発生 (DFG) をそれぞれ用いる方法などが研究されている[1~3]。中でも我々はDFGを用いた中赤外光の発生に注目し, 研究を進めている。近年, 近赤外波長域においてはモード同期ファイバレーザ等の技術の進展により広帯域光発生を容易に発生することが可能となっている[4]。広帯域近赤外光を一括して中赤外波長域へ変換することができれば, 各種ガスの指紋スペクトルの分光用光源として有望である。本論文では近年我々が取り組んでいる, DFGを用いた広帯域中赤外光の発生について紹介する。

2 周期分極反転 $LiNbO_3$ 導波路による波長変換

　図1に周期分極反転 $LiNbO_3$ (PPLN) 導波路を用いた中赤外光発生の概念図を示す。例えば, 多くの炭化水素系ガスが強い吸収を示す, $3\,\mu m$帯の出力を得るには1.06

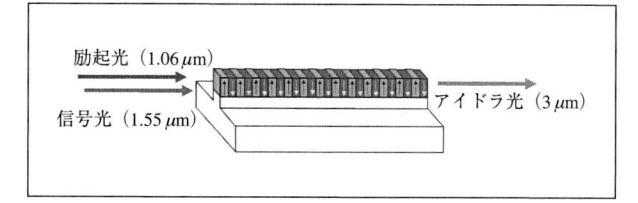

図1　PPLN導波路を用いたDFGによる中赤外光発生

μmと$1.55\,\mu m$の光源をPPLN導波路へ入射してDFGを行えば良い。代表的な2次非線形光学結晶である$LiNbO_3$はその強誘電性を活かして, 電界印加による分極反転が可能である。周期的な分極反転構造を形成することにより, DFGを行う場合に結晶中で相互作用を行う3光波 (信号光, 励起光, アイドラ光) の間の屈折率の違いによる位相のずれを補正することにより, 擬似位相整合 (QPM) を利用して, 高効率な波長変換を行うことが可能である。

　非線形光学効果は電界強度が大きいほど, 効率が向上するため, 導波路構造を形成することにより高効率な波長変換を実現できる。$LiNbO_3$に導波路を形成する方法としては, Ti拡散あるいはプロトン交換などの不純物を拡散する方法が広く用いられてきた。しかしながらこれらの方法では結晶中の欠陥を増加させてしまい, 高い光パワーを入射した際にフォトリフラクティブ効果による光損傷が生じるという問題があった。我々は電界印加法により作製した周期分極反転$LiNbO_3$基板をウエハ接合法により, 異種基板上に直接接合し, 研磨による薄膜化と機械加工によってリッジ導波路を形成することで, 結晶中の欠陥を増加させることなく, 光損傷耐性の高い光導波路を形成することに成功した[5]。またプロトン交換法で作製した導波路では$2.7\,\mu m$付近にOH基による吸収が

見られるのに対し，上記の直接接合法で形成した導波路では不純物による吸収が生じないために，中赤外波長域においても良好な透明性が得られ，高い波長変換効率が得られる。導波路型PPLNを用いて，3 μm帯において良好な波長変換特性が得られることが実証されている[5]。

3　擬似位相整合の広帯域化

　QPMを利用した波長変換における課題として，変換可能な帯域の問題がある。QPM波長変換素子においては，DFGに関わる3つの波長間の伝搬定数の差を$\Delta\beta$と置き，DFGにおける励起光の減衰と信号光の増幅が無視できるとすると，出力として得られるアイドラ光の電界E_iは次式で与えられる。

$$E_i^* = -i\frac{2\pi}{n\lambda_i}E_p^* E_s \int_0^L d(z)\exp(-i\Delta\beta z)\,dz \tag{1}$$

ここで，$d(z)$は伝搬方向位置zにおける非線形定数の大きさ，nは屈折率，λ_iはアイドラ光波長，Lは結晶の長さ，E_s, E_pは信号光，励起光の電界強度を表している。すなわち，アイドラ光出力の$\Delta\beta$に対する依存性は非線形定数の空間的分布を$\Delta\beta$を変数としたフーリエ変換を行うことにより，知ることができる。一般的なPPLNの構造では式(1)の積分を実行し，アイドラ光の出力パワーP_iを求めると次式のようになる。

$$P_i = \frac{32d^2}{\varepsilon_0 cn^3\lambda_i^2 A_{eff}}\left|\frac{\sin\left(\frac{(\Delta\beta - 2\pi/\Lambda)L}{2}\right)}{\frac{(\Delta\beta - 2\pi/\Lambda)L}{2}}\right|^2 P_p P_s L^2 \tag{2}$$

ここでε_0は真空の誘電率，A_{eff}は導波路の実効断面積，P_s, P_pは信号光，励起光のパワー，ΛはPPLNの分極反転周期である。式を見ると分かる通り，$\Delta\beta = 2\pi/\Lambda$となるQPM条件を満足するとき，DFGの効率は最大となる。例えば上述の3 μm帯を発生するDFGにおいて，信号光である1.55 μm帯の波長を変化させると，伝搬定数の差$\Delta\beta$は信号波長に対して，ほぼ線形に変化する。このため信号光に対する変換効率の依存性，所謂位相整合曲線は式(2)から分かるようにsinc関数の自乗に従い，その効率の帯域はアイドラ波長にして高々5 nm程度である。

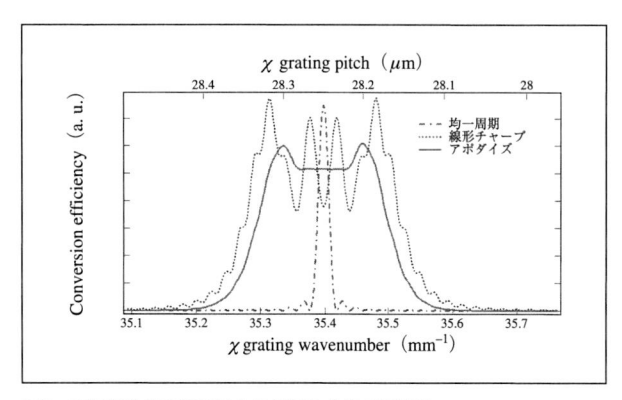

図2　広帯域波長変換素子の位相整合曲線の設計例

この波長帯域ではガスの指紋スペクトルを分光するには帯域が十分とは言えない。そこで，我々はPPLNの分極反転構造の変調による帯域の拡大を試みている。QPM条件を満足する波長は反転周期Λを素子の長さ方向に向かって徐々に変化させるチャーピング構造を導入することによって変化させることができる。式(1)に示したフーリエ変換を用いた解析によって，位相整合曲線は容易に計算することができる。図2に通常の均一な分極反転周期をもつPPLNと帯域を10倍程度まで拡大するように周期を変化させた構造の位相整合曲線を計算した例を示す。チャーピング構造により帯域の拡大が図れることが分るが，波長変換帯域内の効率が$\Delta\beta$あるいは波長の変化に対して大きく変動してしまうことが分る。このリップルは，素子の両端における非線形定数が，0から急激に増加するために生じる。分光用途では極力リップルの少ない変換特性が望まれるため，以下のような方法でアポダーションが試みられている。

　非線形定数の大きさは変更出来ないため，図3のように素子の両端の分極反転グレーティングの反転部／非反転部のデューティ比を変更することで実質的な非線形性を低減させる方法が提案されている[6]。

　しかしながら，この方法では設計どおりの素子を作製するにはきわめて微細な分極反転構造を形成する必要があり，作製プロセスへの負担が大きいという問題があった。そこで最近我々は図4に示すように，反転部／非反転部のデューティ比一定の周期反転構造において，一部の周期反転構造を間引いたサンプリング構造を用い，周期反転構造のない部分の割合を変化させてアポダイズを実現した[3]。

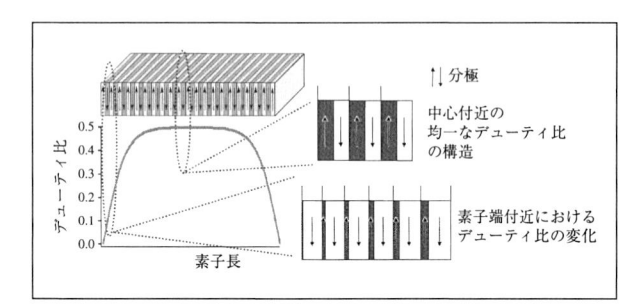

図3　デュティ比の変化によるアポダイゼーション

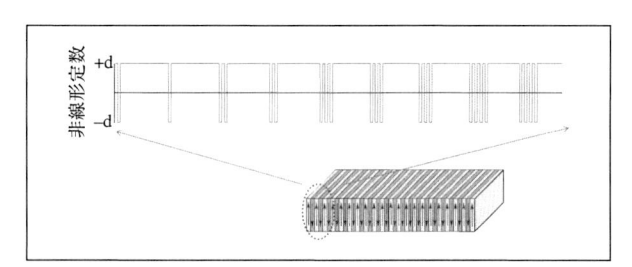

図4　サンプリング構造によるアポダイゼーション

この方法では精密な分極の制御が不要であり，通常の
PPLNと同様のプロセスで作製が可能である。図3中に
は上記のサンプリング構造を想定してアポダイゼーショ
ンを施した場合の位相整合曲線の計算結果も示してあ
る。アポダイゼーションを施すことで，リップルを抑制
して平坦な位相整合特性が得られていることが分る。こ
のような設計に基づいてウエハ接合法を用いたプロセス
により導波路型素子の素子を作製した[3]。

4 広帯域中赤外発生と分光実験

図5に作製した素子による広帯域DFGを試みた実験系
の概略を示す。位相整合特性の評価には波長1.55 μm帯
の波長可変LDを用いた。また広帯域な1.55 μm帯の光を
一括して発生するために，モード同期Erファイバレーザ
を用い，その出力をEr添加光ファイバ増幅器（EDFA）
で増幅した後に，高非線形性光ファイバ（HNLF）を用
いて，スペクトルを拡大した[4]。

1.55 μm帯光はファイバカプラを用いて波長1.06 μmの
LDと合波され，広帯域DFG素子に入射した。DFG素子
から出射するアイドラ光のみをGeフィルタで切り出し
たのちにPbSeもしくはInAs-PDを用いて検出した。広帯
域な3 μm帯のスペクトルはモノクロメータを用いて観

測した。さらに分光への適用性を検討するためにメタン
入りのガスセルを光路に挿入し，波長可変LDを用いて
吸収スペクトルの測定を行った。

図6にDFG素子の温度をそれぞれ20℃，80℃に設定
したときの位相整合曲線を測定した結果を示す。信号光
波長およびアイドラ光波長における位相整合帯域はそれ
ぞれ，15 nm，50 nmであった。これは同じ素子長の均一
周期の素子の10倍の帯域に相当する。DFG素子の温度
を変化させることで位相整合波長をシフトさせることが
可能であり，温度の変更により，1.55 μm帯のCバンド
全体を3 μm帯へ変換することが可能である。図7にメタ
ンの吸収スペクトルを示す。3 μm帯におけるメタンのP,
Q, R各分枝の吸収ピークが明瞭に観測されている。図7
においてスペクトルの透過率に変動が見られるのは
PPLN導波路の端面におけるフレネル反射によるフリン
ジの影響であり，これは素子端面に斜め研磨や無反射コー
ートを施すことにより改善できると期待される。

図7のような吸収スペクトルを測定するためには通

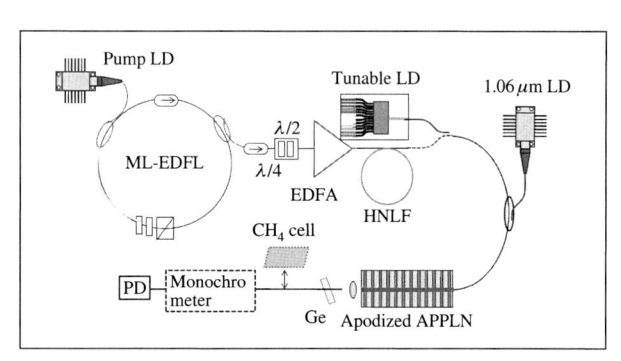

図5　広帯域DFGのための実験系

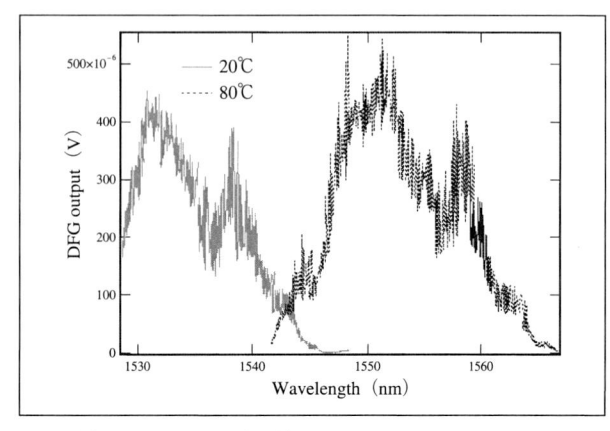

図6　広帯域DFGの位相整合特性

常，単一モードのレーザの波長を掃引して計測を行うため，データの取得に時間を要するという課題がある。近年，モード同期レーザを用いた2つの光コムの干渉信号をフーリエ変換することにより高速に広帯域なスペクトルを計測するデュアルコム分光法が進展している[7]。中赤外波長域において広帯域な光コムを発生することができれば，中赤外波長におけるガス分子の基本振動による強い吸収を利用して，指紋スペクトルを計測することが可能となり，様々な応用が期待できる。図8に1.55 μmのErファイバレーザから発生した広帯域光を波長変換した出力のスペクトルを計測した結果を示す。計測された3 μm帯光の帯域はDFG素子の位相整合帯域とほぼ一致しており，広帯域な中赤外光の一括発生を確認している。今後このような中赤外波長域における光コムは様々なガス分子の指紋スペクトルの分光用途に有望な光源となることが期待される。

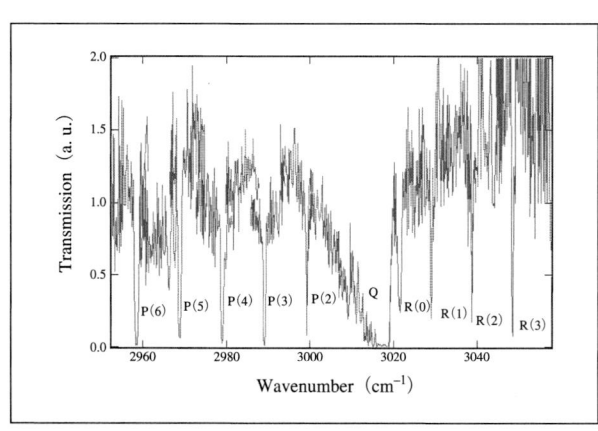

図7　メタンの吸収スペクトル

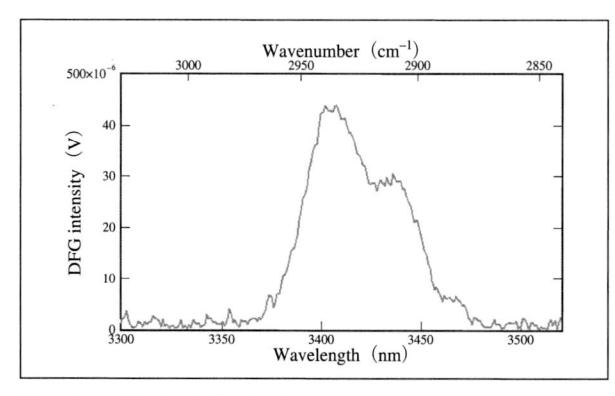

図8　3 μm帯光コムのスペクトル

5 まとめ

PPLN導波路を用いたDFGによる波長変換とその広帯域化，アポダイズの手法等を用いた広帯域中赤外光の発生とその応用について最近の進展を紹介した。今後デュアルコム分光法などの適用により高速で高感度なガス分光への応用が期待される。

参考文献

1) G. Wysocki, "Broadband, high-resolution quantum cascade laser multi-heterodyne spectroscopy for in-situ and remote chemical detection", *CLEO 2016*, paper STh1H.1.

2) V. O. Smolski, H. Yang, J. Xu, and K. L. Vodopyanov, "Massively Parallel Dual-Comb Molecular Spectroscopy with Two Phase-Locked Subharmonic OPOs" *CLEO 2016*, paper SW4H.5.

3) R. Fujisawa, M. Asobe, T. Tachizaki., and H. Takenouchi "Broadband mid-infrared difference frequency generation using apodized aperiodically poled LiNbO$_3$ waveguide" *CLEO 2016*, paper STh3P.3.

4) H. Inaba, Y. Daimon, F. Hong, A. Onae, K. Minoshima, T. R. Schibli, H Matsumoto, M. Hirano, T. Okuno, M. Onishi, and M. Nakazawa, "Long-term measurement of optical frequencies using a simple, robust and low-noise fiber based frequency comb" *Opt. Express*, **14**, 5223-5231 (2006).

5) O. Tadanaga, T. Yanagawa, Y. Nishida, H. Miyazawa, K. Magari, M. Asobe, and H. Suzuki "Efficient 3-μm difference frequency generation using direct-bonded quasi-phase-matched LiNbO$_3$ ridge waveguides" *Appl. Phys. Lett.* **88**, 061101 (2006).

6) T. Umeki, M. Asobe, Y. Nishida, O. Tadanaga, K. Magari, T. Yanagawa, and H. Suzuki, "Widely tunable 3.4 μm band difference frequency generation using apodized $\chi^{(2)}$ grating," Opt. Lett. **32**, 1129-1131 (2007).

7) I. Coddington, N. Newbury, and W. Swann, "Dual-comb spectroscopy" *Optica* **3**, 414-426 (2016).

■**Generation of broadband mid-infrared laser and their applications to spectroscopy**

■①Masaki Asobe　②Syunichi Sakai　③Takehiro Tachizaki

■①Tokai University, School of Engineering, Department of Electrical and Electronic Engineering　②Tokai University, School of Engineering, Department of Electrical and Electronic Engineering　③Tokai University, School of Engineering, Department of Optical and Imaging Science and Technology

①アソベ　マサキ
所属：東海大学　工学部　電気電子工学科
②サカイ　シュンイチ
所属：東海大学　工学部　電気電子工学科
③タチザキ　タケヒロ
所属：東海大学　工学部　光・画像工学科

CT半導体レーザー吸収法とその応用

徳島大学　　　　　　　電力中央研究所
出口祥啓，神本崇博　　泰中一樹，丹野賢二

1 緒言

地球環境保全やエネルギーの有効利用の重要性が指摘されている。このような背景から，エンジンのように燃焼現象をエネルギー生産手段として活用する場において，その構造や過渡的な振舞いを詳しく解明することが急務となっている。このニーズに対応するためには，温度分布や各種成分濃度分布を可視化し，火炎の詳細構造を明らかとすることが必要である。近年，高感度・高応答の計測手段として，レーザー応用計測技術が研究開発されており，半導体レーザー吸収法を活用した高応答・多成分同時（CO_2，NH_3，NO，CO，CH_4，温度）計測が開発されている[1~5]。このような技術開発により，エンジン立上げ時の排ガス挙動などが把握可能となっている[1,2,5]。一方，半導体レーザー吸収法は，レーザーパス光路の積分値しか計測できないという欠点を有する[1]。そのため，計測対象機器の構造を大幅に改造することなく，時系列温度・濃度分布を計測できる手法の開発が望まれていた。このニーズに対応するため，半導体レーザー吸収法にCT（Computed Tomography）を組合せたCT半導体レーザー吸収法[6~18]が開発され，各種燃焼場や流れ場における2次元時系列温度・濃度計測が可能となっている。この方法では，計測対象機器にCT計測セルを挟み込むことにより，計測対象機器の構造を大幅に改造することなく，2次元温度・濃度分布が計測できるメリットを有する。CT（Computed Tomography）を組合せたCT半導体レーザー吸収法は，エンジン筒内2次元温度計測にも展開されてきている[19]。本報告では，CT半導体レーザー吸収法の高温・高圧燃焼場並びに微粉炭燃焼場への適用例を紹介する。

2 CT半導体レーザー吸収法の理論

2.1 吸収法

吸収法は気体分子が化学種に特有の波長の赤外線を吸収する性質及びその吸収量の温度・濃度依存性を利用した計測法であり，入射光が光路長の一様な吸収媒体を通過するとき，入射光と透過光の強度の比（$I_\lambda/I_{\lambda 0}$）により濃度や温度を計測することができる。この関係はLambert-Beer則に従う[1]。

$$I_\lambda / I_{\lambda 0} = \exp\{-A_\lambda\}$$
$$= \exp\left\{-\sum_i \left(n_i L \sum_j S_{i,j}(T) G_{vi,j}\right)\right\} \quad (1)$$

ここでA_λは吸光度，n_iは準位iに存在する分子数密度，Lは光路長，$S_{i,j}(T)$は準位iからjへの遷移における吸収線強度，Tは温度，$G_{vi,j}$は吸収線のブロードニング関数であり，通常Voigt関数で表される[1]。吸収線強度は温度と濃度に依存し，スペクトル形状から温度をスペクトル強度から濃度を算出することが可能となる。スペクトル形状の評価では，温度・圧力の変化に伴う吸収線のブロードニング効果を適切に取り扱う必要がある[16~18]。

2.2 CT

吸収法では，光を照射した光路上で吸収が起こるため，信号強度は光路上の積算値となる。吸収法を用いて2次元分布を求めるためには，図1に示すように，複数のレーザーパスを計測対象場に照射し，CTを適用することが必要となる。1成分を考慮した場合，各吸収ラインにおける信号強度は以下の関係式で表わされる[6～18]。

$$A_{\lambda,p} = \sum_q n_q L_{p,q} \alpha_{\lambda,q} \tag{2}$$

ここで$A_{\lambda,p}$はパスpにおける吸光度，n_qはグリッドqにおける分子数密度，$L_{p,q}$はグリッドqを通るp方向のパス長，$\alpha_{\lambda,q}$はグリッドqにおける吸収係数である。本研究では，初期の温度，水蒸気濃度を仮定し，式(1)-(3)を用いて繰り返し計算を行うことにより，実験スペクトルと理論スペクトルの誤差が最小となるよう，温度，濃度分布を収束させる手法を用いている[16～18]。本手法では，計測領域上の温度，濃度を変数とし，式(3)の値が最小となる多変数を決定する。また，理論スペクトルには，HITRANデータベース[20]を改良したデータベースを用い[17]，精度向上を図っている。

$$Error = \sum \left\{ \left(A_{\lambda,q} \right)_{theory} - \left(A_{\lambda,q} \right)_{experiment} \right\} \tag{3}$$

3 高温，高圧燃焼場への応用例

実験に用いた装置を図2に示す。本研究では，高温・高圧燃焼場試験装置として，定容燃焼器を用いた。定容燃焼器に図3に示すCT計測セルを挟み込み，各計測パスでの吸収量を測定した。燃料にはメタンと空気の混合気（当量比1）を使用し，初期圧を変化させて，燃料ガスに点火し，火炎伝播により燃焼室内圧力を上昇させた。光源にはH_2Oの吸収帯である1330 nm～1370 nmを高速でスキャン可能な外部共振器型半導体レーザー（Santec

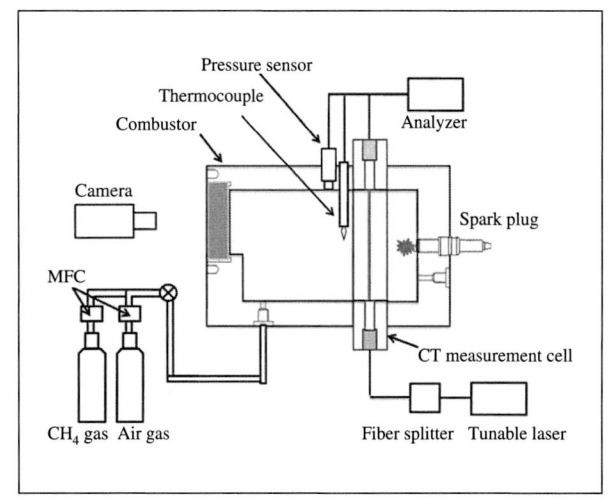

図2　Experimental apparatus of constant volume combustor.

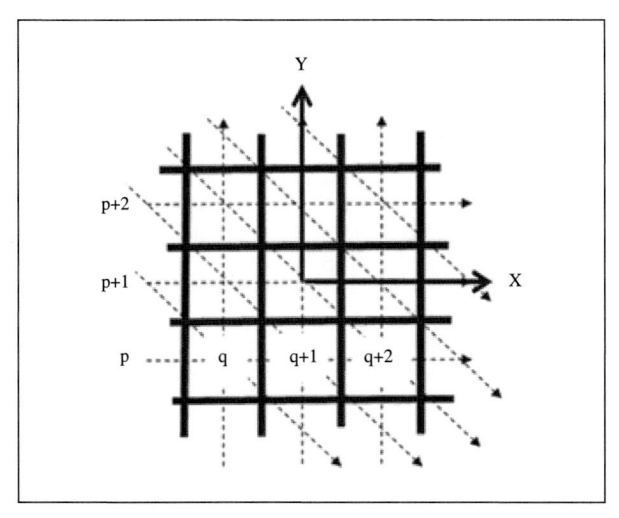

図1　CT grid and laser path

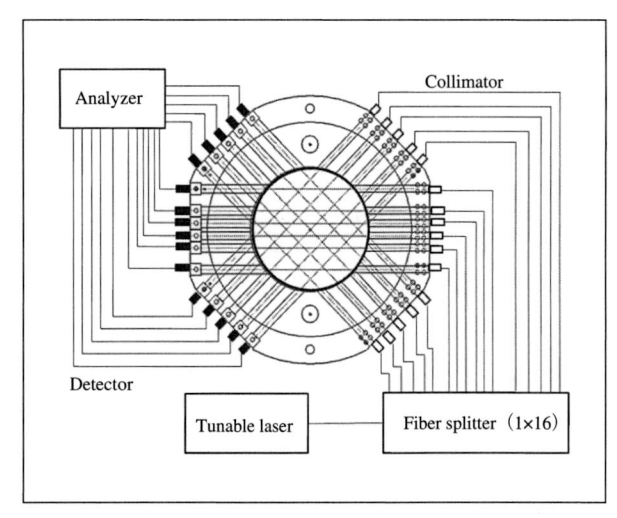

図3　16 path CT measurement cell.

社，H_2O: HSL -200-30-TD）を使用した。レーザーのスキャン周波数は30 kHzとした。レーザー光はファイバスプ

リッタにより分岐され，コリメータ（Optizone, C-20-S-1-C-200-2-L-0.95-S）で対象物に照射される。透過光はフ

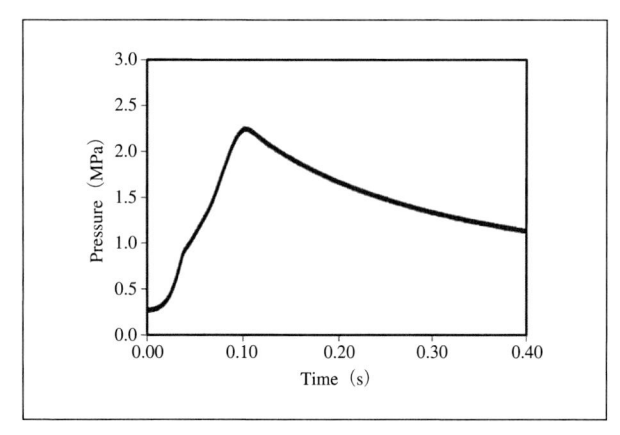

図4　Pressure time history of high pressure combustion

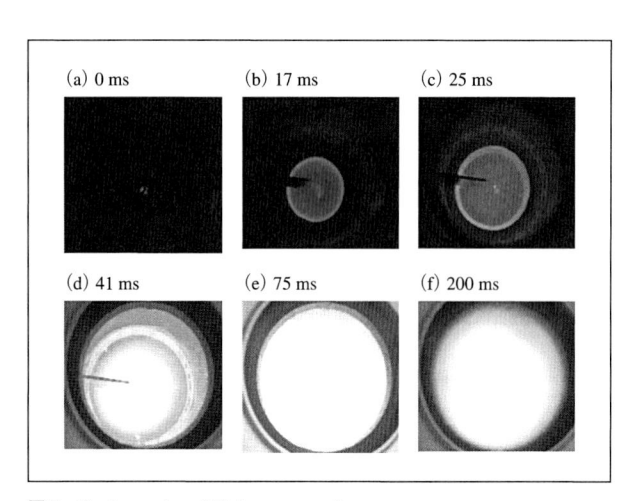

図5　Photographs of high pressure flames

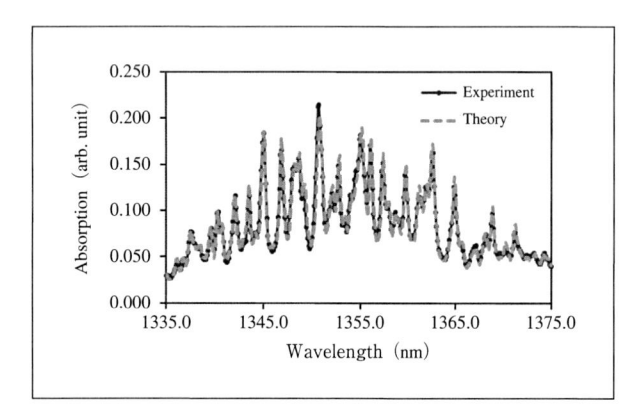

図6　H_2O absorption spectrum at t＝200 ms（Laser path 4, Pressure: 1.8 MPa）

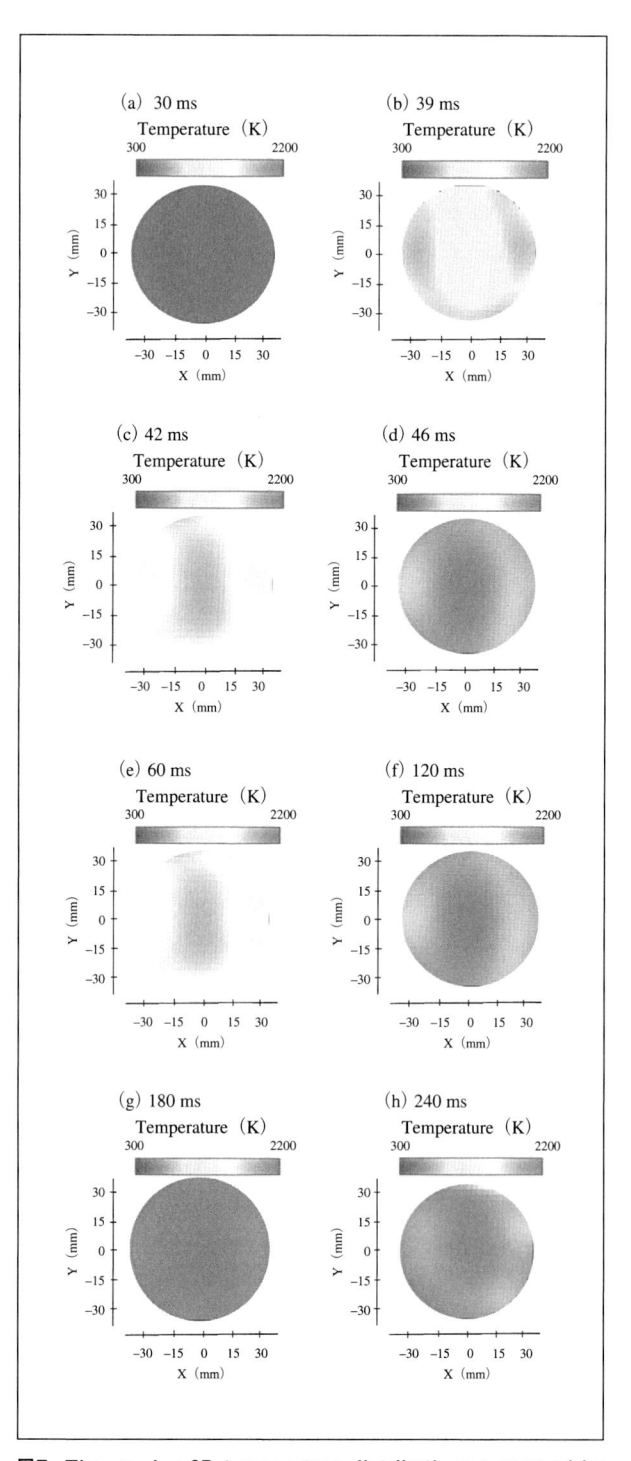

図7　Time series 2D temperature distributions measured by CT-TDLAS.

ォトダイオード（浜松フォトニクス, G12180-010A）によって検知され，吸収スペクトルデータを記録計（日置電気, メモリハイコーダ8861）に取り込んだ。各パスの吸収スペクトルは，CTアルゴリズムに使用され，2次元時系列温度及び濃度分布が求められる。図4, 図5に燃焼時の圧力波形及び燃焼画像を示す。点火プラグによる着火時点をt=0 msとした。図6に200 msおいてCT計測セルを用いて計測された水蒸気スペクトル計測結果及び理論スペクトルとのフィッティング結果を示す。波長掃引範囲の広い外部共振型半導体レーザーでは圧力上昇に伴いブロードニングした吸収スペクトルを評価可能であ

り，1 MPa以上の高圧場でも温度計測が可能となる。図7にCT半導体レーザー吸収法をより得られた2次元温度分布計測結果を示す。燃焼器内で火炎が球状に広がり，t=35 ms近傍でCT計測セル断面に火炎が到達し，t=180 ms以降，温度が低下していくことが分かる。

4 微粉炭燃焼場への応用例

図8 (a), (b)に実験装置の概略図を示す。実験装置は，燃焼炉，微粉炭バーナ，保炎用メタンバーナ，計測セクションで構成されている。燃焼炉は内径250 mm，長さ

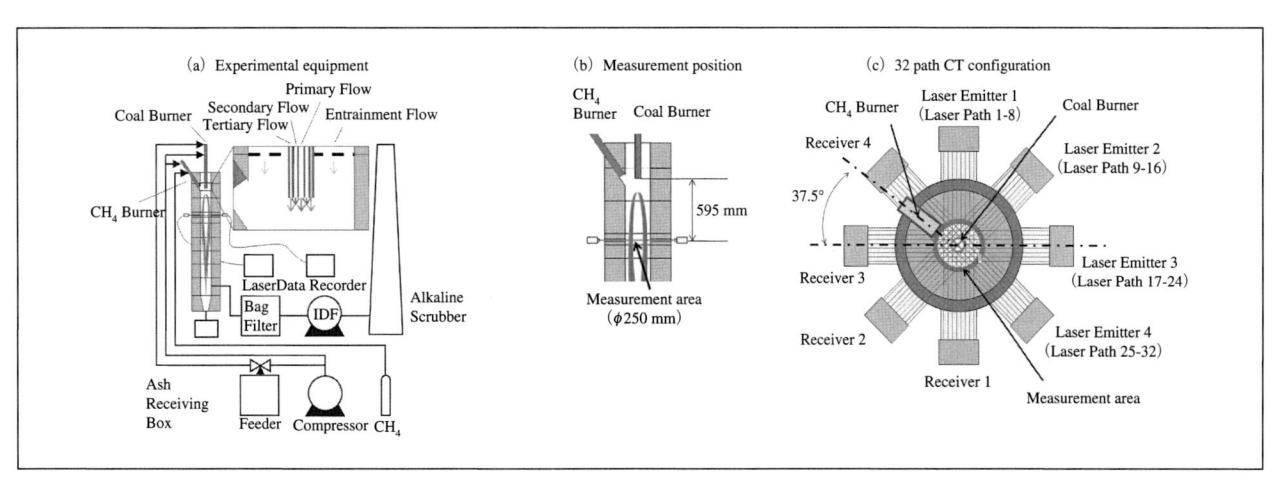

図8 Experimental apparatus of pulverized coal burner

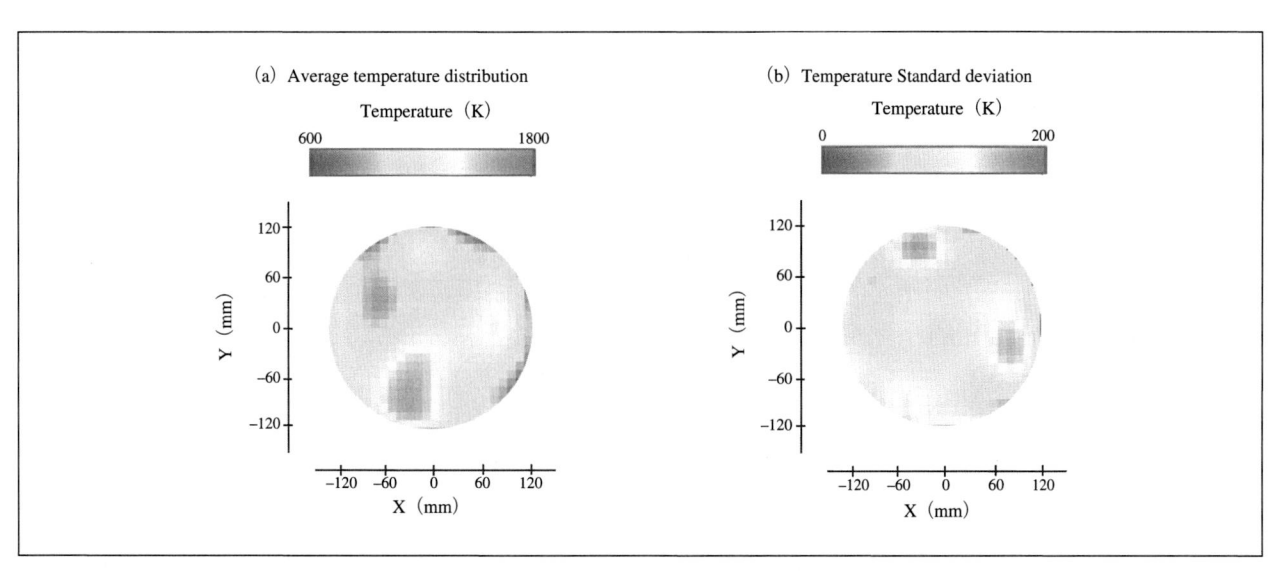

図9 Average temperature and temperature standard deviation of pulverized coal flame

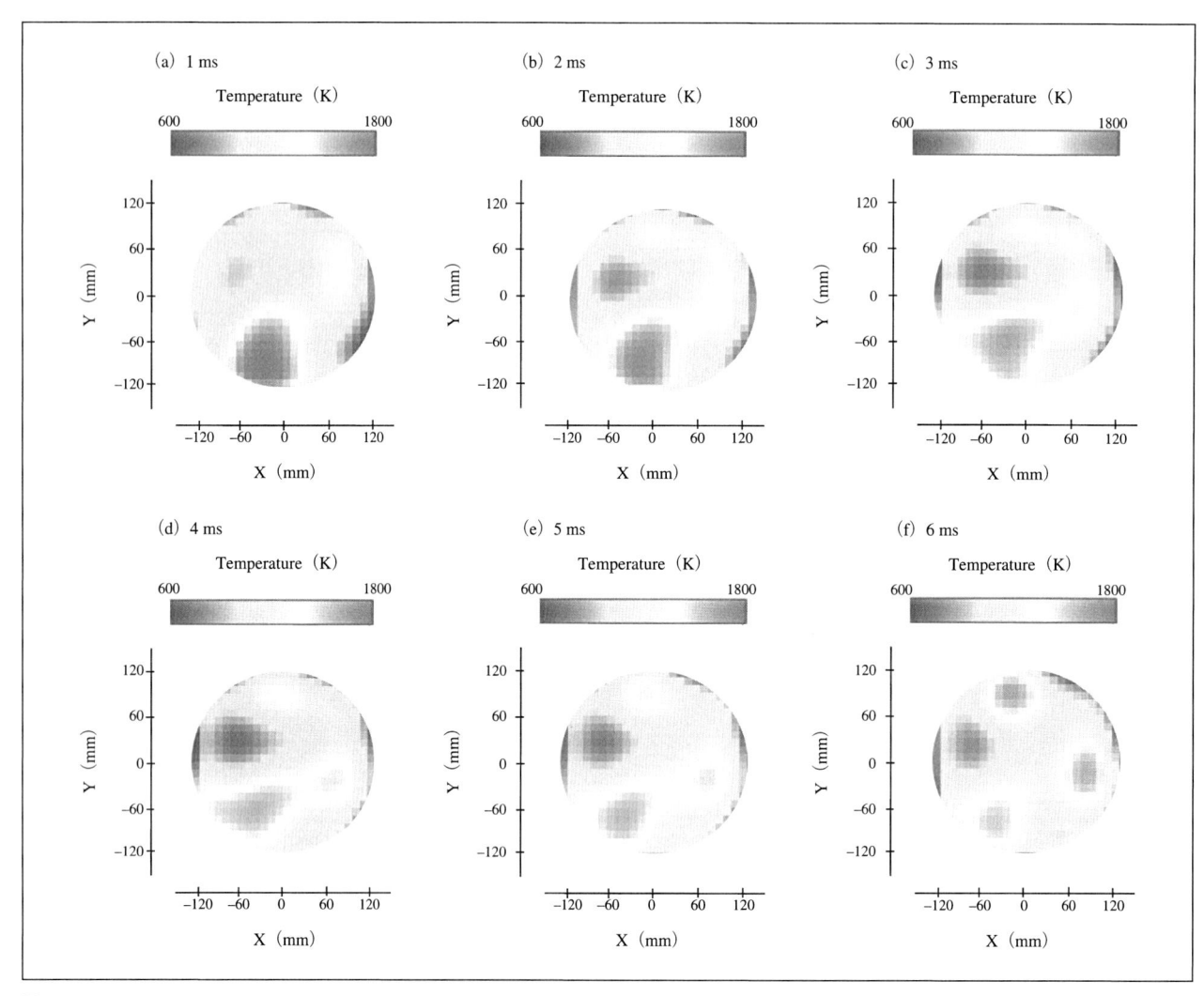

図10　Time series temperature distribution of pulverized coal flame

2,300 mmの円筒竪置炉である。図8（c）に32パスCT計測セルの概略図を示す。このセルは，炉の組み替えによって任意の高さで計測が可能であり，微粉炭バーナ先端から595 mmの位置を計測した。水蒸気の吸収スペクトル計測には，波長を1388.0 nmから0.6 nmおよび1342.9 nmから0.6 nm走査可能なDFBレーザー（NTTエレクトロニクス社，NLK1S5GAAA）を用いた。図9及び図10に微粉炭燃焼場における2次元温度分布の計測結果を示す。半導体レーザー吸収法では，レーザー波長を高速でスキャニングしているため，微粉炭などの粒子による光の減衰の影響を補正でき，2次元温度分布が定量的に再構成されていることが確認できる。本手法は，1 ms以下

の高応答性を有するため，時系列温度分布およびその平均，標準偏差の分布を求めることができる。本手法により，微粉炭燃焼場という粒子が存在する場での時系列温度分布を計測できることが実証された。

5 まとめ

半導体レーザー吸収法にCTを組み合わせたCT半導体レーザー吸収法に関し，各種燃焼場への適用例を紹介した。本手法は，微粒子が存在する場や高温・高圧場を含む広い燃焼場条件で，2次元・時系列温度・濃度計測が可能となる。本手法は燃焼場の他，各種流れ場やCVD

（Chemical Vaper Deposition）などの反応場にも応用でき，今後，広範囲の工業分野に応用展開さていくものと考えられる。

参考文献

1）Y. Deguchi: Industrial applications of Laser Diagnostics, Chapter 6, CRS Press, Taylor & Francis, p. 167-208, (2011).

2）M. Yamakage, K. Muta, Y. Deguchi, S. Fukada, T. Iwase, and T. Yoshida: Development of Direct and Fast Response Exhaust Gas Measurement, SAE Paper 2008-1298, (2008).

3）Y. Deguchi, M. Noda, M. Abe, and M. Abe: Improvement of Combustion Control through Real-time Measurment of O_2 and CO Concentrations in Incinerators Using Diode Laser Absorption Spectroscopy, Proceedings of the Combustion Institute, Vol. 29, p. 147-153, (2002).

4）Y. Zaatar, J. Bechara A. Khoury D. Zaouk, and J.-P. Charles: Diode laser sensor for process control and environmental monitoring, Applied Energy, Vol. 65, p. 107-113, (2000).

5）P. Wright, N. Terzijaa, J. L. Davidsona, S. Garcia-Castillo, C. Garcia-Stewart, S. Pegrumb, S. Colbourneb, P. Turnerb, S. D. Crossleyc, T. Litt, S. Murrayc, K. B. Ozanyana, and H. McCanna: High-speed chemical species tomography in a multi-cylinder automotive engine, Chemical Engineering Journal, Vol. 158, No. 1, p. 2-10, (2010).

6）Lin Ma, Xuesong Li, Scott T. Sanders, Andrew W. Caswell, Sukesh Roy, David H. Plemmons, and James R. Gord :50-kHz-rate 2D imaging of temperature and H_2O concentration at the exhaust plane of a J85 engine using hyperspectral tomography, Optics Express, Vol. 21, No. 1, p. 1152-1162, (2013).

7）Y. Deguchi, T. Kamimoto, Z. Z. Wang, J. J. Yan, J. P. Liu, Hiroaki Watanabe and Ryoichi Kurose: Applications of laser diagnostics to thermal power plants and engines, Applied Thermal Engineering, Vol. 73, No. 2, p. 1453-1464, (2014).

8）Cai, W. and Kaminski, C. F.: A tomographic technique for the simultaneous imaging of temperature, chemical species, and pressure in reactive flows using absorption spectroscopy with frequency agile Lasers; Applied Physics Letters, Vol. 104, p. 034101/1 - 034101/5, (2014).

9）An, X., Kraetschmer T., Takami, K., Sanders S. T., Ma, L., Cai, W., Li X., Roy S. and Gord, J. R.: Validation of temperature imaging by H_2O absorption spectroscopy using hyperspectral tomography in controlled experiments; Applied Optics, Vol. 50, No. 4, p. A29 -A37, (2011).

10）Ma, L., Li, X., Sanders S. T., Caswell, A. W., Roy, S., Plemmons, D. H. and Gord J. R.: 50-kHz-rate 2D imaging of temperature and H_2O concentration at the exhaust plane of a J85 engine using hyperspectral tomography; Optics Express, Vol. 21, No. 1, p. 1152-1162, (2013).

11）Pal, S. and McCann, H: Auto-digital gain balancing: a new detection scheme for high-speed chemical species tomography of minor constituents; Measurement Science and Technology, Vol. 22, No. 11, p. 115304/1-115304/13, (2011).

12）Tsekenis, S. A., Tait, N. and McCann, H.: Spatially resolved and observer-free experimental quantification of spatial resolution in tomographic images; Review of Scientific Instruments, Vol. 86, No. 3, p. 035104/1-035104/17, (2015).

13）出口，安井，足立：CT利用半導体レーザー吸収法によるリアルタイム2次元温度計測のエンジン排ガスへの適用，自動車技術会論文集，Vol. 44, No. 2, p. 251-256, (2013).

14）出口，神本，清田：CT半導体レーザー吸収法を用いた2次元濃度計測の精度評価，自動車技術会論文集，Vol. 45, No. 6, p. 965-970, (2014).

15）神本，出口，Choi，安井，Shim：CT半導体レーザー吸収法を用いた2次元温度計測の精度検証，自動車技術会論文集，Vol. 45, No. 1, p. 75-81, (2014).

16）神本，出口，清田：CT半導体レーザー吸収法を用いた高温域における2次元温度分布計測の特性評価，自動車技術会論文集，Vol. 45, No. 6, p. 971-976, (2014).

17）神本，出口，髙木琢，木戸口，名田：CT半導体レーザー吸収法を用いた高温・高圧域における2次元温度分布計測の特性評価，自動車技術会論文集，Vol. 46, No. 6, p. 1031-1037, (2015).

18）出口，神本，髙木，モハンマド サフェール アラム タハ：CT半導体レーザー吸収法の空間分解能及び精度評価，自動車技術会論文集，Vol. 47, No. 2, p. 279-285, (2016).

19）出口，髙木，神本，岡本，渡邉，CT半導体レーザー吸収法を用いたエンジン筒内の2次元時系列温度分布計測，自動車技術会論文集，Vol. 48, No. 1, pp. 35-40, (2017).

20）L. S. Rothman, I. E. Gordon, A. Barbe, et al.: The HITRAN2008 molecular spectroscopic database, Journal of Quantitative Spectroscopy & Radiative Transfer, Vol. 110, p. 533-572, (2009).

■Computed Tomography-Tunable diode laser absorption spectroscopy and its applications

■①Yoshihiro Deguchi　②Takahiro Kamimoto　③Kazuki Tainaka　④Kenji Tanno

■①Tokushima University Graduate School of Technology, Industrial and Social Sciences　②Tokushima University Graduate School of Technology, Industrial and Social Sciences　③Central Research Institute of Electric Power Industry　④Central Research Institute of Electric Power Industr

①デグチ　ヨシヒロ
所属：徳島大学　大学院　社会産業理工学部　教授
②カミモト　タカヒロ
所属：徳島大学　大学院　社会産業理工学部　特任研究員
③タイナカ　カズキ
所属：電力中央研究所
④タンノ　ケンジ
所属：電力中央研究所

総論：赤外線の科学・技術と応用の基礎

静岡大学
廣本宣久

　赤外線技術の応用に関する特集のはじめに，赤外線の性質の起源を理解するため，電磁波としての波動性，電磁波と物質との相互作用である熱放射・黒体放射，光量子としての物質との相互作用について述べる。それを基に，近年，小型化，低コスト化によりブレークしている赤外線，および発展が著しいテラヘルツ波の性質と応用について概説する。

1 電磁波

　赤外線は，ひと言でいうと，目に見えない光（インビジブルライト）である。その意味は，1800年の英国の天文学者W. ハーシェルによる赤外線の発見が，太陽光のスペクトルの赤色の外，目に見える光のない部分で見出された，温度計の大きな温度上昇に由来することに，文字通り示されている。

　後に，同じく英国のJ. C. マクスウェルが，電磁気学の研究をもとに，1865年に電場・磁場を完全に記述するマクスウェル方程式を作り上げ，その方程式から電気・磁気のゆらぎが空間を光の速度で伝搬することを導き，光も電磁気の波動であることを予言した。その正しさは，1888年，独国H. R. ヘルツによる火花放電による電磁波の発生と検出の実験により，疑問の余地なく証明された。

　赤外線は，零ヘルツから無限に高い周波数まで広がる電磁波の中の，可視光に隣接する低い周波数帯の一部を占めている。**表1**に，国際標準化機構（ISO）による2007年の赤外線の分類[1]を示す。赤外線は，周波数の高い方から，近赤外，中赤外，遠赤外に分類される。

　赤外線は，電磁波であるので，媒質中を波動として，

表1　赤外線の分類（ISO 20473）

分類名	略語	波長（μm）	周波数（THz）
近赤外	NIR	0.78〜3	385〜100
中赤外	MIR	3〜50	100〜6
遠赤外	FIR	50〜1000	6〜0.3

その媒質中の光の速度で伝搬し，媒質の境界で反射，透過が起こり，粒子や物体の端により散乱，回折され，損失媒質中で吸収され，減衰する。

2 熱放射

　赤外線の発見が温度計を用いてなされたように，空間を伝搬して伝わる熱，熱放射が，もう一つの赤外線の本質を明らかにする。溶鉱炉の温度の決定は，製鉄工業のための，18世紀当時の重要な実用研究だったが，プロシアのG. R. キルヒホッフは熱した物質の分光を行い，1859年に熱放射に関するキルヒホッフの法則を明らかにした。すなわち，物質によらず温度だけで決まる熱放射スペクトルが存在し，それに，物質に依存する固有の放射率をかけたものが，その物質からの熱放射であること，さらに，それぞれの物質の放射率はその吸収率に等しいことを発見した。このことから，放射率・吸収率が1の物質は，温度だけで決まる熱放射を，最大の100％放射し，入射に対しては100％吸収するので，目に見える光で言う黒色に対応するという意味で，黒体と呼ばれ，その放射は黒体放射と名付けられた。

　物質の放射率と吸収率が等しいという法則によると，

黒色の物質の方が白色のものよりも，明るく光を放射することになり，一見，奇妙に感じられるが，赤外線で撮影された物体の画像の明暗や温度を正しく理解するために，必須の知識となっている。ただし，厳密に言うと，この法則は，高い温度の物質で近似的に成り立つ現象である。

多くの気体分子は，赤外線に共鳴する線スペクトルを，固体，液体の物質は，バンドを持つため，赤外線のエネルギーを吸収しやすく，赤外線によって加熱される。

3 黒体放射

キルヒホッフの法則から得られるひとつの重要な結果は，ある温度の物質の壁で囲まれた空洞の中の電磁波のスペクトルは，その温度で決まる黒体放射スペクトルになるということである。したがって，溶鉱炉の中の温度は直接測定できないが，溶鉱炉の小さなのぞき穴から出てくる放射は，黒体放射であるので，温度の関数として黒体放射スペクトルの方程式が得られれば，もれ出てくる放射を測定することにより，温度を知ることができる。

この課題を解決することは当時の物理学では難しかったが，ベルリン大学でキルヒホッフに学んだM. プランクが，1900年に，全ての周波数で黒体放射のエネルギースペクトルを正確に求められる方程式を導出することに成功した。このとき，プランクは，理由を説明できなかったが，壁の物資が，ある定数（プランク定数）h（エイチ）に周波数ν（ニュー）をかけたエネルギー$h\nu$（エイチ・ニュー）を単位として，周波数νの電磁波を放射し吸収することを仮定した。この仮定は，後に光の粒子性により，説明されることになる。

プランク放射法則の黒体放射スペクトルのピークは，地球表面の常温付近の17℃（290 K）で，波長10 μmあたりにあるので，赤外線が常温の物体の検出，撮像に有利であることが分かる。

4 光量子

ある周波数以上の高い周波数の光を照射した時に，金属から一定のエネルギーを持つ電子が放出され，光の強度を強くすると，電子のエネルギーは変わらないが，放出電子の数が増加するという，光電効果の現象を説明するため，A. アインシュタインは，1905年，光自体が$h\nu$で表されるエネルギーの量子の性質を持つという，光量子仮説を提案した。

この光量子仮説からはじまり，光の粒子性は光の本質であることが確立され，現在では，光子（フォトン）は，素粒子間に働く4つの力の1つ，電磁力を媒介する素粒子の1つで，質量がゼロ，寿命が無限，光速で動くボーズ粒子（電子などのフェルミ粒子と異なり，1つの量子状態に無限個の粒子が存在できる）と考えられている。

放射，吸収など，赤外線と物質との相互作用は，光子エネルギーに共鳴する，物質の量子状態間の遷移が，光子の放出，吸収によって起こるとして説明される。この原理により，半導体の発光ダイオードやレーザーなどの光源，フォトダイオードや光伝導検出器などの量子型検出器が研究開発されている。

5 赤外線の性質と応用

上で述べたように，電磁波であり光子である，赤外線の周波数と，それに伴う波長，エネルギーから，物質との相互作用を理解し，赤外線の性質を知ることにより，赤外線を効果的に利用することができる。

表2に，赤外線の性質をまとめる。

これらの性質から，赤外線の計測応用は，

- 赤外強度・放射温度の計測・イメージングによる欠陥・異物検査，人・動物・障害物検知，熱・火災検知，サーモグラフィによる医療診断，防衛・警戒監視
- 分光あるいはマルチバンドの測定による大気汚染・温暖化ガスのモニター，危険・有毒ガスの監視，化学物質・薬品・食品・農産物・畜産物などの成分分析・品質評価
- マルチバンドイメージング，分光とイメージングを結合したハイパースペクトルイメージングによる工場生産過程での製品の品質・異物監視，航空機・衛星による広域の探索[2]・地表の状態の情報収集・鉱物資源等の探査・災害の監視，宇宙の監視，天文観測
- 赤外ライダーによるエアロゾル・風の計測，航空機・衛星からの地表高度の計測，距離計測による車の衝突防止・自動運転支援，距離計測を2次元で行う3次元

表2　赤外線の性質

不可視光　人の眼で見えない
熱線　多くの物質に吸収され熱エネルギーに変わり温度を上げる
イメージング　夜間・暗所でも検出・撮像が可能
透過　可視光より散乱されにくい，大気の窓
固有バンド　物質の分析・識別が可能　分子の振動・回転
光通信・光空間通信の搬送波の周波数

表3　テラヘルツ波の性質

不可視光　人の眼で見えない
イメージング　電波よりも高い空間分解能
透過　プラスチック，紙，布，脂肪，粉体，半導体，誘電体などを透過
水分子の吸収大，大気減衰が大きい
安全　X線に比べて人体への安全性が高い
固有バンド　DNA，たん白質，糖などに高分子の固有の吸収特性
超高速無線通信の搬送波・超高速信号処理の周波数

イメージング

などにおいて，有用である。

近年，室温動作の赤外検出器の微細化および光学素子・分光器の小型化による低価格が進展し，さまざまな分野で，これまでよりも広範に，赤外線センシングの応用が行われている。

特に，ハイパースペクトルイメージングとビッグデータ解析の発展により，これまで見えなかったものが，検出できる可能性が拡がっており，今後，さらに赤外線の科学・技術の応用が進むものと考えられる。

6 テラヘルツ波の性質と応用

テラヘルツ波の電磁波の中での範囲は，公的に決められていないが，周波数1 THzを中心として2桁，0.1〜10 THz（波長3000 μm〜30 μm）の領域をとることが多い。したがって，テラヘルツ波は，中・遠赤外からミリ波の高周波領域にあたる。

テラヘルツ波の科学・技術は，1990年代にフェムト秒レーザーによる超短パルステラヘルツ波の発生と検出を用いる，広帯域のテラヘルツ時間領域分光法が開発され[3]，普及したことによって，急速に発展した。また，2000年以降，テラヘルツ波の半導体レーザー，レーザー光励起の非線形光学結晶を用いる波長可変のテラヘルツ波発振器などテラヘルツ波光源の研究開発が進んでいる。

表3に，テラヘルツ波の性質をまとめる。これらの特性を利用した，テラヘルツ波の計測応用を下記にまとめる。

- テラヘルツ時間領域分光法を用いた，半導体，誘電体，分子結晶，液体・溶液などの複素屈折率または複素誘電率の測定，医薬品や賦形剤の成分分析，プラスチック・ポリマーなど有機分子の構造分析，

- 上記のテラヘルツ時間領域分光測定において，対象を2次元に走査することによるイメージング計測，
- 反射型テラヘルツ時間領域分光法を用いた，テラヘルツパルスの飛行時間測定による錠剤中の有効成分の濃度分布および錠剤のコート多層膜の厚み分布のモニター，美術品絵画の補修・復元のための絵の具の厚みの調査，車体の塗装膜の厚み分布や紙・プラスチック製品の厚み・密度などのモニター，などである。

テラヘルツ波の応用をさまざまな分野に拡げるために，常温動作の高出力・小型・低価格の光源と常温高検出能の検出器アレイなどの研究開発を更に進めることが重要である。

参考文献
1) ISO: "Optics and photonics – Spectral bands", ISO 0473:2007(E) (2007).
2) M. T. Eismann, A. D. Stocker, and N. M. Nasrabadi, "Automated Hyperspectral Cueing for Civilian Search and Rescue," *Proc. of the IEEE*, **97** (6), 1031-1055 (2009).
3) K. Sakai (Ed.), "Terahertz Optoelectronics," Topics *Appl. Phys.*, Vol. **97**, Springer-Varlag, Berlin, Heiderberg, pp. 1-31 (2005).

■Infrared science and technology, and their applications
■Norihisa Hiromoto
■Faculty of Engineering and Department of Engineering, Graduate School of Integrated Science and Technology, Shizuoka University

ヒロモト　ノリヒサ
所属：静岡大学　工学部機械工学科／大学院総合科学技術研究科
教授

低価格熱赤外カメラの技術と応用

日本電気㈱
佐々木得人

1 熱赤外カメラの概要

　可視光（波長おおよそ$0.4\,\mu m$～$0.7\,\mu m$）よりも長い波長域に目に見えない光である赤外線が存在する。この赤外線のうち波長$8\,\mu m$～$12\,\mu m$は熱赤外（遠赤外）とも呼ばれ，水や二酸化炭素等の吸収による大気の影響が少なく光の透過率が高い波長域である。この性質により物体から放出される熱赤外線を映像として可視化する熱赤外カメラ（いわゆるサーモグラフィカメラ）が開発されてきた。

　熱赤外線を検知し映像化するためのカメラに必要な基本構成として，赤外光を透過し集光するためのレンズと赤外光を電気信号に光電変換する検知素子（赤外センサー）がある。熱赤外用レンズは可視カメラで使われているような石英などのガラス材料では赤外線を吸収してしまうため使えず，ゲルマニウム（Ge）や硫化亜鉛（ZnS）などの特殊な材料が使われる。他方，赤外センサーは特殊な半導体（例えばⅢ-Ⅴ族化合物のInSb，Ⅱ-Ⅵ族化合物のHgCdTeなど）をセンサー材料に用いた冷却型（図1（a））が従来からあるが，材料の特性上マイナス196℃（液体窒素温度）以下に冷却する必要があった。このため冷却型赤外センサーは冷凍機を伴った機構を含めて大型になり，冷凍機メンテナンスなども含めてコストがかかるなどで熱赤外カメラ普及の阻害要因となっていた。

　一方，非冷却型熱赤外センサー[1]（図1（b））は半導体微細加工技術を応用したMEMS（Micro Electro Mechanical

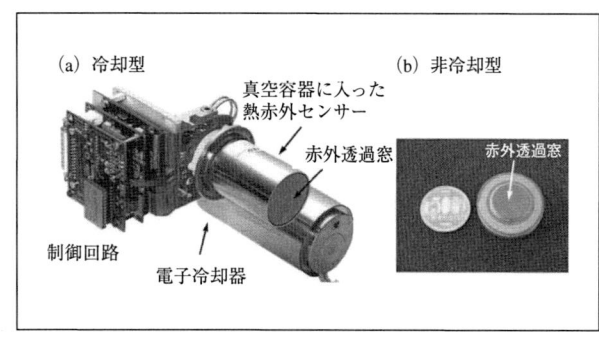

図1　熱赤外カメラ撮像部のセンサー

Systems）構造の素子を直接LSI回路基板上に形成したもので，ボロメータと呼ばれる熱に対して電気抵抗の変化が大きい薄膜材料を用いることで波長$8\,\mu m$～$12\,\mu m$の赤外線を検出している。非冷却型熱赤外センサーは，冷凍機およびそのメンテナンスが不要なことから小型化可能なため低価格な熱赤外カメラ用として急速に普及している。

2 非冷却型熱赤外センサー

2.1 マイクロボロメータ素子

　非冷却型熱赤外センサーの心臓部であるセンサーチップを図2に示す。可視カメラのCMOSイメージセンサーと同様な回路構成で素子が二次元配列された撮像画素部と，画素信号の読み出しを行うための画素列を選択するスイッチと画素（行）を選択するスイッチから成り，ライン露光して順次読み出しを行っている。画素から読み

出された信号は，チップ下部の積分回路で積分され外部に出力される。画素は，マイクロボロメータ素子と呼ばれるもので，その一例を図3に示す。例では素子サイズは23.5μmでMEMS技術により2階建ての中空構造になっている[1,2]（図3(a)）。

ボロメータ薄膜層が温度に対して変化し易くするため，この構造では梁配線で信号読み出し回路基板から約1μmの空隙をあけて中空に浮かせ熱分離し蓄熱する構造となっている（図3(b)）。また，シリコン窒化膜（SiNx）から成るヒサシ層で入射する赤外線を集光（吸収）し，素子の受光面積を有効活用している。図1(b)に示した非冷却型熱赤外センサーのパッケージ内は素子を周囲雰囲気から断熱するため，1Pa未満の高真空に気密封止されている。

図4(a)に撮像素子部回路を，図4(b)にボロメータ素子の動作原理を示す。素子の感度R_V[V/W]は，ボロメータ材料の抵抗温度係数α[%/K]，素子による熱吸収率η[%]，バイアス電圧V_b[V]と梁の熱抵抗（熱伝導度の逆数$1/G_{th}$）[K/W]に比例する。

$$R_V = \frac{\alpha \eta V_b}{G_{th}} \qquad (1)$$

入射赤外線は，ボロメータ素子を保護しているSiNxなどで吸収され，素子の温度が変わる。ボロメータ材料には，代表的なものに酸化バナジウム（VOx）[3]やアモルファスシリコン（a-Si）[4]などがあり，いずれも高い抵抗温度係数（2～5%/K）を示す。センサーチップでは素子の読み出し期間中に蓄熱（積分）された入射赤外線によるボロメータ抵抗変化分をボロメータ素子に定電流を流して電圧変化として読み出しを行い画像化している。

2.2　低価格化のセンサー技術

(1)素子サイズ

素子サイズを縮小すると，多画素による高精細化が可能になる一方で，レンズ焦点距離を短くできるため熱赤

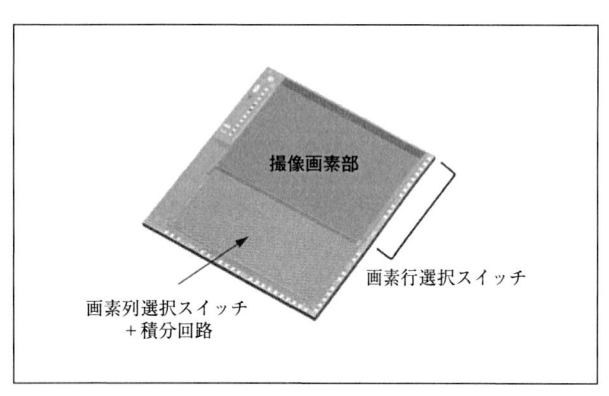

図2　非冷却型熱赤外センサーチップ

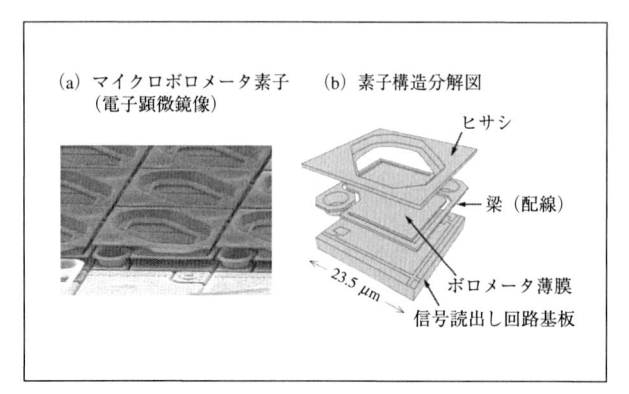

図3　マイクロボロメータ素子[1]

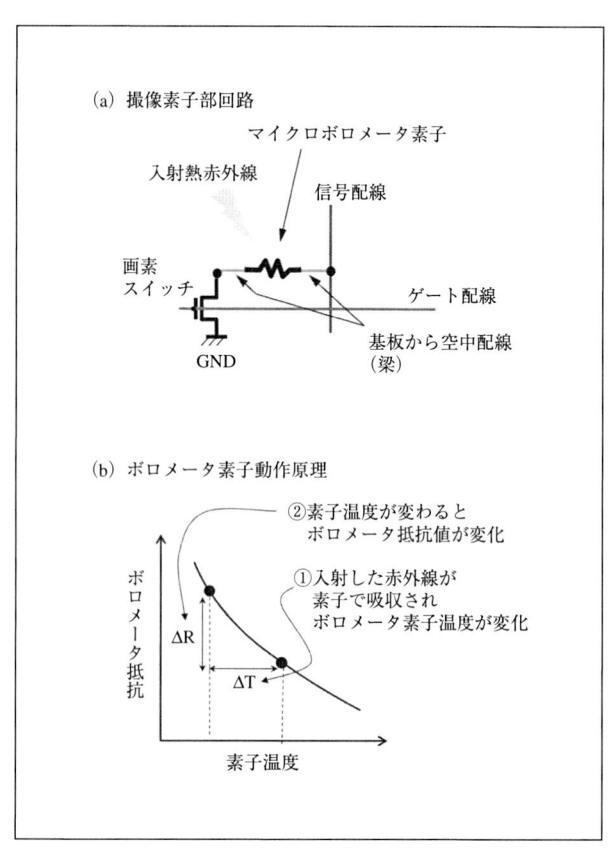

図4　ボロメータ撮像素子回路と動作原理

外カメラの小型化と低価格化に寄与する。しかし，素子縮小に比例して素子の受光面積も小さくなるため，1画素あたり光量が減少するので性能を維持することが困難となってくる。素子を小さくして感度を維持するためには，式(1)から構造パラメータである梁の熱伝導度G_{th}を小さくする手法が一般的に採られている。図5にマイクロボロメータ素子の縮小開発の推移を示す。当初50 μmの素子サイズだったが約20年で12 μmの素子サイズまで縮小された。図6 (a) に12 μm画素の構造例と図6 (b)に12 μm画素サイズにより小型化された熱赤外カメラの一例を示す[5]。熱赤外の波長は冒頭で述べた8 μm〜12 μmなので物理的な光の回折限界まで素子サイズが縮小され，ほぼ性能の限界に達したことになる。

一方，素子縮小による多画素化も進み，100万画素を超える解像度のものも報告されている[3,6]。

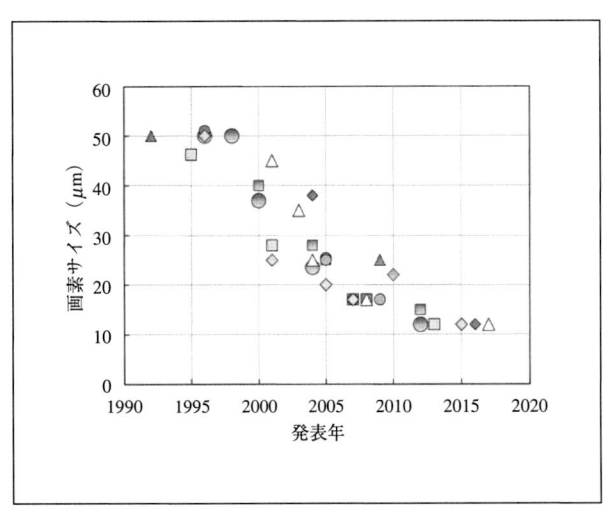

図5　マイクロボロメータ素子の縮小化

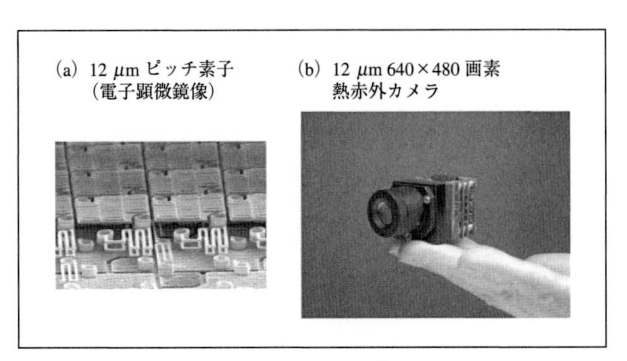

図6　画素縮小による熱赤外カメラの小型化[5]

(2)真空パッケージ

マイクロボロメータ素子（およびセンサーチップ）を周囲雰囲気から断熱するためパッケージ内を高真空に保つ必要がある。センサーチップは半導体製造装置により量産されているが，装置技術の進展もあり真空パッケージも半導体製造装置で同様に生産されるようになった。チップサイズ真空パッケージ（またはウェハレベル真空パッケージ[7]）と呼ばれ，センサーチップウェハー上に真空キャップと赤外透過窓を兼ねたキャップウェハーを重ね（スペーサーを挟むものもある），低融点ハンダを使って製造装置の真空チェンバー内でウェハー同士を接合し，取り出し後にチップサイズにダイシングするものである（図7にチップサイズ真空パッケージを示す）。また，画素単位で独立して真空状態を保つように画素を覆うための薄膜キャップを形成するピクセルレベル真空パッケージ[8]も報告されており，この方法だとキャップウェハー自体が不要となり，部品点数も更に削減できる。

以上のようにこの工程も半導体製造装置で量産できるようになったことで熱赤外センサーの更なる低価格化が可能になった。

(3)その他の周辺技術

熱赤外カメラでは，冒頭で述べた赤外センサーのほかに基本構成で赤外レンズが必要である。この部品も最近では半導体製造技術によりウェハレベルオプティクス[9]と呼ばれる量産技術が開発されている。

また，熱赤外カメラでは周辺環境温度の変動などに伴

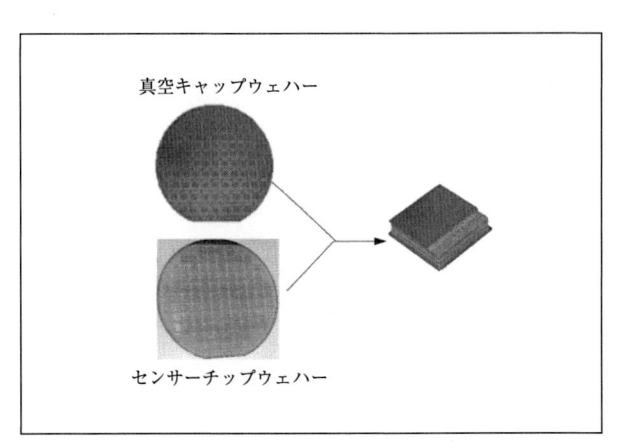

図7　チップサイズ真空パッケージ

う画像の熱的な固定パターンノイズ発生の問題があり，除去のために任意の時間間隔でシャッターなどの均一な温度面を撮像部に読み込ませてノイズ除去する必要があった。このシャッター機構も不要にするシャッターレス技術[10] が開発されている。

3 低価格熱赤外カメラの応用

以上のような技術開発により低価格な熱赤外カメラが登場してきており，さらに小型化の特長を活かして，これまで可視化されてこなかった映像市場分野への活用が期待されている。ドローン搭載（図8 (a)）と監視カメラ（図8 (b)）などがある。ドローンでは，例えば密漁対策[11]，スマート農業に向けた獣害[12]や病害対策，遭難者発見，ソーラーセル点検，橋梁・トンネルなどインフラ設備劣化点検などで試験的運用が検討されている。

また，近年開発の著しい自動運転車の車載用センサーとしての活用も検討されている。熱赤外カメラの特長として図9に示すように夜間では，可視カメラ（図9 (a)）の場合，照明があって初めて人や動物が認識されるようになるが，熱赤外カメラでは物体から放出される熱を可視化できる特長があるため照明がなくても人物が映像化

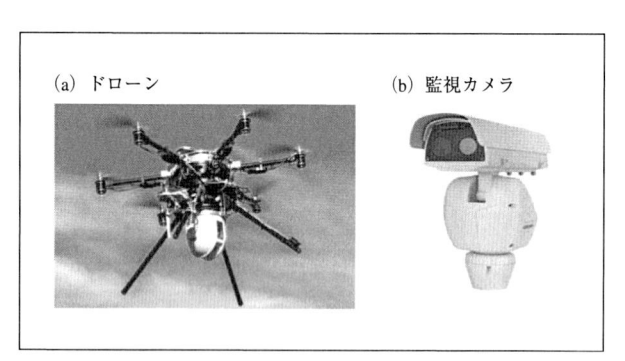

図8　小型熱赤外カメラの応用事例

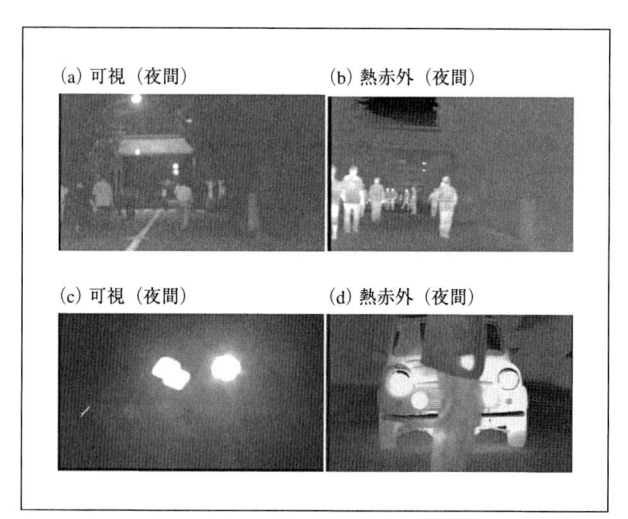

図9　夜間における可視画像と熱赤外画像の比較

表1　車載用として実用化・活用が検討されているセンサー

検出特性 ＼ センサー種類	熱赤外センサー	CMOSイメージセンサー	超音波センサー	LiDAR	ミリ波レーダー77 GHz	ミリ波レーダー24 GHz
距離〜20 m	○	○	○	×	×	○
距離20 m〜50 m	○	○	×	○	○	○
距離50 m〜200 m 以上	○	×	×	△	○	×
距離分解能	△	△	△	△	△	○
広範囲の角度検出	○	○	○	×	×	○
相対速度の直接検出	×	×	×	×	○	○
耐天候性	×	×	×	×	○	○
夜間対応	○	×	○	○	○	○

LiDAR: Laser Imaging Detection and Ranging　　　　　　　　　　　　　　○：適　　△：利用可　　×：不適

される（図9（b））。また夜間の対向車からのライトで惑わされる（図9（c））ことなく，人が認識されるようになる（図9（d））。このような夜間における人や動物の認識には有用な面もある一方，車載用センサーとしては降雨降雪時などでは不向きといったデメリットもあり，また熱赤外カメラ価格も車載用としてはまだ高価である。これまで自動運転化にむけた車載用センサーとして実用化されたものと検討されているものの大まかな特長について表1にまとめる。ミリ波レーダーは，周波数が24 GHzから77 GHz帯へ高周波化することで高分解能化が進んだ。低コスト化では，複数検出器を1列に並べた電子スキャン方式が採用され，検出器材料も砒化ガリウム（GaAs）からシリコンゲルマニウム（SiGe）へと開発が進み，さらには安価なCMOS化が検討されている。レーザーをメカニカルにスキャンし，ピーク感度波長およそ0.6μm～0.9μmのシリコンフォトダイオードで検知するLiDAR（Laser Imaging Detection and Ranging）ではMEMS技術でメカレススキャン化する技術開発などで低コストを目指している。可視カメラのCMOSイメージセンサーでは夜間の認識率を高めるため100 db以上のダイナミックレンジの高い感度をもつ種類が開発されてきている[13]。熱赤外カメラにおいては更なる低コスト化の技術開発と，既に実用化されているものも含めた他のセンサーの欠点を補完するための特長を如何に抽出できるかが今後の車載用センサーへの普及のカギになると考えられる。

4 まとめ

熱赤外カメラは，半導体製造技術の進展に伴って量産できるようになりコストが下がったことで普及してきた。今後，ドローンや車載用センサーなどでの活用もさらに進むと考えられ，安心安全な社会貢献には欠かせないIoTデバイスの1つとして期待されている。

本稿の12μm 640×480画素熱赤外カメラついては，国立研究開発法人新エネルギー・産業技術総合開発機構（NEDO）平成23年度「次世代戦略技術実用化開発助成事業」のもとで実施された。

参考文献
1) 佐々木得人，倉科晴次：“パブリックセーフティを支える赤外線センサ技術”，NEC技報，**63**，pp. 52-55 (2010).
2) S. Tohyama, M. Miyoshi, S. Kurashina, N. Ito, T. Sasaki, A. Ajisawa and Y. Tanaka: "New thermally isolated pixel structure for high resolution 640x480 uncooled infrared focal plane arrays", *Opt. Eng.*, **45(1)**, pp. 014001-1-10, (2006).
3) S. Black, T. Sessler, E. Gordon, R. Kraft, T. Kocian, M. Lamb, R. Williams and T. Yang: "Uncooled Detector Development at Raytheon", *Proc. of SPIE*, **8012**, pp. 80121A-1-12 (2011).
4) A. Durand, J. Tissot, P. Robert, S. Cortial, C. Roman, M. Vilain and O. Legras: "VGA 17 μm development for compact, low power systems", *Proc. of SPIE*, **8012**, pp. 80121C-1-7 (2011).
5) T. Endoh, S. Tohyama, T. Yamazaki, Y. Tanaka, K. Okuyama, S. Kurashina, M. Miyoshi, K. Katoh, T. Yamamoto, Y. Okuda, T. Sasaki, H. Ishizaki, T. Nakajima, K. Shinoda and T. Tsuchiya: " Uncooled infrared detector with 12 μm pixel pitch video graphics array", *Proc. of SPIE*, **8704**, pp. 87041G-1-11 (2013).
6) D. Fujisawa, T. Maegawa, Y. Ohta, Y. Kosasayama, T. Ohnakado, H. Hata, M. Ueno, H. Ohji, R. Sato, H. Katayama, T. Imai and M. Ueno: "2-million-pixel SOI diode uncooled IRFPA with 15 μm pixel pitch", *Proc. of SPIE*, **8353**, pp. 83531G-1-13 (2009).
7) Kennedy, P. Masini, M. Lamb, J. Hamers, T. Kocian and E. Gordon, "Advanced uncooled sensor product development", *Proc. of SPIE*, **9451**, pp. 94511C-1-10 (2015).
8) J. J. Yon, G. Dumont, V. Goudon, S. Becker and A. Arnaud: "Latest improvements in microbolometer thin film packaging: paving the way for low cost consumer applications", *Proc. of SPIE*, **9070**, pp. 90701N-1-8 (2014).
9) A. Symmons, R. Pini: "A Practical Approach to LWIR Wafer Level Optics For Thermal Imaging Systems", *Proc. of SPIE*, **8704**, pp. 870425-1-10 (2013).
10) U. Mizrahi, S. Yuval, Y. Hirsh, Y. Sinai, Y. Lury, Y. Gridish, N. Syrel, Y. Shamay, R. Meshorer, R. Iosevich, S. L. Horesh: "Low-SWaP Shutterless Uncooled Video Core by SCD", *Proc. SPIE*, **9451**, 94511E-1-9 (2011).
11) 例えば，http://www.topics.or.jp/articles/-/12280，徳島新聞（2016年12月29日）.
12) 例えば，https://www.nikkei.com/article/DGXMZO18166490X20C17A6000000/，日本経済新聞（2017年6月28日）.
13) 例えば，https://www.sony.co.jp/SonyInfo/News/Press/201704/17-034/index.html，ソニーニュースリリース（2017年4月）.

■**Technology evolution of low cost thermal imaging camera and its application**
■Tokuhito Sasaki
■Radio Application, Guidance and Electro-Optics Division, NEC Corporation, Senior Expert

ササキ　トクヒト
所属：日本電気㈱　電波・誘導事業部　シニアエキスパート

超高感度赤外イメージング技術の最先端

㈱富士通システム統合研究所
中里英明

1 はじめに

本稿は,「赤外線技術とその応用」の特集の一環として,感度を追求し,かつ形状情報を取得できるイメージング(撮像)技術に焦点を当てて,最先端の技術を紹介,その動向について論じようというものである。

撮像装置を構成する要素としては,光学系,光電変換部(センサ),特性補償部および出力(表示)処理部があり,撮像対象からユーザへの出力(有用情報)に至るイメージング・システムとしてはさらに,原放射を生成するシーン(目標と背景),放射伝播路(大気等)および入射放射2次元分布から有用情報を抽出する信号処理が関与するが,本稿ではセンサ技術を重点的に議論する。

感度追求の観点では,先ず,撮像センサ技術にどのようなものがあるかを概観し,各技術の得失と感度の制限要因を考察し,限界値やそれを超える取組みの可能性に触れたい。

ここでの感度には撮像センサという側面を含め,単なる有無の検知に対する感度ではなく,事物の抽出・認識・識別に寄与する外形や内部構造に関する,より高度の情報を効果的に取得できることへの寄与も考慮したい。

その際,センサが出力する電気信号を処理する回路や光学系と,システムとしての性能発揮に関係するシーンや伝播路の物理特性については,関与が生ずる都度,適宜言及したい。

その後,超高感度赤外イメージングが活用されて行くことになると思われる事例トピックスを紹介する。

2 撮像センサ技術とその進展

2.1 撮像センサ技術の概要

赤外線センサには,赤外線を熱として集め材料の温度に対する膨張収縮で計測する水銀温度計やゴーレイセルもあるが,撮像センサとしては電子デバイスの中で考える。電子デバイス赤外線撮像センサ技術の分類を表1[1,2]に示す。

電子デバイス赤外線センサは大別して量子型(冷却型)と熱型(非冷却型)がある。

(1)量子型(冷却型)

量子型は入射光量子(フォトン)のエネルギーを受け取って解放されるキャリア(電子と正孔)を電気信号とするもので,仕事関数(金属内のフェルミ準位にある電子を外部に取り出すのに必要なエネルギー)やバンドギ

表1　電子デバイス赤外線撮像センサ技術の分類[1,2]

動作原理			検知波長	代表的素子素材例
量子型 (冷却型)	外部光電効果	光電管	紫外線〜0.9μm	Ag-O-Cs, GaAs-Cs
	内部光電効果	光伝導型	1〜3μm	PbS, PbSe
			3〜5μm	InSb, HgCdTe
			8〜12μm	HgCdTe, GaAs/AlGaAs (QWIP)
		光起電力型	3〜5μm	PtSi, InSb, HgCdTe
			8〜12μm	HgCdTe, Ge:Si
熱型 (非冷却型)	集電効果	集電素子型	8〜12μm	BaSrTiO₃, Pb(Zr$_x$, Ti1$_{-x}$)O₃
	熱電効果	熱電対型		多結晶シリコン(Poly-Si)
	電気抵抗 温度変化効果	ボロメータ型		VOx, a-Si, 超巨大磁気抵抗効果 (CMR)

表2　赤外線の分類

波長域名称	略称	波長〔μm〕	概要
近赤外	NIR	0.75〜1.4	SiO_2 ガラス内での減衰損失が小さいので光ファイバ通信によく用いられている。 イメージ・インテンシファイアがこの波長域に感度を持っている。 応用例には暗視ゴーグルといった暗視デバイスが含まれる。
短波長赤外	SWIR	1.4〜3	1,530〜1,560 nm が長距離通信に主用されている波長域である。
中波長赤外	MWIR	3〜8	この波長域内の3〜5μm 部分は大気の窓で，赤外追尾ミサイル・シーカに使われている。 目標航空機のジェット・エンジン排気プルームにホーミングさせる。 この波長域は熱赤外としても知られている。
長波長赤外	LWIR	8〜15	「熱撮像」波長域で，センサは室温より僅かに高温の物体（人体等）の完全にパッシブな画像を取得できる。 太陽，月，あるいは赤外投光機といった照明を一切必要としない。 この波長域も「熱赤外」と呼ばれている。
遠赤外（テラヘルツ波）	FIR (THz)	15〜1,000	赤外線天文学における低温天体観測（Q バンド，サブミリ波）や紙・衣類の透過性と物質の指紋スペクトル（吸収）を利用したセキュリティに応用されている。

ャップ・エネルギー（半導体の禁制帯のエネルギー幅）よりエネルギーの大きな（波長が短い）フォトンの入射後，瞬時に電気信号が発生するので高速の，したがって移動体の撮像に代表される高速事象のセンシングにおいても高い感度が得られるポテンシャルを持っている。

ここでフォトンのエネルギーは波長の関数となるので，赤外線の波長特性について概説しておきたい。

波長域の名称と対応する波長域はコミュニティによって違いがあるが，地球大気が絡むイメージングにおいては「大気の窓」（大気中の分子による吸収や浮遊粒子による散乱に起因する減衰が小さく電磁波の透過性が高い波長域）との対応性が良いJames Byrnes の文献を基にしたもの[3]を表2に紹介したい。

利用する赤外線の波長は，目標の放射・反射（反射の場合は，その源となっている照明体）および背景放射（通常，目標と背景の差が検知したい信号でかつ，背景放射特性がセンサのダイナミック・レンジやノイズを左右する場合がある）と伝播路（多くの場合，大気）の分光特性を考慮して決めることになる。

撮像シーンには目標の他に，目標と見間違う様々な誤警報源となる事物があったり，自分への注意を逸らすために欺瞞のための妨害物（デコイ）が散布されている場合もあり，それらを着目している目標と区別するための分光特徴量が得られるかどうかも重要な考慮事項となる。

また波長によっては，その伝播を阻害する物質を配する場合（煙幕等）もある。

したがって，量子型における分光応答特性を適切に利

用し，利用性の高い波長を重点的に検知するためのバンド・エンジニアリング性も，欲しい情報を高いS/Nで取得できるポテンシャルを持っているという観点から，全般的なS/Nを超える目的的な超高感度化に寄与し得ると言うことができよう。

量子型はさらに外部光電効果を利用するものと内部光電効果を利用するものとに分けられる[4]。

(a) 外部光電効果利用デバイス

外部光電効果は金属や半導体の内部にある電子が外界に飛び出す現象で，仕事関数より大きなエネルギーで励起された電子の内，デバイス表面に到達したものだけが取り出せる。例えばイメージ・インテンシファイア（光電子増倍管）の初段に置かれ，充分な信号を得るには大きなゲインが得られる2次電子増倍を必要とした。

(b) 内部光電効果利用デバイス

一方，内部光電効果は価電子帯からバンドギャップを越えて伝導帯に励起され容易に移動するキャリアを生成する現象で，励起キャリアの利用効率という点で最も高感度化が期待できる技術であろう。

励起キャリアを生成する主な技術には①真性半導体直接遷移，②不純物半導体間接遷移，③超格子量子閉じ込め効果，④ショットキ・バリア効果および⑤高温超電導がある（図1参照）。この内，天体観測等のFIRが重要な応用においては②が活躍している分野もあるが，窒素液化温度（77 K）よりさらに低い温度に冷却する，非常に特殊な冷却手段を必要とすることもあり，本稿では対象外とする。多くの応用は携行性のある手段で冷却できる80 K程度以上で使用できるものが使われ，現在は①のInSb（応答波長域はMWIR までに限定），HgCdTe，③のGaAs/AlGaAs等（Q W/D IP［Quantum Well/Dot Infrared Photodetector，量子 井戸/ドット型赤外線検知器］）およびGaAs/InSb等（T2SL［Type II Super-Lattice，タイプⅡ超格子］）が鎬を削っている状況と言える。

⑵熱型（非冷却型）

熱型は入射赤外線のエネルギーを熱に変換する材料で吸収し，その結果生じる吸収体の温度変化とそれに起因

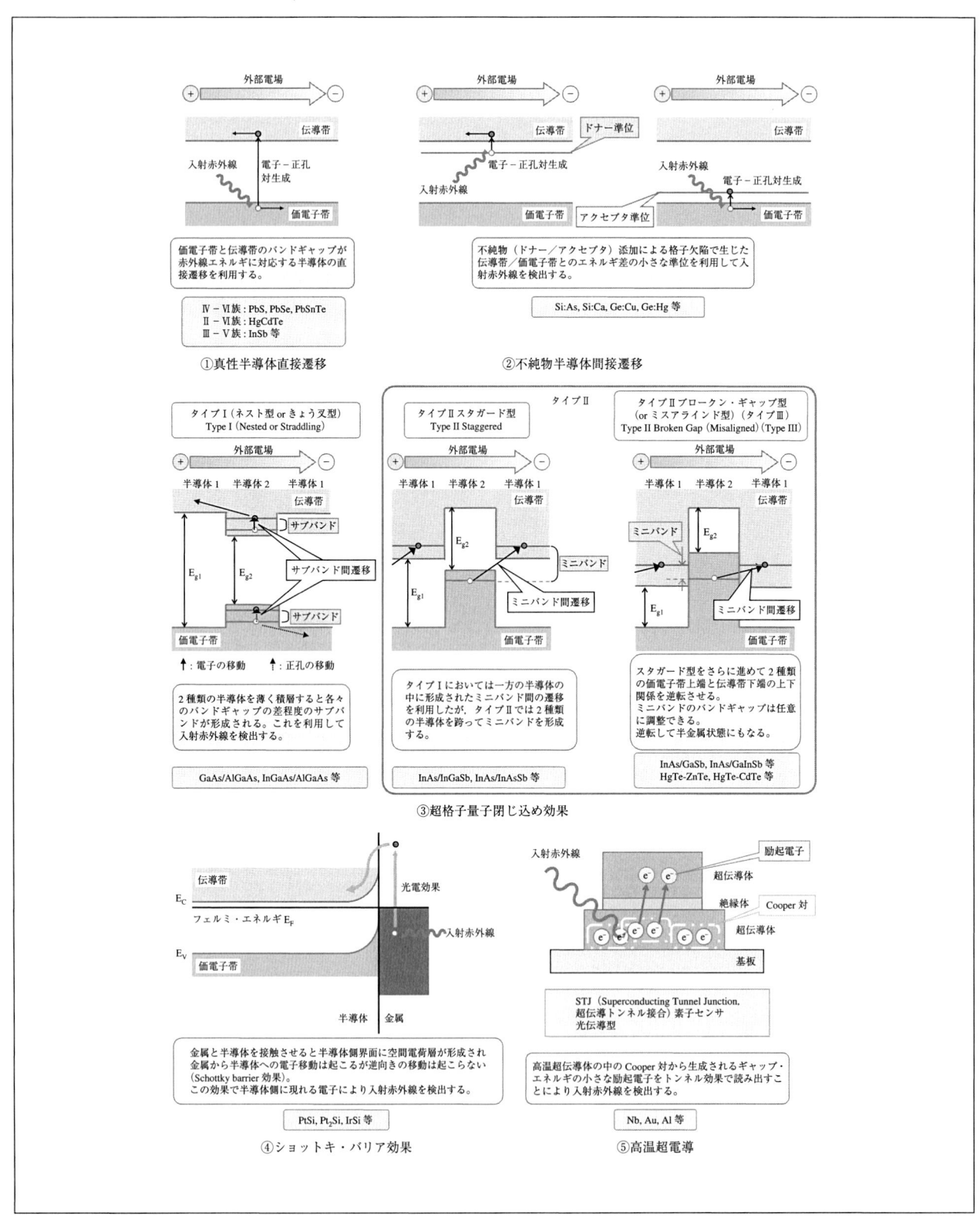

図1　内部光電効果利用デバイスの分類

する電気的特性（抵抗や誘電分極）の変化を印加電気信号（電流や交流振幅）の変化として検出する。熱への転換から温度変化までに時間を要するので，通常 ms オーダの時定数を伴い，検知事象の周波数は 100 Hz 程度までに制限される。

しかし一般的な撮像応用においてはフレーム・レートが 30～60 Hz で 100 Hz 程度の応答周波数は許容範囲であるから，高感度化の動向や限界については見ておくべきであろう。

熱型の主な動作原理は赤外線エネルギー吸収によって生じた温度変化に起因する，誘電分極変化を利用する焦電効果デバイス，ゼーベック効果（物質の両端の温度差によって両端に電位差が発生する効果）を利用する熱電効果デバイス，および抵抗値変化を利用するボロメータ，に分類される。

熱型の感度を左右するのは赤外線吸収部分の熱容量と熱特性変化率である。如何に前者を小さく，後者を大きくするかが高感度化の要因となる。このことは利用する電気的特性によらず熱型デバイスに共通である。

現在は，2014 年 1 月の FLIR Systems 社による劇的な低コスト戦略品発表に端を発したトップ数社間の，コモディティ市場に及ぶ激しい市場開拓と価格破壊に対応するための量産効果で，VOx マイクロボロメータが群を抜いた進展を示している。次節でその最先端動向を吟味することにする。

量子型，熱型に依らず，撮像装置として必ずセンサと組になるのが光学系であるが，同じ角度分解能を得るにはセンサの素子寸法が小さい程光学焦点距離を短くできるので小型化に有利である。そのためセンサ素子寸法を小さくする取組みが盛んに行われ，今では究極の小型化の指針が打ち出されるようになっている（図 2 参照）[5]。

センサ素子寸法が小さくなると熱型センサの赤外線吸収部分の熱容量を小さくすることになるが，同時に比例して小さくすることが困難な素子の間隙の割合が増えて赤外線吸収面積率が減ったり，その下にある ROIC（Read-Out Integrated Circuit，読出し集積回路）の電流を積分して電荷にする容量が小さくなるといったデメリットも大きく，何の工夫も無いと感度は低下に進む。

上述の ROIC 内の容量制約の課題は，量子型も抱えて

開口径	LWIR	MWIR	デュアル・バンド
φ6 インチ（φ152 mm）	5 μm 検知素子 5 k×5 k 素子アレイ	3 μm 検知素子 8.3 k×8.3 k 素子アレイ	MWIR/LWIR パターン 3 μm 検知素子 8.3 k×8.3 k 素子アレイ
φ3 インチ（φ76 mm）	5 μm 検知素子 2.5 k×2.5 k 素子アレイ	3 μm 検知素子 4.2 k×4.2 k 素子アレイ	MWIR/LWIR パターン 3 μm 検知素子 4.2 k×4.2 k 素子アレイ

図2　センサ素子寸法縮小の指針[5]

いる電子デバイス型共通の課題であり，光電変換部自体の効率が 100％ に近付いて来た現在では，高感度化を次の段階に進める重要な部位になりつつあるので後に詳述する。超高感度化の最前線と言えるかもしれない。

また，撮像装置の特性を議論する上でセンサに並ぶ重要要素である光学系の関与に触れたが，センサ素子寸法縮小と密接に関連するので少し説明をしておく。

光学的な角度分解能は使用波長と開口径によって制限され，

$$\omega = d_{RES}/f_O \geq 1.22 \times \lambda/Do = 1.22 \times \lambda/(f_O/Fno)$$
$$\rightarrow d_{RES} \geq 1.22 \times \lambda \times Fno$$

ω：角度分解能，d_{RES}：焦点面での解像寸法，

f_O：光学系焦点距離，λ：使用波長，

Do：光学系開口径，Fno：光学系 F 値

となり，撮像で想定される最も長い波長 12 μm で現実的に製造できる最も明るい F 値である 1.0 を代入すると 1.22×12×1＝14.6 μm が解像寸法下限値となる。

解像寸法に対してセンサ素子を 1 つ（サンプル）配する従来の設計手法では，LWIR に関しては既に下限値を実現している状況であるが，実はセンサに対して張る角が装置の角度分解能より小さいサブピクセル目標を探知する（より小さな目標をより遠距離で探知する必要がある，近年増大している）応用では，1 解像寸法に 1 サンプルの検知素子サンプル制限設計ではなくてシャノンのサンプリング定理を遵守した 1 解像寸法に 2 サンプル充てて回折限界設計とすることにより，探知距離が約 2 倍

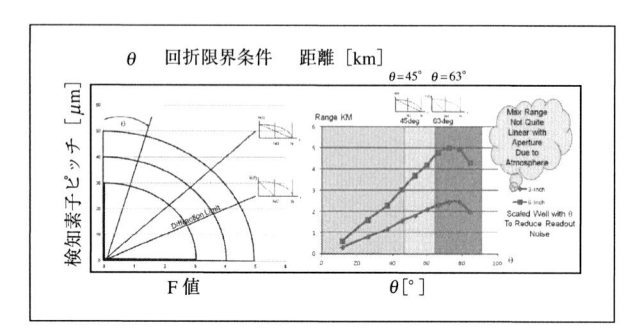

図3　回折限界設計による探知距離延伸：検知素子ピッチーF値が成す角θを増やし回折限界条件に近付けて行くと，θ＝63°で距離が従来の検知素子サンプリング制限設計の2倍になる[5]。

延伸する（図3参照）[5]。赤外線検知器の素子当たりコストが高かった時代は考え難かったが，製造技術の進展で素子当たりコストが下がって来て，2サンプルが現実味を帯びてきた今日，使用波長限定やF値限界の低下を織り込み，米国の軍事研究機関の頂点であるDARPA（Defense Advanced Research Projects Agency，国防高等研究計画局）がLWIR検知素子寸法目標値を5 μmに設定しているのは前述の通りである。

2.2　撮像センサ技術進展のトピックス

概要において言及したが，撮像センサ技術の最先端状況を注視すべき対象として量子型のHgCdTe，Q W/D IP，T2SLおよび熱型のVOxマイクロボロメータを挙げた。各々の重点技術開発を概観した後，共通的な高感度化技術としてROICの最新技術に触れる。

⑴HgCdTe

HgCdTeは，1957年に発見され，1975年に米英仏の防衛用赤外線撮像装置の共通モジュールに適用されて以来，赤外線検知素子材料の王座に君臨し続けていると言える[6]。非常に扱い難い3種の元素から成る化合物半導体で特性の安定化，ひいては歩留り向上・コスト低減が難しく，その代替材料が探索され続けて来たが，未だにこれを凌駕したと言い切れるものは登場していない。数十％以上の伸び代の小さい量子効率と，Rule 07と呼ばれている，通常の運用・装置条件での光電流に比べて充分小さい暗電流特性が実現されているが，さらなる暗電流低減とそれに付随するHOT（High Operating Temperature，

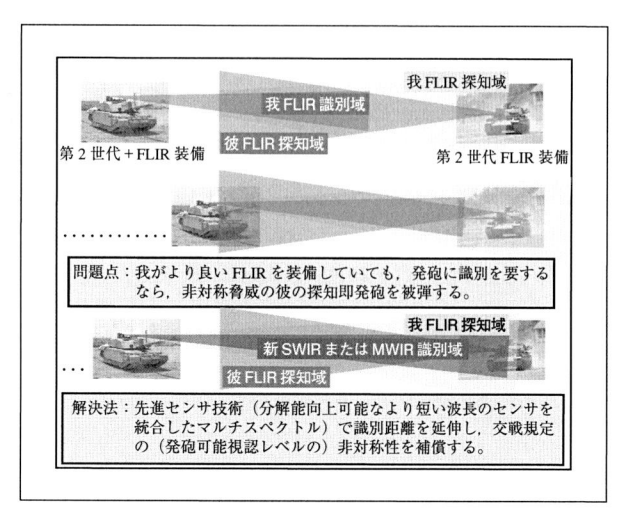

図4　非対称戦での相手の探知に先んじた探知・識別

高動作温度）化が推進されている。素子サイズ縮小の取組みも最先端を行っており，2014年に1280×720画素/5 μmピッチのMWIRとLWIRのFPA開発が報告され[7]，2018年には1280×960画素/6 μmピッチのMWIR IDCA（Integrated Dewar Cooler Assembly，一体型デュワー・クーラ・アセンブリ）が商品化された[8]。素子ピッチの縮小に伴うMTF（Modulation Transfer Function，変調伝達関数。解像特性の指標）低下を防ぐ手法の検討も進められている[9]。

また「第3世代FLIR」としてMWIRとLWIRの2波長帯を検知し，非対称戦における相手の探知に先んじた探知・識別（図4参照）や誤警報・デコイ弁別等に資するマルチスペクトル処理を可能にするデュアル・バンドIDCAの製品化が米軍で進められている。長らく充分な低コスト化ができず計画の延伸が続いていたが，2016年に共通モジュールのEMD（Engineering and Manufacturing Development，技術・生産開発）契約が締結された[10]。

⑵Q W/D IP

Q W/D IPは障壁層の間に閉じ込めた井戸層の中に検知しようとする波長に対応するバンドギャップを持つサブバンドを形成するタイプ I のSL（Super-Lattice，超格子），量子閉じ込め効果デバイスである。QWIPが積層により1次元に量子閉じ込めを行っているのに対し，QDIPでは量子ドットを形成，それと周囲との間に3次元の量

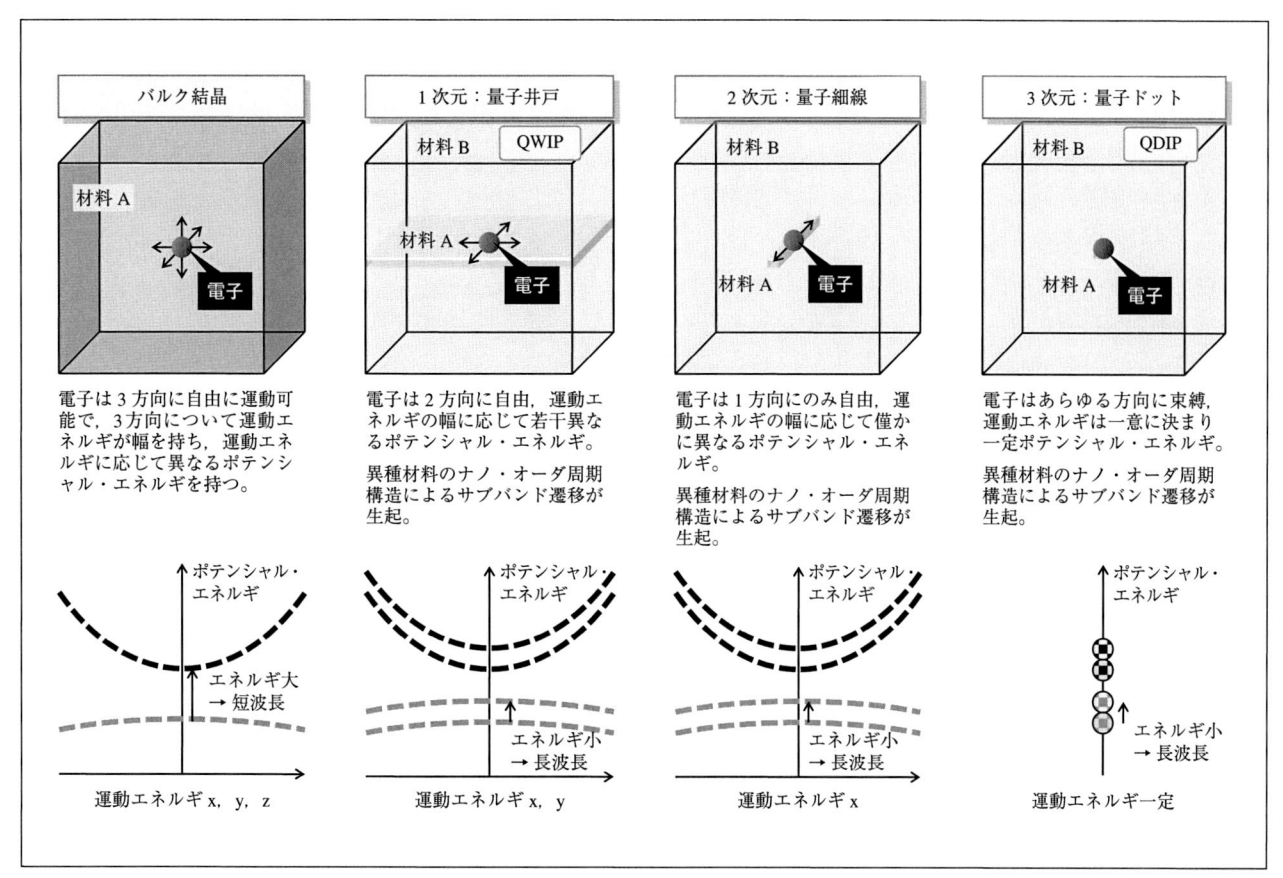

バルク結晶

材料A

電子

電子は3方向に自由に運動可能で、3方向について運動エネルギが幅を持ち、運動エネルギに応じて異なるポテンシャル・エネルギを持つ。

ポテンシャル・エネルギ

エネルギ大
→ 短波長

運動エネルギx, y, z

1次元：量子井戸　QWIP

材料B

材料A

電子

電子は2方向に自由、運動エネルギの幅に応じて若干異なるポテンシャル・エネルギ。

異種材料のナノ・オーダ周期構造によるサブバンド遷移が生起。

ポテンシャル・エネルギ

運動エネルギx, y

2次元：量子細線

材料B

材料A　電子

電子は1方向にのみ自由、運動エネルギの幅に応じて僅かに異なるポテンシャル・エネルギ。

異種材料のナノ・オーダ周期構造によるサブバンド遷移が生起。

ポテンシャル・エネルギ

エネルギ小
→ 長波長

運動エネルギx

3次元：量子ドット　QDIP

材料B

材料A　電子

電子はあらゆる方向に束縛、運動エネルギは一意に決まり一定ポテンシャル・エネルギ。

異種材料のナノ・オーダ周期構造によるサブバンド遷移が生起。

ポテンシャル・エネルギ

エネルギ小
→ 長波長

運動エネルギ一定

図5　量子閉じ込めの次元

子閉じ込めを行っている。前者は積層方向に振幅のある電磁波、進行方向としては積層に平行な電磁波にしか応答しないので、垂直入射を散乱・回折等で面に平行な成分を持つ電磁波に変える光結合構造を必要とする（図5参照）。

積層でのタイプⅠ量子閉じ込めでは量子効率が数%止まりで、光結合構造を工夫したC（Corrugated, 皺状)-QWIP[11]、光閉じ込めパラメータの最適化を図ったR（Resonator, 共鳴体)-QWIP[12]、あるいは閉じ込め次元数アップを図ったQDIP等の量子効率向上策が実施されて来ている。

(3)T2SL

タイプⅠに替えてタイプⅡの量子閉じ込め効果を利用するデバイスである。タイプⅠでは井戸層内にサブバンドを形成したのに対し、隣接する一方の層の価電子帯と他方の層の伝導帯とが交差するようなバンド構造とし、

両者の間で遷移が起こるミニバンドを形成させる（図1参照）。

2011年から2015年までの5年間に亘り、米陸軍は国家機関と大学を"Trusted Entity"に据えて民間8社から成るコンソーシアムを牽引する大々的な取組みVISTA（Vital Infrared Senesor Technology Acceleration, 必須赤外線センサ技術加速）プログラムを実施し、HgCdTe開発において50年以上かけて得られたものと同等の成果を挙げた[13]。

(4)VOxマイクロボロメータ

熱型センサは、当初はVOx以外にa-Si（amorphous Silicon, アモルファス・シリコン）やSOI（Silicon On Insulator, 絶縁体上シリコン）、あるいは強誘電体型やマイクロカンチレバー等、多数のデバイスが性能向上を競っていたが、2014年1月にFLIR Systemsが画素数とフレ

ーム・レートの仕様を徹底的にスリム化して，それまで数十万円を割れなかった赤外線カメラを，スマートフォン搭載ディスプレイ・可視カメラを表示器や画像融合対象として利用するアタッチメント形態とすることで，3万円オーダの価格で販売すると発表したことで事態が一変した。それに使われた量産・コスト低減されたFPAコアを活用したサーモグラフィでも価格破壊が進み，量産効果による性能改善が進むコモディティ製品のサイクルに転じた。Seek ThermalやSCD/Opgal，BAE Systems等トップ数社がこれに対抗して競争を続けている。これに伴い，センサ・サイズの縮小（→17 μm→12 μm）が急速に進んだ。前述したようにセンサ・サイズの縮小は何も工夫をしないと感度が下がってしまうが，MEMS加工微細化や赤外線吸収部とその支持構造等の工夫をして感度の維持・向上を成し遂げている。

しかし，センサ・サイズ縮小と共に取組んでいた開口立体角縮小（F値増大）は，撮像シーンからの光束比を小さくできる見通しが立たず実現に至っていない。明るい光学系の使用が必須であることは，常温物体からの放射輝度コントラストが小さくなるMWIRより波長が短い赤外線の検知で，量子型では可能なF値を暗くする（開口径が小さくなり，低SWaP-C［Size, Weight and Power-Cost，サイズ・重量・電力・コスト］化につながる）ことができない。また，波長幅を狭める必要のあるマルチスペクトルやハイパースペクトルのセンシング適用も制約が大きい。長い時定数による高速事象撮像への制約と併せて，今のところ高感度を追求する上では量子型に道を譲ることになる。

⑸ROIC

以上述べたように，高感度追求において量子型であれば数々の取組みの結果，赤外線のエネルギーを電気信号に変換する効率は数十％が実現されており，改善余地は限定的である。装置全体の低SWaP-C化を進めるためのセンサ・サイズ縮小の下でなお，感度向上を続けるには，変換されたキャリアの蓄積量制限を撤廃して，よりS/Nの高い電気信号を得るための，ROICの蓄積容量を増やす技術が重要で，ここに超高感度への鍵がある。

その候補技術としては，現在主流のプレーナ構造から

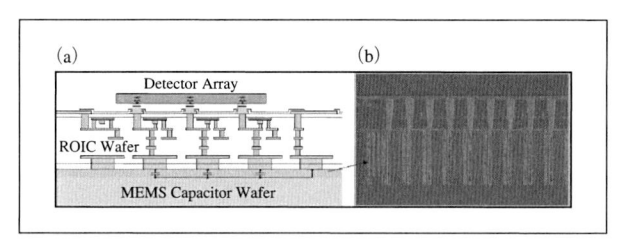

図6 蓄積容量増大アナログ・アプローチ[14]
　（a）FPAの構造。検知素子アレイ面と垂直な方向にMEMS容量を形成。（b）MEMS容量のTEM写真。

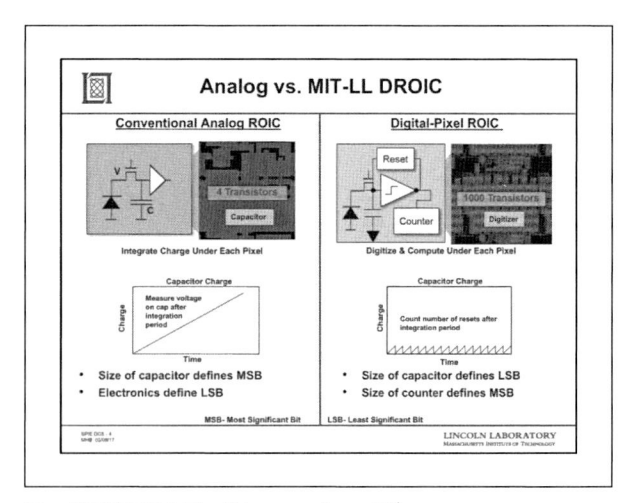

図7 蓄積容量増大ディジタル・アプローチ[15]
　左）従来のアナログ蓄積容量。右）ディジタル積算。小容量の蓄積完了を計数，積算して等価的大容量を得る。

MEMS微細加工技術を活用した3次元構造に次数拡張を行い，センサ形成面と垂直な方向に蓄積容量を形成するHDVIP（High-Density Vertically Interconnected Photodiode，高密度垂直相互接続フォトダイオード）[14]というアナログ・アプローチ（図6参照）と，蓄積容量は最小限として極低温ROIC上でも動作するA/Dでディジタル・データ化しカウンタ計数で実効的に蓄積容量増大を実現するDROIC（Digital Read-Out Integrated Circuit，ディジタル読出し集積回路）[15]というディジタル・アプローチ（図7参照）がある。

3 高感度赤外イメージングの特徴的応用

量子型を中心とした高感度赤外イメージングの応用は従来，殆ど防衛や天文学に限定されていた。

ここへ来てマルチスペクトル化やセンサ・サイズ縮小（および多画素化）によって分光的，空間的に情報量が増え，元々の量子型の高速応答性で得られる時間的情報量の多さと相俟って「ビッグデータ」をもたらすことが可能なセンシング技術となって来た。今後，蓄積容量の制約から解放されて，信号レベルに係る高感度化が進み，信号強度，分光，空間（角度分解能），時間（微小時間間隔）の多面的な高感度（超高感度）情報がもたらされる。

　折から第3次AI（Artificial Intelligence，人工知能）ブームが進展しており，ビッグデータを的確に処理し有用情報を抽出するディープ・ラーニングを中心とした機械学習系の処理が成功を収める事例が増えて行っている。

　未だ萌芽のレベルではあるが，センシング・ハードウェアの技術進展が牽引する情報量の拡張とコンピュータ・データ処理能力の向上が結び付いて社会への寄与をもたらしている事例として「絶滅危惧種の保護」応用と「3次元熱画像による火山徴候検知」応用を紹介する。

(1)天文学と生態学の協働－天体物理学用ソフトウェアを活用して絶滅危惧種を救う

　LJMU（Liverpool John Moores University，リバプール・ジョン・ムーア大学）の天文学者と生態学者が協働し，絶滅危惧種の監視や密漁の阻止に一役買っている[16]。植生をはじめとする種々の自然環境事物に隠されたりする小動物をも，周辺の動物の生活に余計な干渉を与えることなく監視するために，ドローンに搭載できるような小型・軽量で，かつ低空を飛行する場合でも像流れを生じずに撮像できる赤外線カメラで生態を監視し，密猟から保護したりする。

　熱画像において動物や人間たちは宇宙における恒星や銀河と類似の画像特性を示し，天文学者の技術的専門性を生態学者の保護に関する知識と複合して，自動的に動物や密漁者を発見するシステムを開発することに成功した。

　試験農場でドローンによって撮影された牛や人間たちの赤外画像での構想検証を経て，サファリ・パークと協働してソフトウェアを学習させる画像ライブラリを構築した（図8参照）。

　河ウサギ（世界で最も絶滅が危惧されている哺乳類の

図8　南アフリカにおけるサイの赤外画像[16]

一つ）観察を終え，今後，マレーシアのオランウータン，メキシコのスパイダー・モンキー，ブラジルの河イルカの観察に進む。

(2)火山の3次元熱画像

　火山の噴火の徴候を発見するための微細な3次元地形変化の検出を可能にするべく，高精度赤外線カメラを使って，ドローンにより様々な方向から数百枚の空中画像を撮像し，それらを統合して表面地形をマッピングした3次元熱画像を生成した（図9参照）[17]。

　世界中のあらゆる火山に低コストの携帯型ドローンを持って行けることは，火山監視方法を革新し，火山の麓に暮し働いている人々にとって大きな変化をもたらすだろう。

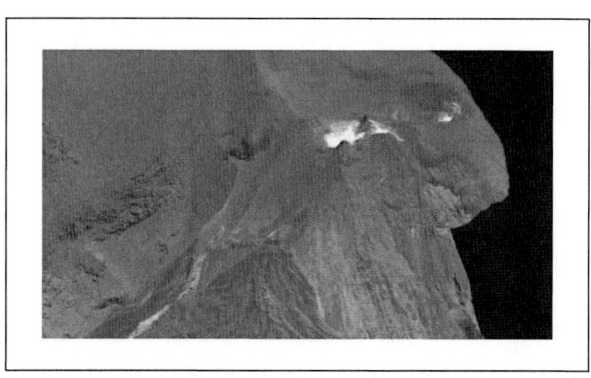

図9　火山の3次元熱画像[17]

4 まとめ

　超高感度赤外イメージング技術は入射する赤外線エネルギーを電気信号に変換する段階では所謂量子効率数十％と，限界の100％に迫っており，マルチスペクトル化による分光的情報量拡大，センサ・サイズ縮小による多画素化による空間的情報量拡大と，低SWaP-C化がもたらす携行性の向上や搭載プラットフォームの多様化（より小型の航空機や民間自動車への拡大，ひいては家庭監視やドローン等への普及）による観察条件多様化に伴う情報量拡大が，高速応答センサにおける時間的情報量の大きさと相俟って，目標抽出・認識・識別等に資する莫大な知見をもたらす「ビッグデータ」を供給できるものに進化している。

　この「ビッグデータ」情報は進展著しいAI技術を的確に活用することによって効果的に処理され，情報の洪水に溺れることなく昇華された情報をタイムリーにユーザに届けることになる。

　的確な活用の成否は，AI技術牽引の主流となっている機械学習系処理を有効なものに仕上げるのに必須な学習データを学習効率の高いものにする系統的なデータベース整備が重要となろう。

　そのためにも赤外イメージング・センサ取得情報のS/Nをより高いものにする感度向上技術の追求は重要である。この感度向上には，分光特性の目的に合わせた選別や，組合せ多様化のための複数化，および空間分解能の向上も含まれるのは言わずもがなであり，量子型のフレキシブルなマルチスペクトル化や新世代ROIC技術の確立が鍵の一つを握るだろう。

参考文献
1) https://ja.wikipedia.org/wiki/%E8%B5%A4%E5%A4%96%E7%B7%9A%E3%82%BB%E3%83%B3%E3%82%B5【2018/05/13アクセス】

2) https://www.hamamatsu.com/resources/pdf/ssd/infrared_kird9001j.pdf【2018/05/13アクセス】
3) https://en.wikipedia.org/wiki/Infrared【2018/05/13アクセス】
4) 江上 典文，「光電変換の基礎」，「講座：画像入力デバイスの基礎［第1回］」（映像情報メディア学会誌 Vol. 68, No. 1, pp. 63～67（014））
5) R. Driggers et al., "Infrared Detector Size - How Low Should You Go?," Proc. of SPIE Vol. 83550O
6) 中里 英明，「量子型赤外線センサ技術の現状と動向」，日本赤外線学会誌 第25巻1号，pp. 5～17 (2015)
7) J. M. Armstrong et al., "HDVIP five-micron pitch HgCdTe focal plane arrays," Proc. of SPIE Vol. 9070, 907033
8) http://www.drsinfrared.com/PRODUCTS/Hexablu.aspx【2018/05/13アクセス】
9) O. Gravrand et al., "MTF study of planar small pixel pitch quantum IR detectors," Proc. of SPIE Vol. 9070 907036
10) https://www.afcea.org/content/Blog-us-army-awards-third-generation-flir-contracts【2018/05/13アクセス】
11) K. K. Choi et al., "C-QWIP material design and growth," Proc. of SPIE Vol. 6542 65420S
12) K. K. Choi et al., "Resonator-QWIPs and FPAs," Proc. of SPIE Vol. 9070 907037
13) M. Tidrow & D. Reago, "Vital Infrared Sensor Technology Acceleration VISTA Overview," Proc. of SPIE Vol. 10177 101770M
14) N. K. Dhar and R. Dat, "Advanced Imaging Research and Development at DARPA" Proc. of SPIE Vol. 8353 835302
15) M. Blackwell, "Digital ROIC developments," Proc. of SPIE Vol. 10177 101770Z
16) https://phys.org/news/2018-04-astro-ecology-endangered-animals-software-stars.html【2018/04/09アクセス】
17) https://phys.org/news/2018-03-scientists-world-d-thermal-image.html#nRlv【2018/04/09アクセス】

■Advanced Technologies for the Ultra High Sensitive Infrared Imaging
■Hideaki Nakazato
■Technical Advisor, Fujitsu System Integration Laboratories Ltd.,

ナカザト　ヒデアキ
所属：㈱富士通システム統合研究所　テクニカルアドバイザ

赤外レーザーレーダーが拓く3Dマップ

国立研究開発法人情報通信研究機構
水谷耕平

1 レーザーレーダー

レーザーレーダー（laser radar）またはライダー（lidar）はパルスレーザー光の送信から対象物に反射され受信されるまでの往復時間（time-of-flight：TOF）から対象物までの距離を知り，反射光の強度・偏光・波長などから反射物や経路の性質を知る装置である。レーザーレーダーはレーザーが発明された1960年から間もなく研究が始められた。レーザー光を送信して反射光から距離を測定する技術の中には周波数や位相を変化させて受信光の周波数や位相から距離を測定するものがあるが，ここではTOF（=T）からc＝光速として距離R=cT/2により距離を測定するものを対象とする。また，レーザーレーダーの計測対象は大気，地上，海洋，天体などにあるが，この項では特に3次元計測に特徴があるレーザーレーダーについて扱う。図1は地形を計測するレーザーレーダー装置の概念を示している。1994年当時に裏磐梯の崩落の激しい岩場を7 km離れた場所からAlt − Az（高度−方位）架台でスキャンして2日を要して測定した[1]。現在ではこのような測定がずっと効率よく行われるようになっている。

2 レーザーの波長

レーザー光を送信する場合に問題となるのが，人の目に対する安全性である。大気中にレーザー光を送信する時は日本工業規格JISC6802で定められているレーザー照射に対する目のMPE（最大許容露光量：Maximum Permissible Exposure）を考慮する必要がある（図2）。UVから赤外波長までのレーザー光のうち，特に1.4 μmから2.6 μmの近赤外レーザー光は目に損傷を起こしにくいためアイセーフレーザーと呼ばれている。もちろん，生活圏での3D計測では送信レーザー光の波長はこの範囲にあることが望ましいが，測定する対象の光学的性質，使えるレーザー波長，検出器の感度などにより0.5 μmから2 μmの波長が使われることが多い。たとえば，高出力の固体パルスレーザーとして衛星搭載でも良く使われるNe:YAGレーザーの基本波1064 nmと2倍波532 nmは衛星から地上に届いた時にはビームが拡がることによりMPE以下になるように設計されている。また，航空機か

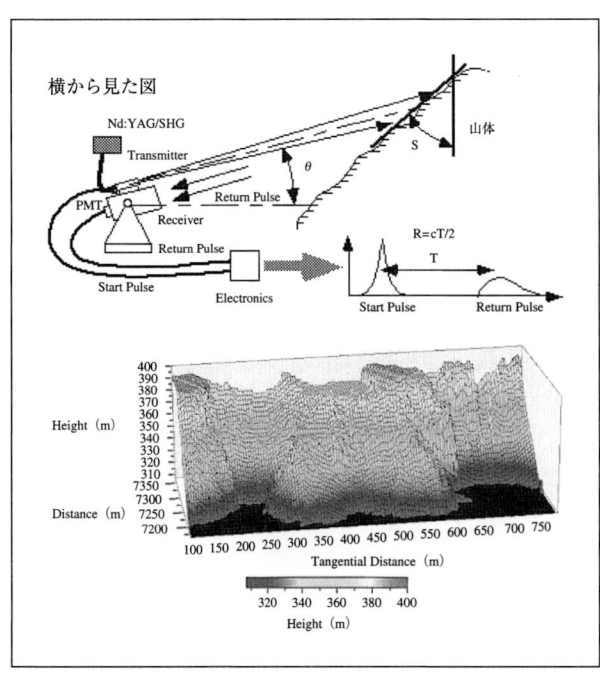

図1 山体地形のレーザーレーダーによる測定

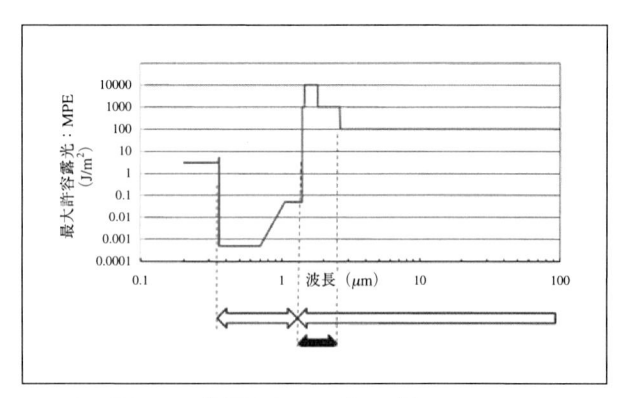

図2　目に対するMPE[2]（露光時間　10⁻⁹－10⁻⁷s）

ら浅瀬の海底地形を測定するレーザーレーダーでは海水に対する透過性の高い532 nmが使われる。この場合はパルスのエネルギーは抑えて，繰り返しを早くすることにより必要な性能を満たしている。あるいは，レーザービームの拡がりを大きくとることにより面積当たりのレーザー強度を下げている。また，最近増えてきた半導体レーザー（LD）やファイバーレーザーを光源として使ったレーザーレーダーでは，高出力が得やすく，SiやInGaAsの検出器も用意しやすい0.7 μmから1.6 μmの波長が良く使われる。検出器はSiやInGaAsのAPDあるいはPINホトダイオード以外にも光電子増倍管（PMT）も使われることがある。

3　宇宙機からの地形計測

　宇宙からのレーザーレーダーによる地形計測（そのような装置はレーザー高度計と呼ばれる）で最初に有名になったのは1972年のApollo15に搭載され月面を測った装置である。しかし，データが非常に印象的であったのはNASAが1996年に打ち上げ，火星の地形（図3）をそれまでにない精度で測ったMars Global Surveyor搭載のMOLA（Mars Orbiter Laser Altimeter）であった。その後，日本，中国，インド，米国の4か国が2007年から2008年にかけて月探査機にレーザー高度計を搭載し月表面の高度測定を行った。これらのレーザー高度計は全てNd:YAGレーザーの基本波1064 nmで10 mJから100 mJ超の高出力パルスを使っている。日本の"かぐや"に搭載されたレーザー高度計（LALT）も2000万発以上のレーザーパルスを発振し，月面の詳細な地形を描き出した。

また，ランディングのために"はやぶさ"に搭載されたレーザー高度計は小惑星イトカワの回転を利用してその形状を測定した。さらに，はやぶさ2にもレーザー高度計が搭載されており小惑星リュウグウ探査での活躍が期待される。

　地球観測では2003年に打ち上げられたNASAのIce, Cloud and land Elevation Satellite（ICESat）に主要装置としGeoscience Laser Altimeter System（GLAS）が搭載された。レーザービームの径は地上で60 m程度である。ICESatは極地の氷床と海氷の厚みを測り（図4），大気中の雲・エアロゾルの分布と土地の標高や植生分布を計

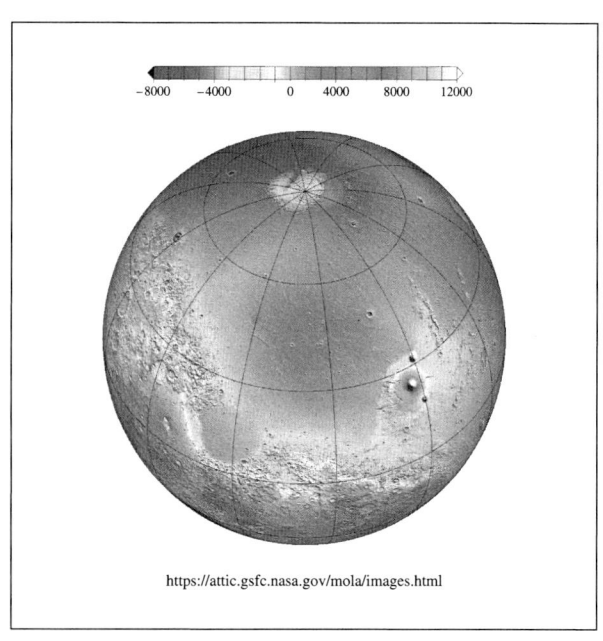

https://attic.gsfc.nasa.gov/mola/images.html

図3　MOLAにより測定された火星の地形図

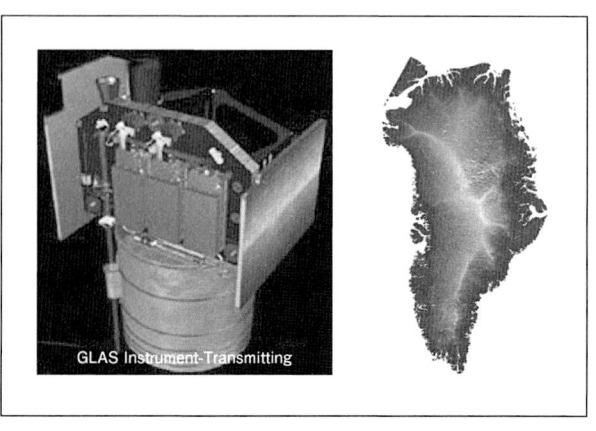

GLAS Instrument-Transmitting

図4　ICESatとグリーンランドの高度地図（NASA）

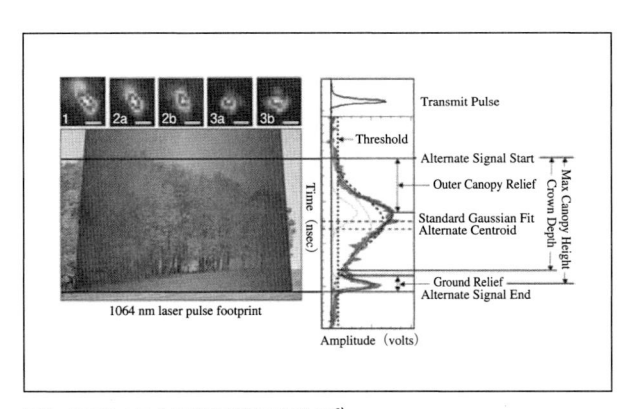

図5 ICESat による森林計測の概念図[3]

測した。ICESat では 1064 nm に加え 532 nm も大気観測の
ために使用された。図5では森林を測定した時の信号と，
樹高の推定のための信号フィッティング例を示してい
る。このような測定から熱帯林をはじめとした森林の減
少や劣化に関する情報が得られ，バイオマスの推定から
炭素循環の理解に役立てることが可能になった。また，
ICESat より少しビームが小さく（10 – 25 m），マルチビ
ームで氷床や植生を測定する新しいレーザー高度計であ
る NASA の ICESat2 と Global Ecosystem Dynamics
Investigation（GEDI）の打ち上げが予定されており，日
本でも Multi-footprint Observation Lidar and Imager（MOLI）
が計画されている。

4 航空機や UAV からの地表面計測

　航空機搭載レーザー高度計の内，衛星搭載装置のシミ
ュレーターとして使うものは，性能的に衛星搭載の機器
に近いのでここでは省略する。航空機や無人機（UAV）
に搭載されるレーザーレーダーは通常レーザービームを
スキャンするのでレーザースキャナーと呼ばれることも
多い。ビームと視野を進行方向に垂直な方向にスキャン
することにより数十 m から数 km の刈り幅で観測を行う
ことができる。ビームは数 cm から 1 m くらいまでと小さ
く，観測点が 1 点／m² から数十点／m² と高密度である。
レーザーはパルス当たりのエネルギーは小さいが繰り返
しの早い LD やファイバーレーザーなどが使われること
が多い。ビーム（と視野）をスキャンするために使われ
るのは高速回転できるポリゴンミラーあるいはガルバノ
ミラーである。最近では MEMS ミラーのスキャナーも使

えるようになってきた。レーザーレーダーで測定した対
象までの距離とビームのスキャン方向，さらに慣性計測
装置／全球測位衛星システム（IMU/GNSS）による位置
座標を使って地表面の3次元的な分布が cm 程度の精度で
導出される。この時にレーザーレーダーの信号を図5の
ようにフルウェーブフォームで波形記録をするか，いく
つかのピーク位置のみを記録するかは機器により違って
くる。図6は傾斜地の森林を UAV に載せたレーザーレー
ダーで測定し，得られたピーク位置を 3D 点群データで
あらわしたものである。但し，そのまま点群データを描
くと，空間密度が高く真っ黒になってしまうので，一辺
30 cm の立体内にある点群データ数でボクセル（voxel）
データを作り，適当な閾値で切って表現してある。図の
表示には無料ソフトである MeshLab を使っている。図か
らは植生の樹冠や中間層，地盤などを読み取ることがで
きる。このような地盤情報から標高モデル（Digital
Elevation Model: DEM）が抽出できる。実は日本の森林
に関してはそのかなりの部分はレーザーレーダーのスキ
ャンでカバーされており，森林管理に利用されている。
また，DEM として国土地理院による航空機レーザー測
量 5 m メッシュ情報が提供されている[4]。このようなレ
ーザーレーダーは都市開発のデザインや大型構造物の外
形把握に利用される。また，森林の下に隠れた構造物の
発見などで中米や東南アジアをはじめ世界各地で考古学
に寄与している。

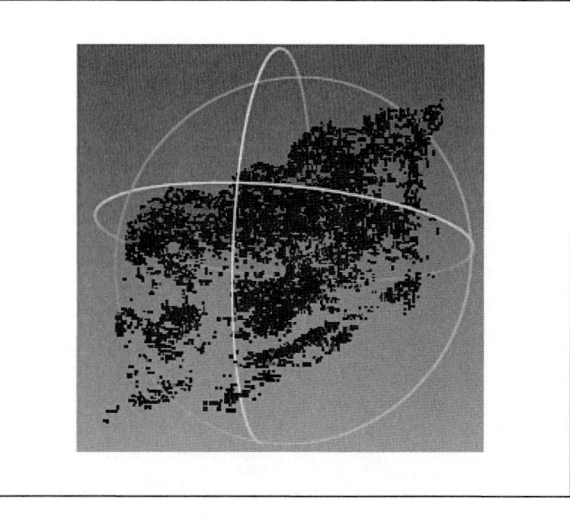

**図6 室戸の山林斜面のボクセルデータの 3D 表示（データは千葉大学
CEReS より提供）**

5 地上型レーザーレーダーによる 3Dマッピング

車載レーザーレーダーは衝突防止や自動運転への応用で最近注目度が高い。それらは他の項で解説されているのでそちらを参照のこと。

図7は地上に置かれたレーザーレーダーの測定した点群から得られた森林の3Dマップである。航空機観測からはわかりにくい木の太さや枝振りなど，材質の評価や植生の育ち具合など森林管理に必要な情報が得られる。また，皆伐や道路工事のための地形情報収集などにも使われる。レーザーレーダーを車等の移動体に積んで道路や街路樹，さらにビル等のモデリングを行い道路管理やビル管理に使われている。同じような用途では橋梁やプラントの計測を行い3Dのモデルを作ることにより構造物の管理に役立てている例もある。レーザーレーダーでは設計図の無い物を計測して点群から概略の形態図を起こすことができるので，古い建物や遺跡などを3Dマップすることが行われる。建物の中にレーザーレーダーを入れてスキャンすることにより建物内の図面を起こすこともできる。建物のリニューアル工事のために内外からスキャンし，合成して図面を作り，リニューアル工事計画に生かすといった利用も可能である。日々変化するものを測ると言う意味では，鉱山での利用も行われている。採掘の量を管理するために狭い範囲での地形計測が行われる。レーザーレーダーは夜間や多少の悪天候でも，動くものや滞留した物をリアルタイムに検知できるので，踏切内の車両や人の検知，道路上の停止した車両の検知，港湾における船の検知などの安全な生活に貢献する装置としても使われている。

図7　地上レーザーレーダーによる森林の3Dマップ（千葉大学CEReS提供）

6 受信素子の高度化

レーザーレーダーによる3次元計測を効率よく行うためにはビームと視野のスキャンの効率化は欠かせない。移動体からの測定の場合は1次元スキャンすることにより3D点群が得られるのでリニアアレイを使うことを考える。また，地上設置型では2次元スキャンを行う必要があることから，2次元アレイに置き換える可能性がある。しかし，どちらの場合もビームも受信素子の拡がりに従って拡大，成形が必要である。送信レーザーのエネルギーを素子数で分けることになることも考慮しなければならない。APDではリニアアレイでは256素子程度，2次元素子では32×32あるいはそれ以上が存在する。このように素子数が多くなるとその読み出し処理も大きな問題になる。

7 まとめ

本稿ではレーザーレーダーによる3Dマッピングの現状について紹介をした。最近のレーザーレーダーへの注目の高さは車載機器としての応用のおかげでもあるが，実は宇宙から日常生活まで，色々の局面で利用が進んできている。レーザーレーダーの小型化がすすみ，その応用分野が広がるとともに，高性能レーザーレーダーの性能向上により大気や海洋，森林保全等の地球環境問題への貢献の拡大も期待したい。

参考文献
1) 青木他，日本リモートセンシング学会誌, 15, 14(1995).
2) 浅井，光電技報(2003).
3) D. J. Harding, and C. C. Carabajal, Geophysical Research let., 32, L21S10 (2005).
4) https://fgd.gsi.go.jp/download/menu.php

■**3D Mapping with Infrared Laser Radar**
■Kohei Mizutani
■National Institute of Information and Communications Technology, Japan, Strategic Program Produce Office, manager

ミズタニ　コウヘイ
所属：国立研究開発法人情報通信研究機構　戦略的プログラムオフィス　マネージャー

コンパクトな赤外・テラヘルツ波分光器の技術と応用

浜松ホトニクス㈱

高橋宏典

1 はじめに

　光を使った分光計測は，非破壊・非接触な計測技術であり，用いる波長を適宜選択することによって物質の所望の情報を得ることができる重要な分析手法である。分光方法としては，回折格子を用いる分散型，フーリエ変換を利用するフーリエ変換赤外（FTIR）分光法などがあり，分光分析のための装置が研究開発や分析分野で広く用いられており，これらを可搬型にして産業分野で利用する分光装置も市販されている。こうした分光装置を一般社会あるいは家庭・個人に広めるためには，コンパクトで安価な使い易い分光器を実現する必要がある。

　浜松ホトニクスでは，X線，紫外線，可視光，赤外線の広い波長範囲にわたる受光素子，光源などの素子をはじめ，それらを応用に適用するためのデバイス，システム製品を提供している。本特集「赤外線技術とその応用」では，コンパクトな分光器を実現するために，インテグラル・オプティクスの技術を赤外線とテラヘルツ波の分光計測に適用した事例を紹介する。

　分光計測のためには，光源，検出器，光学系はもちろん，計測のための回路，ソフトウェアも必要である。ここで，光学部品はそれぞれを単に配置するだけではなく，複数の部品を一体化・集積化することによって，コンパクト化すると同時に付加価値を高めることができる。このために必要な技術を，われわれは「インテグラル・オ

プティクス」と呼んでいる。狭義には，光学技術とMEMS技術を組み合わせたMOEMS（Micro-Opto-Electro-Mechanical-System）技術もその一つである。インテグラル・オプティクスの適用は，製品を小型化できるだけでなく，組立コストの低減，安定動作，性能向上にも貢献できる。本稿では，赤外分光器・センサとテラヘルツ波分光分析装置に適用した具体的な事例を説明する。

2 赤外分光器

　Siのエネルギーギャップは1.12 eVであるため，カットオフ波長は1100 nmである。しかし，一般的にSiフォトダイオードでは波長1000 nm以長では急激に受光感度が低下する。そこで，近赤外光に対して十分な検出感度を得るためには，カットオフ波長が2.6 μmであるInGaAsの検出器が用いられる。従来は波長範囲0.95〜1.7 μmの近赤外用が主だったが，近年，2.6 μmまで対応できるInGaAsリニアイメージングセンサなど，製品ラインナップが広がった。これらのセンサを用いてコンパクトな分光器，センサが製品化されている。

2.1 波長分散型分光器

　はじめに波長分散型分光器であるミニ分光器（図1）を紹介する。

　図2に光学系配置図を示す。グレーティングが透過型であることを除けば，通常の分光器と構成が同じである

が，コンパクトなサイズにするために，コリメートレンズ，フォーカスレンズの焦点距離を短くしている。

　インテグラル・オプティクスを適用して開発したマイクロ分光器を図3に示す。マイクロ分光器は，親指サイ

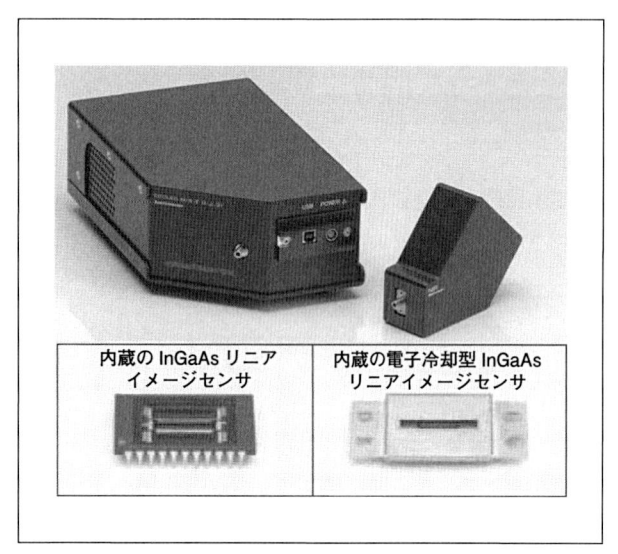

図1　ミニ分光器の外観と内蔵されたセンサ

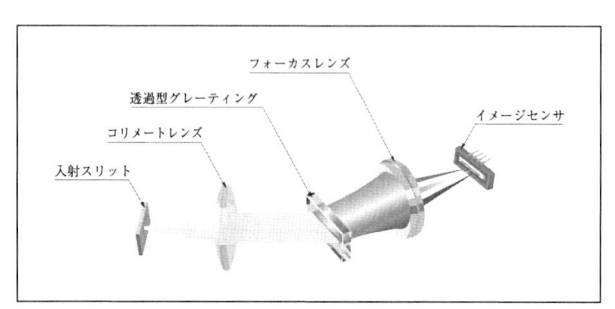

図2　光学系配置図

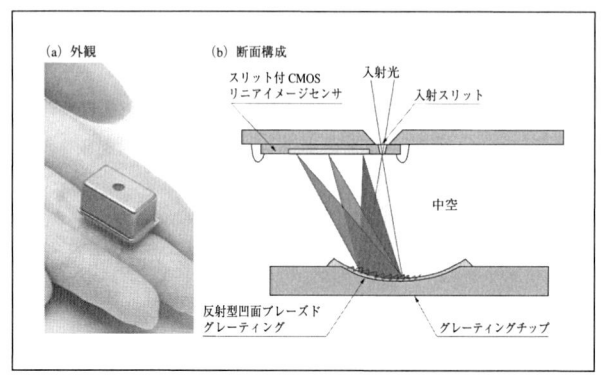

図3　マイクロ分光器

ズの分光器[1]をさらに小型化したタイプであり，その外観を図3 (a) に示す。断面構成（図3 (b)）に示すように，Siウェハをエッチングすることによって，スリットを一体化したCMOSイメージセンサに加えて，ナノインプリントで作製した反射型凹面ブレーズドグレーティングを用いている。SiによるMEMSプロセスなので波長範囲は340〜850 nmであるが，高感度な分光器ヘッドとして，携帯型分析装置への組込みに最適な設計になっている。

2.2　MEMS-FPI分光センサ

　最近のインテグラル・オプティクスの成果であるMEMS-FPI分光センサを紹介する（図4）。分光の原理は波長可変フィルタと受光素子を配置したシンプルな構成である。電圧を印加すると透過波長を可変できる波長可変フィルタ「MEMS-FPI（Fabry-Perot Interferometer）チューナブルフィルタ」がキーコンポーネントである（図5）。

　断面図（図5 (a)）に示すように，エアギャップを介して，上部・下部ミラーが対向したファブリーペロー型干渉計になっている。ここで，上部ミラーはメンブレン（薄膜）構造であり，印加電圧を大きくすると静電引力によりエアギャップは小さくなり，透過ピーク波長が短波長側にシフトする。このように，静電引力を用いてチューナブルフィルタを実現している。基板には可視光の透過をカットするためにSiを用いている。

　分光センサの内部構造を図5 (b) に示す。センサは，光入射側から順番に，バンドパスフィルタ，MEMS-FPIチューナブルフィルタ，受光素子，配線基板から構成さ

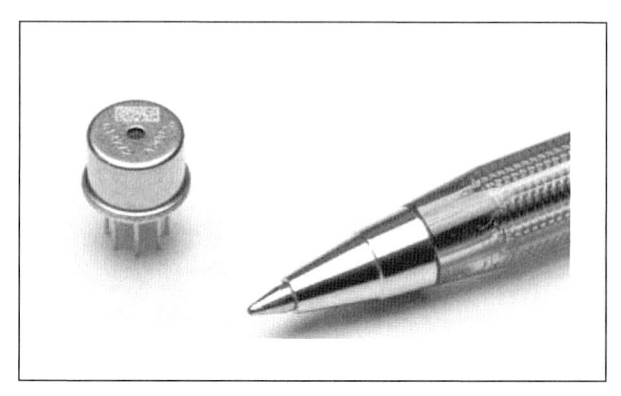

図4　MEMS-FPI分光センサ

れる。バンドパスフィルタは想定している波長範囲のみ
を透過し，ノイズとなる不要な波長の光をカットするた
めに用いる。受光素子は単体のInGaAs PINフォトダイオ
ードであり，分光センサとしての波長範囲は1550～
1850 nmと1350～1650 nmから選択できる。

　MEMS-FPI分光センサの応用例を図6に示す。図6（a）
は透過計測の配置図である。例えばタングステンランプ
などの光源からの光を測定サンプルに透過させて，本分
光センサで計測する。吸光度プロファイルなどの測定結
果はスマートフォンに表示される。また，図6（b）は布

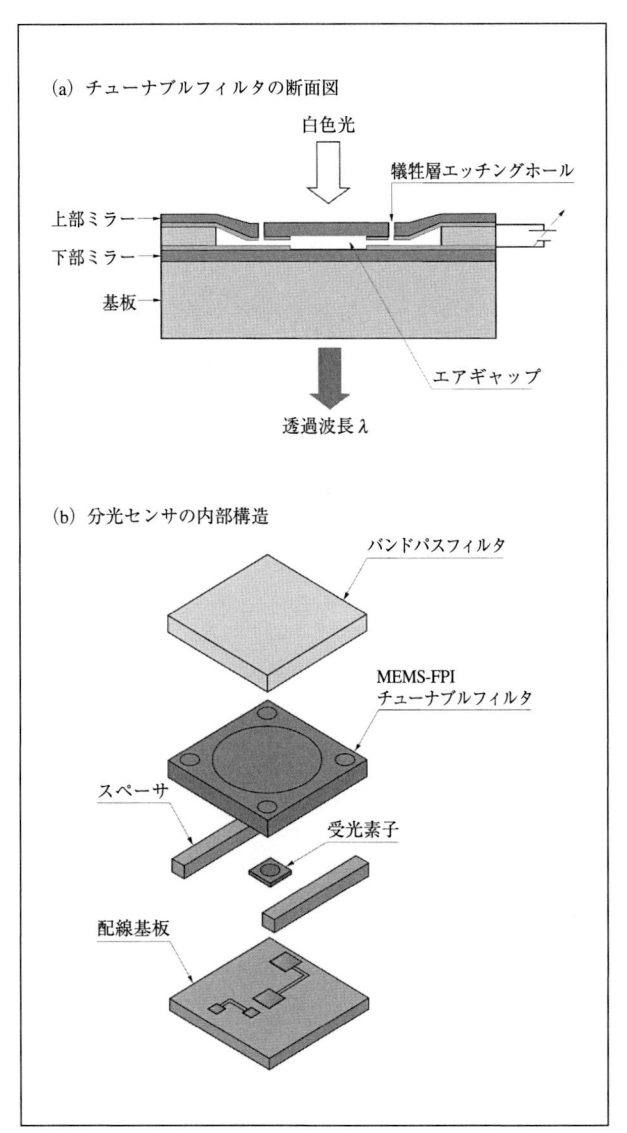

図5　MEMS-FPIチューナブルフィルタ

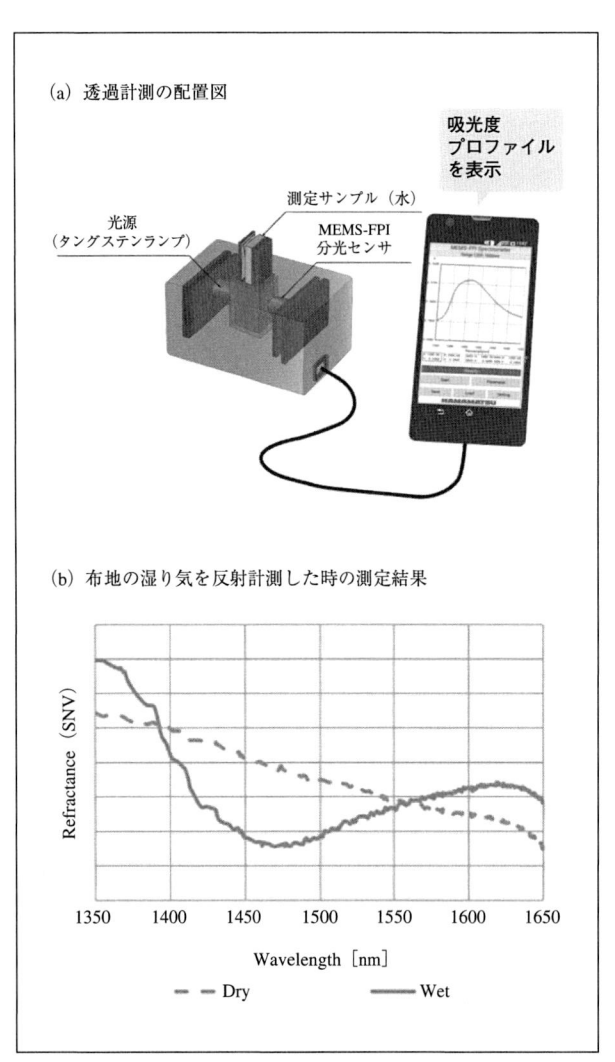

図6　MEMS-FPI分光センサの応用例

地に水分を含ませた際の湿り気を反射計測した時の測定
結果を示す。波長1450 nm付近における水の吸収が観測
された。本センサは，2.1で述べた分光器と比べて簡単
な構成であり，廉価で大量生産に向いており，幅広く市
場に展開されることが期待できる。

3　テラヘルツ波分光分析装置

　周波数1 THzの電磁波は，波長300 μmの遠赤外線であ
り，通常，テラヘルツ（THz）波は周波数0.1～10 THz，
すなわち，波長3 mm～30 μmと定義される。赤外線で
は分子内振動に基づく分光情報が得られるが，THz波で

はもっと低エネルギーの分子間振動，結晶格子の振動などの分光情報が得られる。製品化されているTHz波分光分析装置は，フェムト秒（fs）レーザーを用いた時間領域分光法（THz Time Domain Spectroscopy, THz-TDS）の原理に基づいており，その内部にfsレーザーとTHz発生素子，THz検出素子を備えている。サンプリング計測によってTHz波の時間波形を計測し，フーリエ変換を利用して周波数スペクトル情報を得る。

　一般的にTHz分光計測では，大気中の水蒸気による吸収ピークが観測されてしまい，測定結果に悪影響を与える。そこで，良好なS/Nで計測するために，THz波の光路を乾燥窒素でパージするなどの追加手順が必要である。われわれはこの手順をなくすとともに，THz波領域で大きな吸収を持つ水を含む試料をS/N良く測定することを目指して，減衰全反射法（Attenuated Total Reflection: ATR）を採用した（図7）。

　インテグラル・オプティクスの技術をTHz波分光装置に適用した。作製した一体化ATRプリズムの構成図を図8に示す[2]。プリズムはTHz波に対して透明な高抵抗

Siで作られており，THz発生素子とTHz検出素子をATRプリズム面に接着して一体化した。その結果，THz波は空気中を伝搬することがないことから，大気中の水分の影響を受けずに測定できる。

　また，ATR面に置かれた測定サンプルとTHz波のエバネッセント光が全反射時に波長程度の侵入深さで相互作用することから，大きな吸収を持つ水のような試料であっても，S/N良く計測できる。

　図9にATR分光専用の装置写真を示す。装置内部にfsレーザー他の構成部品がすべて内蔵されており，ノートPCとUSB接続して手軽に計測できる。

　図10に測定例を示す[3]。難溶性薬物の結晶性を評価す

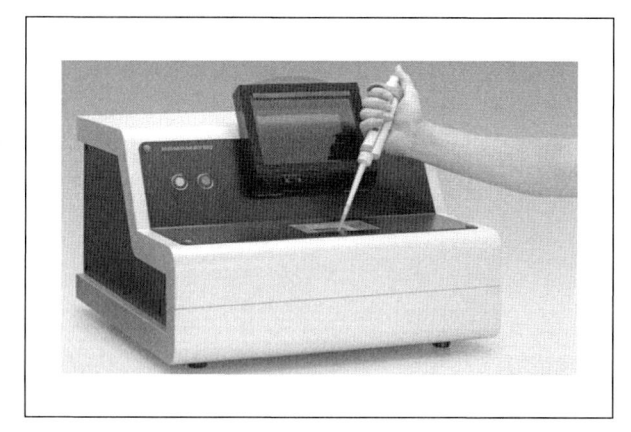

図9　テラヘルツ波分光分析装置

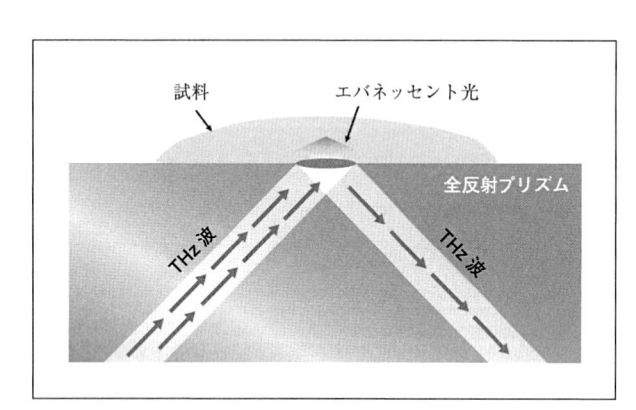

図7　減衰全反射法の測定原理図

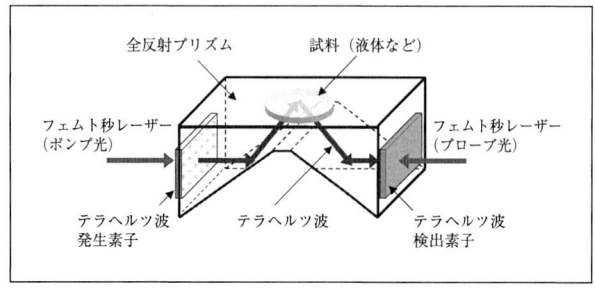

図8　一体化ATRプリズムの構成図

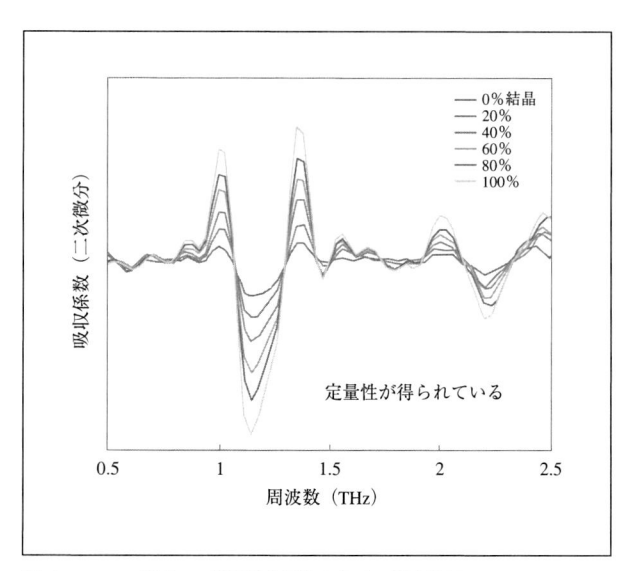

図10　ニフェジピンの懸濁液を測定した時の測定結果

ることは重要である。そこで，難溶性薬物であるニフェジピンの結晶と非晶質の割合を変化させた懸濁液を測定した。測定結果として，吸収係数の二次微分スペクトルを図10に示す。結晶量が増加するに伴い，スペクトルのピークが増加している様子がわかる。さらに，二次微分スペクトルを多変量解析したところ，定量性が得られることを確認できた。この結果から本装置は液体中における結晶量評価に有用であることがわかる。なお，本装置は一体化プリズムを採用したことによって，装置としての安定度を向上させることもできた。

4 まとめ

　一般的に，分析装置は研究・開発用の装置としてまず初めに開発され，その分析能力が理解されるにつれて，産業用に用いられるようになり，その有用性のニーズと性能・価格などのシーズがうまく一致すると，実社会へ応用されるようになる。この点では，スマートフォンと合体するハンドヘルド分光器が注目されている[4]。こう

した分光計測が広く社会に普及するためには，本稿で紹介したようなインテグラル・オプティクスによる取組みが重要である。近い将来，各家庭・個人レベルで分光センサが備えられ，安全・安心の社会の発展に役立つことを期待したい。

参考文献
1) K. Shibayama *et al*., Proc. SPIE, **7208**, 720803 (2009).
2) A. Nakanishi *et al*., Rev. Sci. Inst., **83**, 33103 (2012).
3) G. Takebe *et al*., J. Pharm. Sci., **102**, 4065 (2013).
4) 尾崎幸洋 他, OPTRONICS, No. 9, 101 (2017).

■**Technology and application of compact infrared/ Terahertz spectrometers**
■Hironori Takahashi
■Hamamatsu Photonics K. K., Central Research Laboratory, The 11th Research Group, Manager

タカハシ　ヒロノリ
所属：浜松ホトニクス㈱　中央研究所　第11研究室　室長

赤外線天文学が挑む 宇宙・生命の起源

京都大学

長田哲也

1 天文学における赤外線観測

1.1 赤外線天文学の誕生

現在光子もしくは電磁波と呼ばれているエネルギー形態として，初めて可視光線以外のものが見つかったのが1800年だった[1]。赤外線である。しかもそれは天文学者ハーシェルが太陽光をプリズムで分光しての発見という意味で，赤外線天文学の始まりだったはずである。しかし，赤外線観測が天文学で大きな意味を持つようになるには20世紀の半ばまで待たねばならなかった。

確かに，すでに19世紀のうちに，例えば天体分光学の創始者ハギンズによる望遠鏡の焦点に熱電対列を置く試み[2]や，発明家エディソンの検出実験[3]など，いくつかの萌芽的な観測は行なわれていた。そしてニコルズが惑星や1等星からの赤外線放射の検出に成功し，アークトゥルスとベガの表面温度の差に言及するところまで行った[4]ものの，赤外線天文学と呼べるようなものには発展しなかったようである[5]。

さらに，20世紀にはいると恒星の表面温度の測定などですぐれた研究が行なわれた[6]にもかかわらず，本格的な赤外線天文学の確立は，第2次大戦後の半導体検出器の登場以降である[7]。まずは近赤外線においてPbS検出器が用いられ[8]，続いてGe:Hg光伝導素子やGe:Gaボロメーターを用いての$10\,\mu m$波長域での観測も始まった[9, 10]。ただ，リーケによると，必ずしも最初期の半導体検出器を使った観測の感度が従来のものより優れていたわけではなく，長時間の信号の積分や変調技術・光学フィルタ

ー技術などの進展こそが1960年代の赤外線観測に大きく寄与したものであるという。また，電波天文学がすでに成果を出しており，可視光線以外での観測の重要性が天文学者に浸透していたことも大きいという[5]。

1.2 赤外線のメリット

現在の宇宙で大部分のエネルギーを放射しているのが恒星であり，恒星の一つである太陽の下で進化してきたヒトが感じることのできる電磁波が可視光線である。人類はずっと可視光線で宇宙を見て来た。現在も可視光線の観測から得られる情報は非常に多い。

では，天文学において，赤外線で観測するメリットは何であろう。大ざっぱにまとめると次のようになる。(1)可視光線とは違い，太陽表面ほど高温ではない物体からも放射される。(2)星間空間の固体微粒子によって散乱・吸収されにくいので，透過力に優れる。(3)恒星などから放射された可視光線や紫外線が宇宙の膨張によって波長が伸びるので，百何十億光年の彼方から来る過去の放射を観測するには赤外線が必須である。(4)宇宙に存在する分子の振動回転遷移など，特徴的なスペクトル線をとらえられる。最近はこの4つに(5)地上の大口径望遠鏡で観測する際に，大気の乱れを補償して回折限界を目指す補償光学Adaptive Opticsは赤外線で最も有効である，が加わった。

現代の天文学の重要な課題として，宇宙がいかに始まったかを探る，宇宙のどこかに生命がいないだろうかと探す，といったことがあげられよう。以下に見るように，これらには赤外線での観測が極めて重要である。

1.3 宇宙の始まりを見る

まず，天文学では遠方を見るとそれは過去を見ることになる。光速度が有限なので，25光年の距離にあるベガは今から25年前の姿であり，250万光年の距離にあるアンドロメダ銀河は250万年前の姿である。そして，電磁波で探ることができる空間的に最遠方の領域は，時間的に最も遠い過去でもある。観測可能範囲は，宇宙が始まってまだ高温の状態にあり電磁波がプラズマ状の物質とぶつかりあって全体として輝いていた場所そして時代までである。これがビッグバン宇宙論から予言されたことで，実際，マイクロ波でのその輝きが1965年に宇宙背景放射として報告された[11]。今から138億年前に発せられた最遠方138億光年彼方の光が，宇宙の膨張に伴って波長が伸び，およそ1100倍の波長となって四方八方からやって来ているものである。

こうやって過去の宇宙を観測する際には，上記の赤外線のメリットの(4)が効いてくる。波長の伸びを赤方偏移 z と呼び，現在は $z=0$，背景放射が発せられた時点は z がおよそ1100，固有の波長との比は $1+z$ である。現在考えられている宇宙の物質やエネルギーの密度[12]などを考慮すると，宇宙の膨張の様子はおよそ表1のようになると計算できる。したがって，例えば今から79億年前というのは宇宙年齢が59億歳で赤方偏移が $z=1$ であり，その時代の天体からの波長656 nmの水素のバルマー α 線は79億年かけて私たちに到達し，2倍に伸びた波長1.3 μm の赤外線として検出されることになる。紫外線や可視光線の波長域にピークを持つ恒星からの放射であっても，赤外線検出技術が重要なのである。さらに，2.3項で述べるようにメリットの(1)や(2)も効いてくる。

表1 現在の宇宙パラメータでの，宇宙の年齢と赤方偏移の関係の概算値

年齢（歳）	赤方偏移 z
38万	1100
6億	9
15億	4
33億	2
59億	1
138億	0

1.4 生命の可能性を観測する

惑星やその周りを回る衛星など，生命がいるのではないかと考えられる場所は太陽系の中にも存在する。かつてはハーシェルのように太陽に人が住んでいるに違いないと想像をたくましくする人もいたが，表面温度が数千度以上という事実に照らし合わすと，恒星は生命を育む場所ではなさそうである。そして，探査機を飛ばして着陸しても，今までのところ太陽系の惑星や衛星に生命の確固たる証拠は全く見つかっていない。ただ，火星にはかつて水の流れた証拠と思われる地形，土星の衛星ティタンには液体メタンの川のような地形が見つかり，こういった惑星や衛星であれば，そこに生命がいる可能性もあるのではないかという夢はふくらんでいる。とは言うものの，20世紀の最後まで，そもそも太陽系以外に惑星が存在するのかどうか，天文学者は確証を持てずにいた。特筆すべきこととして，木星のような惑星が公転して恒星を揺らしているのではないかという観測が近傍の数十個の恒星に対して行なわれてきたものの，1995年夏には否定的な結果が発表された[13]。

しかしながらそのわずか数か月後，ペガスス座51番星という太陽に似た恒星の周りを，木星の1/2程度の質量の惑星がわずか4.2日周期で公転していることがわかった[14]。まさに公転によって中心の恒星が揺らされ，視線速度が変化してドップラー効果によるスペクトル線の波長のずれが検出されたのである。太陽系の惑星で最も短い公転周期が水星の88日であり，恒星の周りを4.2日周期などという速さで公転する惑星があるとはそれまで考えられておらず，短周期に対し感度のある観測が行なわれていなかったのだった。

この「視線速度法」に加え，惑星が恒星の前を周期的に横切って恒星が暗くなるのをとらえる「トランジット法」により，惑星を持つと考えられる恒星の数は今や4000個に迫ろうとしている。特に，2009年に打ち上げられたケプラー宇宙望遠鏡[15]は十数万個の恒星をモニターして，惑星を持つ2000個以上の恒星を発見している。さらにさまざまな間接的観測法によって，こういった「太陽系外惑星」（または略して「系外惑星」）が多数存在することは確実なものとなって来た。

とは言え，系外惑星からの放射をその中心の恒星から

の放射と分離し分光して詳しい性質を探るといった観測は，まだほとんどなされていない。それどころか，単に系外惑星の放射の直接検出さえもわずか十数例にとどまる。惑星が恒星に近すぎ，恒星が明るすぎるのである。いくら宵の明星の金星が明るく輝こうとも，しょせん太陽からの反射光であるため太陽の十億分の一の明るさにすぎない。そういった関係の恒星と系外惑星であれば，中心星の放射をそれだけ減衰させなければ暗い系外惑星を検出できない。しかし，恒星と系外惑星の出す赤外線放射ならば，その比は減少し，特にレイリー・ジーンズ側の長波長ならば表面積と温度の比の掛け算にしかならない。赤外線のメリット(1)である。さらに，(5)が決定的に重要であり，後の3.1項で述べる。

2 赤外線で見る銀河の誕生と進化

2.1　さまざまな銀河

　現在の（138億歳となった）宇宙においては，私たちが電磁波で観測できる物質はほとんど銀河もしくは銀河団という単位で存在する。つまり，宇宙は銀河からできていると言えよう。銀河の一つの代表は，私たちが属する天の川銀河（銀河系とも言われる）や隣の銀河であるアンドロメダ銀河のように数千億個の恒星が薄い円盤状に集まり，渦を巻いた「円盤銀河」または「渦巻銀河」と呼ばれるものである。それをさらに分類すると，中心から渦が出ているように見えるアンドロメダ銀河のような「単純な渦巻銀河」と，中心に棒状の恒星の集まりがあり，その棒の両端から渦が出ている「棒渦巻銀河」（天の川銀河はこちららしいと最近わかって来た）に分かれる。一方，全体として楕円形をした「楕円銀河」も数多く存在し，大ざっぱに言うと，銀河はこの3種類と「不規則銀河」に分類できる。

　銀河の本格的な観測ができるようになった20世紀前半に，ハッブルが3種の銀河を図1のように音叉の形に添って分類した[16]。

　銀河はどうやって生まれてきたのだろうか。そして進化するとはどういうことだろうか。現在の宇宙で電磁波という形でエネルギーを出して私たちが観測できる主体は，内部で核融合反応を起こしている恒星なので，結局はガスから恒星が集団として生まれる様子をとらえられ

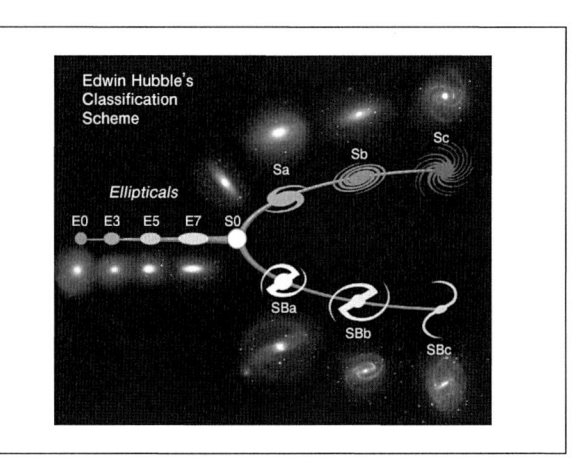

図1　NASA, STScI, ESAによる「ハッブルの音叉図」。ハッブルにより提唱された銀河の分類。音叉の形をして，楕円銀河から，渦巻銀河と棒渦巻銀河に枝分かれしている。（パブリック・ドメイン）

れば，銀河がいかに生まれ進化するのかという問いへの答えになる。その舞台は，ビッグバンとして熱い火の玉から生まれ，膨張して冷え電磁波が直進できるようになった後の宇宙である。21世紀になってわかってきたのは，その後，膨張していた空間の中でガスが自分自身の重力に引かれて収縮し次々と恒星になった時期があったらしいということである。赤方偏移zが4から1（宇宙年齢が15億歳から59億歳）の頃にかけて現在の数倍以上，z=2（宇宙年齢が33億歳，つまり今から105億年前）あたりのピークでは現在よりも1桁ほど高い割合で恒星が生まれていた時期があると考えられている[17]。20世紀には考えられもしなかったような高感度の観測によって，100億光年以上の彼方でまさに銀河が生まれて進化する様子が見え始めて来たのである。

2.2　近赤外線で銀河の進化をとらえる

　恒星がさかんに生まれている頃の銀河は，今のような楕円銀河や渦巻銀河のような形はしておらず[18]，むしろ一つあるいは複数の塊状に見える。私たちの天の川銀河や周辺の銀河，つまり現在の138億歳の宇宙でも，大小さまざまな恒星が生まれている場所がある。そこでは，高温で短期間にばく大なエネルギーを放射する大質量の恒星が，周辺の星間ガスに大きな影響を与えている。特に紫外線は水素ガスを電離し，輝く電離水素領域が銀河の渦巻に沿って並んでいることも多い。赤方偏移zが2の頃の銀河では，波長が3倍程度に伸びており，電離水

素領域からのライマンα線（静止波長121 nm）は可視光線として，バルマーα線は近赤外線として観測される。星形成のさかんな銀河の恒星からの直接の放射も，大部分が可視光線や近赤外線として観測される。

観測されたスペクトルエネルギー分布は，銀河のモデルと比較される。大ざっぱに言うと，近赤外線の強度から銀河の全質量が推定され，可視光線の強度やスペクトル線から生まれつつある恒星の数が推定される。すると，赤方偏移zが2またはもう少し大きい頃以降では，恒星が生まれている銀河の質量とその星形成の量には強い相関があることがわかって来た。これを，恒星の光度と表面温度との相関関係として20世紀初頭に確立したヘルツシュプルング・ラッセル図（HR図）の上での恒星の主系列main sequenceになぞらえて，最近では，「星形成銀河の主系列」関係と呼ぶことも多い[19]。

2.3 遠赤外線で銀河の進化をとらえる

激しい星形成は，必然的に恒星からの強いエネルギー放射，つまり紫外線・可視光線・近赤外線の放射を伴う。しかしながら，そのエネルギーの大部分は，現在の宇宙でも，つまり赤方偏移で波長が伸びなくても，実は遠赤外線に転換されて遠赤外線放射として観測されることが多い。それは星間物質の存在による。すなわち，恒星と恒星の間には，星間ガスの他に固体微粒子が存在し，漆黒の冷たい星間空間で，恒星からのわずかな紫外線や可視光線などを受け取り，摂氏-260度程度つまり絶対温度で10 Kから20 Kほどに「温まって」いる。したがって，恒星からの放射のうち銀河の外に直接出て行くのはわずかで，大部分はいったん吸収され，遠赤外線の放射として観測されるのである。

1983年に打ち上げられたIRAS衛星[20]は，液体ヘリウムが尽きるまでの10か月間に遠赤外線で全天をぐるりと「見回しただけ」で，天の川銀河がいたるところで波長100 μmで輝いていることや，他の銀河も遠赤外線で明るいこと，中には異常に明るい銀河があること等の大発見をした。異常に明るい銀河は，星形成が激しく起こっているためであることがわかった。

2013年まで運用され最近もなお続々と成果が発表されているハーシェル宇宙望遠鏡[21]は，3.5 mという大口径を持ち，55 μmから672 μmまでの波長をカバーした。大口径のため，光学系全体を積極的に冷却することはでき

ず，放射冷却をうまく使っての受動的な冷却にとどまったものの，口径Dで決まる角度（回折限界λ/D）は例えば波長λ＝175 μmで10秒角と小さい。このすぐれた角度分解能によって，銀河と銀河が重なってしまう漏れ込み限界confusion limitを下げることができた。そこで，従来何も天体が検出されなかった領域blank fieldを観測し続けて信号を積分し，遠赤外の「背景放射」とされていたエネルギーのかなりの部分を，大昔の銀河に分解することをやってのけた。波長100 μmと160 μmでは3/4の放射が個々の銀河に分解されている[22]。これらの波長では，半分以上の放射は赤方偏移zがそれぞれ0.75と1.0以上の銀河から来ると確かめられた。また，赤方偏移zが2の時期は，銀河の中心部分にある太陽質量の数千万倍といったブラックホールにガスが落ち込んでばく大なエネルギーを出す活動的銀河核Active Galactic Nucleiが目立つ時代である。このAGNを「星形成の主系列」に属するごく普通の銀河が持っていることも明らかになった[23]。

3 赤外線で見る生命のゆりかご

3.1 太陽系外惑星の撮像観測へ

大気圏外から観測する宇宙望遠鏡としてはハッブル宇宙望遠鏡が有名であるが，口径Dは2.4 mにすぎず，前述の回折限界λ/Dで言えば，波長λの短い可視光線を使っても角度分解能として0.05秒角にとどまる。これは，65光年（20パーセク）という極めて近い距離にある恒星の周りの地球軌道の大きさを分解できるにすぎない。そこで地上の大口径望遠鏡の出番となるが，地上では大気のゆらぎのために回折限界までの角度分解能がなかなか達成できない。そのため，大気のゆらぎを打ち消してくっきりとした像を得る補償光学の実験が，各地の大望遠鏡で行なわれている。極限補償光学Extreme Adaptive Opticsである。

大気の乱流の結果，大きいスケールになればなるほど天体からの光の波面は乱れてしまう。波面の乱れが波長と同じぐらいになる距離をフリード長と呼び，大気の屈折率はあまり波長によらないために，フリード長は可視光線から近赤外線にかけてほぼ波長に比例して大きくなる。例えばすばる望遠鏡の設置されているハワイ島マウナケアの山頂では，可視光線で10 cm程度のフリード長

が近赤外線では数十cmになる。すばる望遠鏡8.2 mの口径の中にフリード長ごとの独立な波面がそれぞれ存在してゆらいでいるようなものなので，近赤外線になればゆらぎの補正が格段に容易となる。これが冒頭で述べた赤外線のメリット(5)である。

とは言え，いくら波面を補正しても，何億倍もの明るさで光っている恒星のすぐそばの惑星を観測するのは困難をきわめる。現在のところ，中心の恒星の近赤外線を10^{-5}程度に減衰させて撮像することまではできており，HR 8799という130光年の距離にある恒星の周りに4つの惑星が撮像されている[24]。これはたいへん稀有な例で，木星の数倍という重くて大きな惑星が太陽地球間の距離の15から70倍という離れたところを回っていることが幸いしたものである。この惑星系に関しては，分光観測まで行なわれ，それぞれの惑星での大気中のメタンや雲の存在が推察されている[25, 26]。

3.2　原始惑星系円盤

今から46億年前に太陽そして地球が誕生した時の原始太陽系をほうふつとさせるような惑星系円盤も，次々と発見されている。すばる望遠鏡のSEEDSプロジェクトでは，ハービックAe星やおうし座T型星と呼ばれるタイプの十数個の若い恒星の周りに，太陽地球間の距離の数倍以上，百数十倍までのスケールの円盤を，近赤外線で発見している[27]。その形状は二重のリング，非対称なもの，渦巻状などさまざまで，すでに惑星が形成されてその惑星が円盤の物質を引き付けたり飛ばしたりしていると推察されるようなものもある。

また，ミリ波・サブミリ波の波長域での電波望遠鏡アレイALMAでも，原始惑星系円盤の詳しい描像が得られるようになってきており[28]，こういった場所での分子の生成を含め，生命に結び付くかも知れないさまざまな発見が始まっている。

4　今後の展望

NASAがふんだんな資金を投入して6.5 mという大口径を18枚の分割鏡で実現したジェームズ・ウェッブ宇宙望遠鏡が2020年頃には打ち上げられる見込みで，近赤外線から中間赤外線での観測を開始する[29]。さらにその先，日本がリードしてきたSPICA宇宙望遠鏡[30]は，光学系を冷却し，中間赤外線から遠赤外線での飛躍的な感度向上によって生命の探求や銀河の進化の研究に画期的な成果が期待できる。私たちも京都大学において，18枚の分割鏡からなる「3.8 mせいめい望遠鏡」[31]を新しく岡山天文台に設置した。これにより，宇宙の最初期のガンマ線バースト等の突発天体に特化した迅速な観測や，安定した観測環境での極限補償光学装置による系外惑星撮像に挑戦していきたいと考えている。

参考文献
1) Herschel, W., *Phil. Trans. Royal Soc.* **90**, 284 (1800).
2) Huggins, W., *Proc. Royal Soc.* **17**, 309 (1868).
3) Eddy, J.A., *J. Hist. Astr.* **3**, 165 (1972).
4) Nichols, E.F., *Ap. J.* **13**, 101 (1901)
5) Rieke, G.H., *Exp. Astron.* **25**, 125 (2009).
6) Pettit, E., Nicholson, S.B., *Ap. J.* **78**, 320 (1933).
7) Low, F.J., et al., *A.R.A.A.* **45**, 43 (2007).
8) Johnson, H.L., *Ap. J.* **135**, 69 (1962).
9) Low, F.J., Johnson, H.L., *Ap. J.* **139**, 1130 (1964).
10) Wildey, R.L., Murray, B.C., *A. J.* **68**, 300 (1963).
11) Penzias, A.A., Wilson, R.W., *Ap. J.* **142**, 419 (1965).
12) Planck Collaboration, *Astr. Ap.* **594**, id.A13 (2016).
13) Walker, G.A.H., et al., *Icarus* **116**, 359 (1995).
14) Mayor, M., Queloz, D., *Nature*, **378**, 355 (1995).
15) Koch, D.G., et al., *Ap. J.* **713**, L79 (2010).
16) Hubble, E.P., *Realm of the Nebulae*, Yale Univ Press (1936).
17) Madau, P., Dickinson, M., *A.R.A.A.* **52**, 415 (2014).
18) Yuma, S., et al., *Ap. J.* **736**, id. 92 (2011).
19) Elbaz, D., et al., *Astr. Ap.* **533**,119 (2011).
20) Soifer, B.T., et al., *A.R.A.A.* **25**, 187 (1987).
21) Lutz, D., *A.R.A.A.* **52**, 373 (2014).
22) Magnelli et al., *Astr. Ap.* **553**, A132 (2013).
23) Mullaney, J.R., et al. *M. N. R. A. S.* **419**, 95 (2012).
24) Marois, C., et al. *Science* **322**, 1348 (2008).
25) Oppenheimer, B. R. et al., *Ap. J.* **768**, id. 24 (2013).
26) Greenbaum, A. Z., et al., *A. J.* **155**, id. 226 (2018).
27) Tamura, M., Proc. *Jpn. Acad. Ser. B* **92**, 45 (2016).
28) ALMA Partnership, et al., *Ap. J.* **808**, L3 (2015).
29) https://www.jwst.nasa.gov/
30) Nakagawa, T., et al., *Pub. Korean Astr. Soc.* **30**, 621 (2015).
31) Kurita, M., et al., *SPIE* **7733**, id. 77333E (2010).

■The Origin of the Universe and Life that Infrared Astronomy Tries to Elucidate

■Tetsuya Nagata

■Department of Astronomy, Kyoto University, Professor

ナガタ　テツヤ
所属：京都大学・大学院理学研究科　宇宙物理学教室　教授

赤外線・テラヘルツ波を用いた構造物の劣化診断技術

国立研究開発法人情報通信研究機構

福永 香

1 はじめに

道路や橋梁など現在使われている社会インフラや高層ビルなどの建築物は，高度成長期に建設されたものが多く，その劣化診断は急務となっている。電力設備を含む社会インフラの劣化診断および修理計画は，これまで定期的な検査に基づいて実施されてきたが，最近ではこのような時間基準保全（Time Based Maintenance: TBM）から，モニタリングしたデータに基づいて行う状態基準保全（Condition Based Maintenance: CBM）への動きが大きくなっている[1,2]。そのためには，設備の利用を停止することなく非破壊で劣化状態を把握し，診断できる技術の確立が不可欠である。

非破壊検査は機械工学の一分野として発展しており，構造の調査には，超音波，透過X線，熱作用としての赤外線，電磁誘導電流などを用いる技術が主流で，ロボットやドローンの活用のための技術開発には，巨大な公的資金が投入されている[3]。一方，分光など電磁波の周波数領域を利用する技術は，表面からのサンプリング（微破壊）後の材料調査に使われてきた。本報告では，これらの技術の境界にある「表面付近の層構造を観測する」技術として，THz波（ミリ波帯を含む）と赤外線を用いる手法を紹介する。

表面付近の層構造の調査が重要な対象は，ビルの外装，石油タンク内部等に用いられる機能性をもたせた塗料，表面に価値のある芸術作品等である。それぞれ観測したい層の厚さと位置分解能に応じて周波数を選ぶ必要があ

る。たとえば，ビルの外装タイルの場合は10 mm程度の厚さがあり，表面方向の分解能は1 mm程度でも実用性は高い。一方，絵画や楽器表面のニス層の厚さは0.1 mm程度のため，ミクロンオーダーの分解能を要求される。

2 ミリ波（約100 GHz）

近年自動車の衝突防止レーダーでの活用が進む，ミリ波帯の非破壊検査分野での応用は未だ限定的で，空港のボディスキャナーに300 GHz帯が使われている程度である。約10年前に大きなEU予算を得たドイツの会社SynView Ltd.は，一般的なレーダー技術であるFMCW技術を用いて100 GHz/300 GHz帯のイメージングシステム

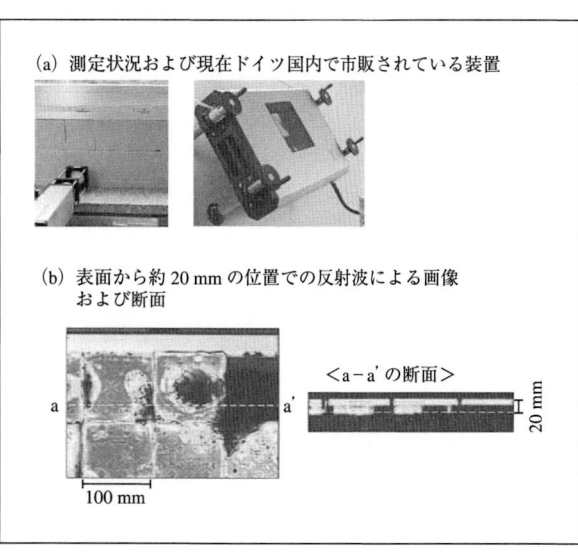

（a）測定状況および現在ドイツ国内で市販されている装置

（b）表面から約20 mmの位置での反射波による画像および断面

<a-a'の断面>

図1　ミリ波（100 GHz）イメージングによるタイルの剥離検出例

を開発したが[4]，会社は存続しなかった。現在は，ドイツ国内でBecker Photnik社から製品販売および測定サービスを提供している。主に配管の外装など機能性塗膜の調査に用いられている。NICTでは地震後に欠陥の目視できるビル壁をSynView社製の装置を用いて観測し，図1のようにタイルの浮いている部分の可視化ができることを実証した[5]。

次に同じ原理で可搬性を高めた現在市販されている装置を用いて，文化財への応用を試みた例を示す。図2は，壁画の内部に金属や空気（発泡ポリスチレンで模擬）があるサンプル，およびミリ波イメージングで観測した断面（図2 (c)），断面に現れた発泡ポリスチレンの位置（表面から約5 mm）でスライスするように抽出した画像（図2 (d)）である。断面および面画像から，異物の形状は明瞭に認識できるが，画像のみからは金属と発泡ポリスチレンの違いは判別できない。反射波そのものを解析することにより物質の違いを判別することができれば，さらに応用範囲が広がると期待できる。現在，国内で利用可能な同レベルのミリ波イメージング装置はない。今後，

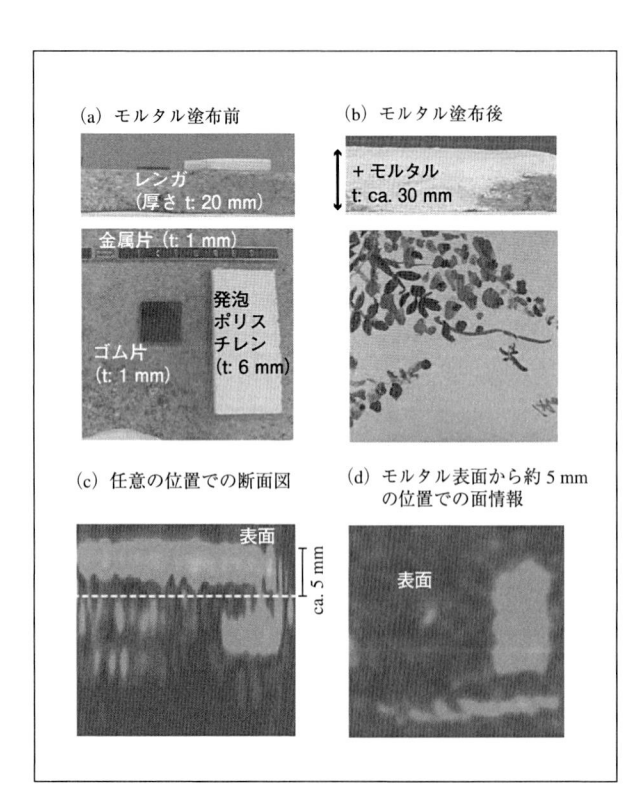

図2　内部に異物を含むフレスコ壁画モデルのミリ波イメージング例

衝突防止レーダー等で用いられている安価なデバイスを用いた装置が開発されれば，打音検査でわかりにくい樹脂接着タイルの外壁調査等に広く活用されるであろう。

3 テラヘルツ波時間領域イメージング（約1 THz）

一般的にTHzイメージングと言われる方法は，急峻なパルス波を照射して，その反射波を検出するもので，パルス波の周波数成分がTHz波帯まで含まれるために，THzイメージングと呼ばれている。現在市販されている装置で得られる反射波を周波数解析しても，フーリエ型の遠赤外分光器のような明瞭なピークが得られることはない。そのため，反射波の強度を可視化する技術として用いており，それで実用的に役立つ分野も多い。

図3 (a) に示すように，物体に照射されたパルス波は，内部に屈折率の異なる材料があると，表面での反射に続き，内部界面で反射するパルス波が時系列で現れる。表面と内部界面での反射波の検出器への到達時間の差から距離が推定できる，X-Yステージを用いて面方向にスキャンすることにより，3次元情報が得られる。図3 (b) に示すように，データ取得後に各点データを並び替え，疑似カラー表示（例えば観測エリア内での最大値を白100％，最小値を黒100％等）することにより，時間軸上のパルス列で断面画像が得られる。また，特定のパルス波を抽出することにより，任意の深さにおける面情報が得られる。実用化の例として神戸大学と石油天然ガス・金属鉱物資源機構は，石油タンク底面の塗膜下の錆検出へのTHzイメージング技術の導入を検討している。塗膜そのものの劣化がなくても界面に異常があれば反射波に反映されるため，目視で検出される「ふくれ」が黒錆か，錆の中に水があるか，劣化ではなく厚い塗膜かなどを区別できる可能性が高い。現在は診断技術として確立するための基礎研究が進められている[6]。

ヨーロッパ諸国では文化財の非破壊検査が研究分野として認められており，NICTが世界で初めてTHzイメージングを用いて板絵の下地構造を可視化してから，多くの研究機関が導入しており，エジプトのミイラから現代美術作品まで多くの計測例が報告されている[7]。図4はパイオニア製THzスキャナーを用いて，イタリア・フィ

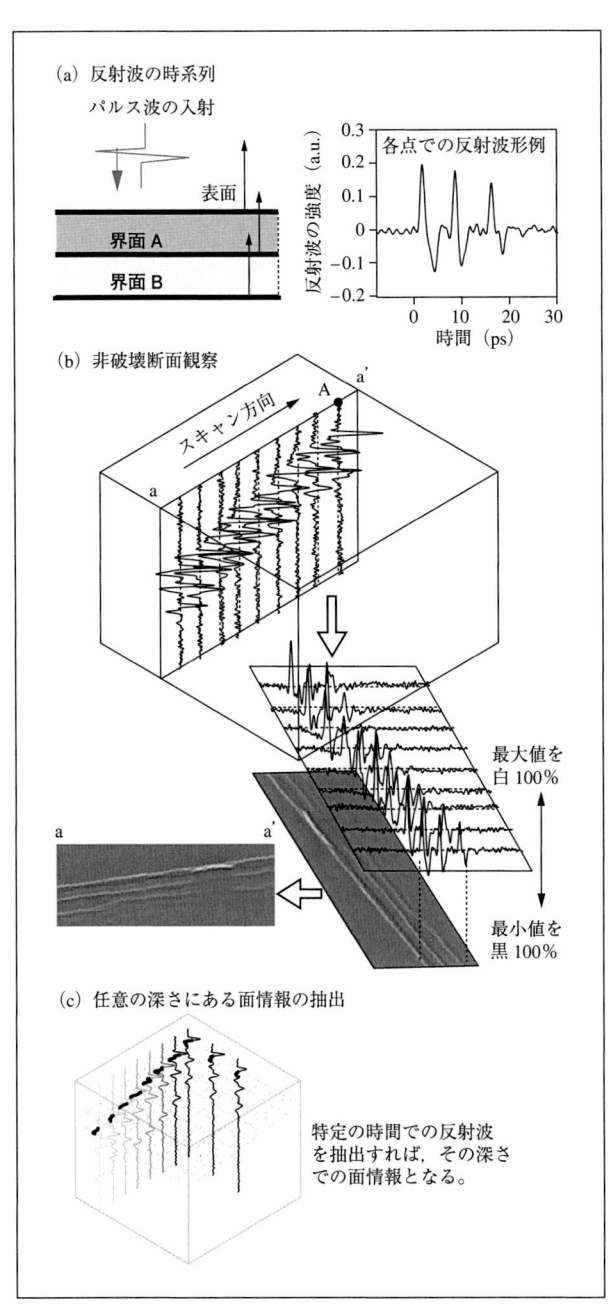

図3 THz時間領域イメージング法の概念図

(a) 反射波の時系列
パルス波の入射
表面
界面A
界面B

各点での反射波形例
反射波の強度 (a.u.)

(b) 非破壊断面観察
スキャン方向
最大値を白100%
最小値を黒100%

(c) 任意の深さにある面情報の抽出
特定の時間での反射波を抽出すれば,その深さでの面情報となる。

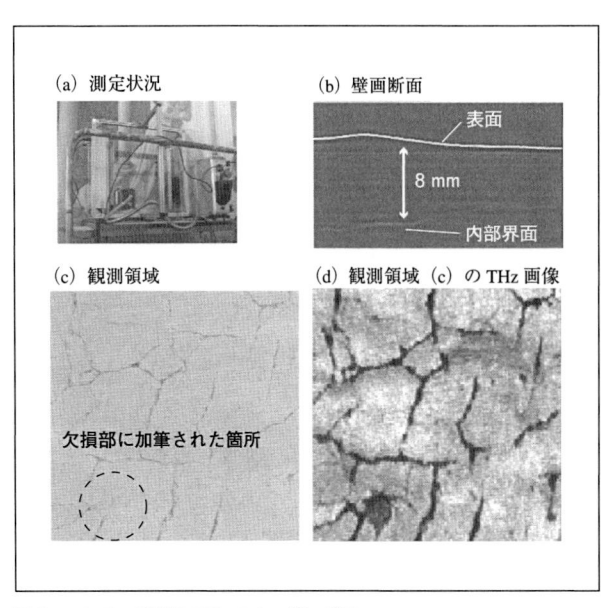

(a) 測定状況 (b) 壁画断面
表面
8 mm
内部界面

(c) 観測領域 (d) 観測領域 (c) の THz 画像
欠損部に加筆された箇所

図4 フレスコ壁画のTHzイメージング例

4 赤外線

　赤外線は,構造物の局所的な温度差をサーモグラフィーで観測する手法で,非破壊検査分野で従来から広く用いられている。たとえば日照後の冷却速度の違いから,素材（石,煉瓦,漆喰等）を見分けることで建造物の歴史を探究できる。また,人工的にヒートサイクルを加えて温度差を積算すると表面付近の微細な欠陥を検出しやすくなる。その一例として,鉄塔用鋼管内部が錆により減肉した箇所を,外部から検出できることを示した例を図5に示す[8]。電磁波が透過しない金属や非常に金属に近い高い導電性を持つカーボン系の複合材料の内部観察には,赤外線の熱作用を利用する方法が有効である。

　一方,近赤外線領域を用いた光断層トモグラフィー（OCT）は,眼科検査に広く用いられており,最近では工業製品の非破壊検査用の製品も開発されている。絵画表面のニスは修復時に除去されるが,その手法のひとつであるレーザークリーニングの評価にも有効と考えられている[9]。図6は楽器の表面付近の断面をsantec社製 Swept Source OCT システムを用いて観測した例で,ニス層が2層あることが確認された上,木そのものの表面状態も明らかになった。絵画の場合は修復時にニスを除去

　レンツェにあるサンマルコ美術館（修道院）の受胎告知を計測した例で,加筆箇所が見やすくなった。またフレスコ画特有の下地であるモルタル層（giornata）の厚さ非破壊非接触で検出できた。

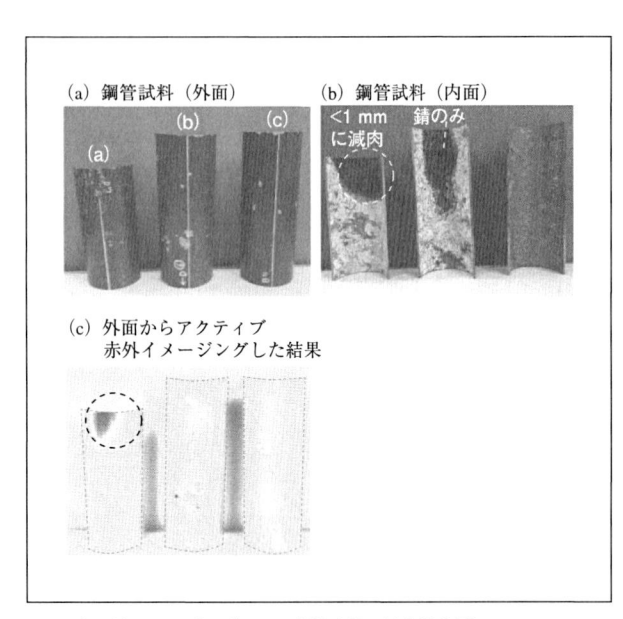

（a）鋼管試料（外面）　　（b）鋼管試料（内面）
（c）外面からアクティブ
　　赤外イメージングした結果

図5　赤外線イメージングによる鋼管内部の減肉検出例

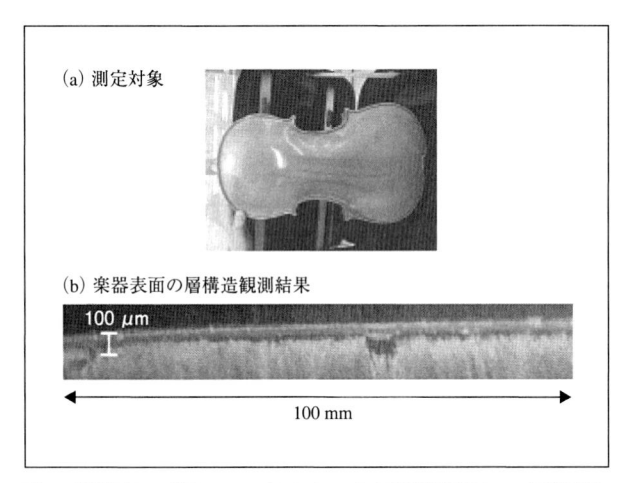

（a）測定対象
（b）楽器表面の層構造観測結果

図6　光断層トモグラフィー（OCT）による弦楽器表面のニス層観察例

するが，弦楽器はニスの状態も楽器の価値を決める重要な要素であることから，OCT技術は楽器の鑑定等にも応用できると思われる。

参考文献

1) ABB, White Paper "Taking the first steps towards condition-based maintenance", (2014).
2) 横山「鉄道におけるイノベーション－ICTを活用したメンテナンス革新のプラットフォーム－」JR East Technical Review No. 48, pp. 1-4, (2014).
3) NEDO「インフラ維持管理・更新等の社会課題対応システム開発プロジェクト」
http://www.nedo.go.jp/activities/ZZJP_100081.html
4) A. Keil, "All-electronic 3D THz synthetic reconstruction imaging system", *Proc. 35th IRMMW-THz*, (2011).
5) T. Hoyer, et al., "A portable all-electronic THz scanner for the inspection of structural earthquake damage in Japanese buildings", *Proc. 37th IRMMW-THz*, (2013).
6) T. Sakagami, et al., "Non-destructive Evaluation Technique Using Infrared Thermography and Terahertz Imaging", *Proc. SPIE* No. 9861, (2016).
7) K. Fukunaga, "*THz Technology Applied to Cultural Heritage in Practice*", Springer, (2016).
8) 本間，他「撤去した長尺鋼管内部の減肉の非破壊検査」電気学会平成29年基礎・材料・共通部門大会予稿 No. 19-P-53, p. 318, (2017).
9) M. Iwanicka, et al., "Complementary use of Optical Coherence Tomography (OCT) and Reflection FTIR spectroscopy for in-situ non-invasive monitoring of varnish removal from easel paintings", *Microchemical Journal*, Vol. 138, pp. 7-18, (2018).

■**Ageing investigation of various objects by using infrared and terahertz waves**
■Kaori Fukunaga
■National Institute of Information and Communications Technology, Applied Electromagnetic Research Institute, Electromagnetic Applications Laboratory, Director

フクナガ　カオリ
所属：国立研究開発法人情報通信研究機構　電磁波研究所　電磁波応用総合研究室　室長

宇宙から赤外線でとらえる CO₂ 1 ppmの変化

宇宙航空研究開発機構（JAXA）

久世暁彦

1 宇宙から二酸化炭素分子数を計測する

温室効果ガス観測技術衛星（Greenhouse gases Observing SATellite（GOSAT））「和名　いぶき」は，温室効果ガスを計測する世界初の人工衛星として2009年に打上げられた。設計寿命5年を超え，太陽電池パドルの片翼回転停止・ポインティング機構の劣化・冷凍機の一時停止などの課題に直面したが，その都度乗越え，日本の地球観測衛星の中では最も長寿の衛星となり，長期データを蓄積しつつ，大規模人為排出源観測を強化するなど観測パターンの改良を続けている[1,2]。

主センサの温室効果ガス観測センサフーリエ干渉計（Thermal And Near infrared Sensor for carbon Observation（TANSO-FTS））は，単一の分光計で太陽反射光から地表面・大気熱放射までを，高分光分解能・高信号対ノイズ比（SNR）で地球周回軌道から1日に15周回し，3日

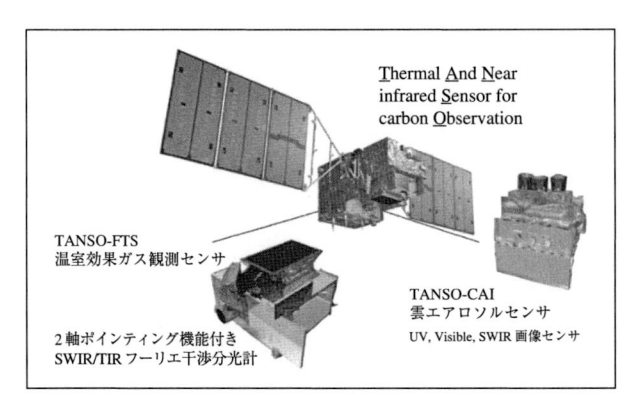

図1　GOSATと搭載センサ

（図中）
Thermal And Near infrared Sensor for carbon Observation

TANSO-FTS
温室効果ガス観測センサ

2軸ポインティング機能付き
SWIR/TIRフーリエ干渉分光計

TANSO-CAI
雲エアロソルセンサ
UV, Visible, SWIR 画像センサ

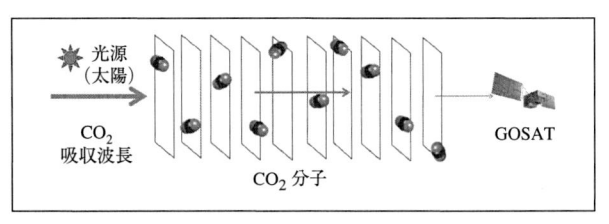

図2　宇宙からのCO₂観測概念図

（図中）
光源
（太陽）
CO₂吸収波長
CO₂分子
GOSAT

で全球データを取得する。（図1）

二酸化炭素（CO₂）は，10^{-22} cm² 程度の吸収断面積をもつ波長帯を選択して分光観測を行い，その吸収量から測定できる。宇宙からは，太陽光が地球大気を透過し，地表面に到達し，再び地球大気を透過し宇宙空間へ戻った光を人工衛星軌道で観測する（図2）。吸収量から光路中の 10^{22} 程度存在する二酸化炭素分子の総数を求めることになる。

2 1 ppm観測を支える赤外線技術

2.1 要求される精度

衛星から観測する地上から大気圏外までのCO₂の平均濃度（気柱濃度）の年変動，緯度差はそれぞれ1〜2，2〜4 ppm程度しかない。衛星からの観測精度は宇宙に近い成層圏オゾンでも1%程度であったことを考えると宇宙からCO₂の変化をとられるのは極めて難しいと考えられたが，1℃の精度しかない体温計はまず売れないのと同じで，従来技術の延長から見込んだ精度1%（4 ppm）では宇宙からの観測データを多くの人が使うことにはならない。

2.2　遠隔測定

GOSATは100分で地球を一周し，全球のデータを同じ観測機器で観測できる。一方，666 kmの軌道から地球大気を観測するには光を用いた遠隔測定をする必要がある。地球大気と地表面における散乱・反射・吸収・透過過程を波長別に計算した値と軌道上での分光観測値を比較することになるため，放射伝達過程を計算するモデルで再現できる物理量しか観測できない。

衛星搭載光学センサは，一度打上げてしまうと修理や洗浄ができない状態で，10年スケールの運用を行い，1 ppmの精度を維持させる。光学系の透過率の劣化，後述するフーリエ干渉計（FTS）の変調効率の変化の影響を最小限にするため，観測対象の成分が吸収する波長と隣接する吸収がない波長の差分を観測する。実験室では，ランプ光源を用いCO_2を封入したガスセルを通し分光検出すれば，濃度を正確に求められる。しかし，地球大気には大気成分による吸収に加え，分子や微小粒子による散乱が生じる。酸素（O_2）や窒素（N_2）分子によるレーリー散乱は既知であるが，検出が難しい薄い高層の巻雲やエアロソルによるミー散乱は誤差要因となる。図3に示すように，高層に巻雲があり地表面が暗い場合，太陽光の一部は高層で反射し衛星に戻ってしまうためCO_2の吸収を過小評価することになる。一方，高層に砂塵が舞い上がり，反射率も高い砂漠では多重散乱の効果により，CO_2の吸収を過大評価することになるため，太陽光の行路が地球大気でどのように変化したかを正確に知る必要がある。

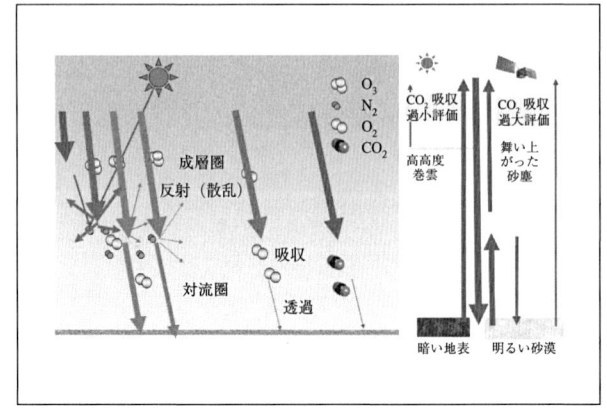

図3　TANSO 宇宙からのCO_2観測概念図

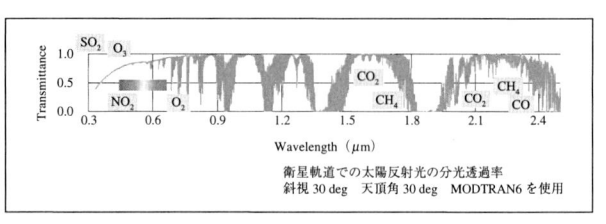

衛星軌道での太陽反射光の分光透過率
斜視 30 deg　　天頂角 30 deg　　MODTRAN6 を使用

図4　大気成分の観測波長帯（熱赤外を除く）

2.3　GOSATが計測する赤外3波長帯

GOSATでは遠隔測定からできるだけ正確にかつ温室効果ガスに関する多くの情報を得るため，赤外に関する波長帯である近赤外・短波長赤外・熱赤外すべて利用している（図4）。まず近赤外の0.76 μmでO_2のA帯の吸収線を観測する。O_2濃度はCO_2より高くかつ一定である。O_2の吸収量を測定すれば前述した太陽光の地球大気による光路の変化を推定することが可能となり，巻雲やエアロソルが存在する場合でもより正確にCO_2や2番目に温室効果があるメタン（CH_4）を観測することが可能となる。この波長帯では植物の光合成による蛍光も観測している。短波長赤外の1.6 μm帯では弱いCO_2の吸収とCH_4を，2.0 μm帯では強いCO_2の吸収を観測する。さらに，熱赤外の波長帯では大気および地表面からの熱放射を観測する。対流圏では鉛直方向に気温の勾配があることを利用してCO_2・CH_4の高度分布情報を得ることができる。太陽反射光で大気上端から地表面までの気柱量を観測し，熱赤外の観測で地表面からの排出の影響が強い下層濃度と，輸送の効果が強い上層濃度を分離し，温室効果ガスの排出・輸送・吸収の全球での振る舞いをとらえようとしている。

太陽光は地表面での反射や雲・エアロソルによる散乱で偏光するため，3波長帯は2直線偏光を偏光ビープスプリッターで分離して観測する。

2.4　フーリエ干渉計を用いた分光観測

GOSATでは分光計としてフーリエ干渉計（FTS）を採用し，その多重化の長所を利用して，前述の波長帯の光を，0.2 cm^{-1}の波数間隔で，共通の視野で観測している（図5）。もう一つのFTSの特徴である光学的スループットの長所を利用して，できるだけ多くのフォトンを集め

るべく666 kmの衛星高度からは15.8 mradの角度に相当する10.5 kmの円状のフットプリントからの反射・放射光を取込んでいる。単色光が入射した場合の応答である装置関数が点光源の場合sinc関数 $(sin(x)/x)$ で表現でき，有限の視野の場合でもモデル計算精度が高いため，ハードウエアの詳細を知らないユーザには扱いやすいデータを提供できる。

　後述する観測光を導入するポインティング機構・集光・コリメート光学系には反射光学系を用いている。偏光している太陽反射光の計測のため，キューブコーナー以外は銀ミラーにコーティングし，装置側の偏光による影響を抑えている。フーリエ干渉計機構部では赤外の3波長帯をカバーするためコーティング無しのZnSeのビームスプリッタを採用した。FTSとしては短い波長である $0.76\ \mu m$ の O_2 A帯でも70％以上の変調効率を得るために，面精度の高いものをスクリーニングにより選定した。

　近・短波長・熱赤外はそれぞれ検出器として，単素子のSi，−40℃に電子冷却したInGaAs，パルスチューブ冷凍機で70 Kに冷却した水銀カドミウムテルル（MCT）を用いる。地上のFTSはサンプリングレーザとして波長精度が高いHeNeを通常用いるが，GOSATでは10年スケールの軌道上計測であることを考慮し，$1.31\ \mu m$ の半導体レーザを温度制御しながら用いる。レーザ波長より短い近赤外波長域観測対象を観測するため，レーザの半波長の光路差毎にデータを取得する。さらに O_2 A帯観測においては光学・電気的に低・高周波両方をカットし帯域外光とノイズを除去している。

2.5　2軸ポインティング機構で導入する観測光

　GOSATは，耐放射線性能を有する16ビットAD変換器で76,336点からなるインタフェログラムデータを取得するのに4秒を必要とする。秒速7 kmで進行するGOSATは図5に示す2軸のポインティング機構を連続的に動作させ4秒間同じ地点を指向する。海面は反射率が低く暗いため，少しでも明るい反射光で観測性能を得るために，太陽反射光が鏡面反射となる地点およびその近傍を指向する（サングリント観測）。さらに，このポインティング機構は，温室効果ガスの大規模発生源・地上での評価地点・地球大気を介さない太陽直達光を拡散性の高いスペクトラロン板で反射させた校正光・ほぼ暗黒

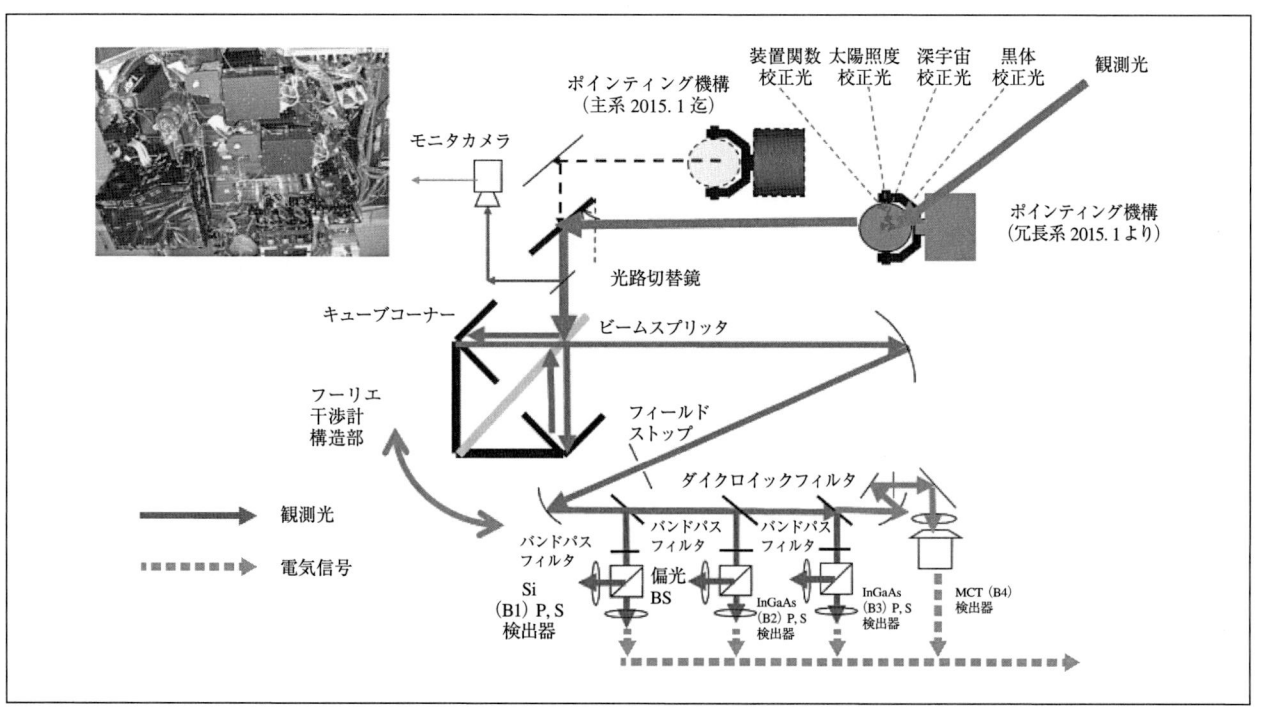

図5　TANSO-FTSのポインティング機構・光学系・検出器

の宇宙空間を指向することができる。GOSATはあらかじめ設定されたパターンで約300 kmの地点を格子状に観測するが，軌道上のメモリに観測時間と2軸の観測角度データを毎日アップロードすることで，地球上の任意の地点の観測データが得られる。

2.6　1 ppm精度実現のために

世界最高分光分解能の衛星搭載用分光計で1 ppm精度をめざすべく，検出器はスクリーニングを光学フィルタは何回も試作を重ねてきた。しかし，ハードウエアだけでは1 ppmは達成できない。

放射伝達モデルと導出アルゴリズムに関しては，研究チーム毎に競争と協力を重ねて，薄い巻雲がある場合や砂漠でも同じ精度でCO_2・CH_4を観測すべく改良が重ねられた。またGOSAT打上げ後の室内実験におけるO_2・CO_2・CH_4の吸収断面積の精度向上はめざましく，世界の衛星データ解析者の貴重な共有データベースとなっている。

衛星軌道で取得した分光放射輝度の観測精度・導出した物理量の精度評価にあたる校正・検証は，衛星からのデータの信頼性を高めるため国際協力で進めている。日米のチームはGOSATの打上げ前には基準光源・放射計の相互比較，打上げ後は毎年6月に，ネバダの広大な乾燥湖で，地上・ラジオゾンデ・航空機を用いたキャンペーンを行い，地表面反射率やCO_2・CH_4濃度だけでなく放射伝達にかかわるパラメータを可能な限り測定し，その解析結果を公開している。この取組みは，各国の宇宙機関にも評価されるようになり，GOSATの後に続く衛星との相互比較評価も加わり，宇宙からの観測は全球の分布・季節・年変動をとらえる唯一の手段としてなくてはならないものとなった。

3　打上げ後も進化する観測

3.1　10年スケールの観測

温室効果ガス観測は国際的な取組であり，一国でも多くの人にデータが使われるよう機器性能・処理アルゴリズムを公開し，全データを無償で配布している。今では，10か国以上でGOSATを利用した研究が行われている。

当初計画の5年を超えてからは，太陽電池パドルの片翼回転停止・主系ポインティング機構の劣化・冷凍機の一時停止が発生したが，冗長系への切替やデータ処理で対応し，9年間均質なデータを提供している。

3.2　非線形との闘い

FTSは，広い波長範囲の地球大気からの放射光を足し合わせて観測する。また，太陽反射光を利用して全球を観測するため，植生から明るい砂漠まで，さらに，極域から赤道域まで大きく変化する太陽天頂角に対応するため，広いダイナミックレンジが必要となる。FTSは線形な光電変換および信号増幅を前提とした観測システムであるが，実際にデータを処理してみると，光伝導型MCT検出器だけでなく，ほぼすべてのアナログ信号処理系に非線形要素があり，ポインティングやFTSの機構部にも微小振動が存在している。

GOSATでは地上に伝送された生の干渉データ（インタフェログラム）を逆フーリエ変換する前に補正を行い，理想的なインタフェログラムを構築すべく，10回以上のバージョンアップを重ねてきた（図6）。2018年3月に実施したバージョンアップでは，9年分のデータの非線形補正を中心とした再処理にスーパーコンピュータを用いている。

3.3　GOSATの観測で得られたこと

打上時には「亜大陸規模での吸収排出状況などの把握のため，時間および空間で平均処理をして1%の精度で観測する。」という控えめな目標を掲げていたが，打上げ2年後Butzらが，単独データでバイアスもランダム誤差がCO_2・CH_4ともに1%を切ることを示すと，衛星デー

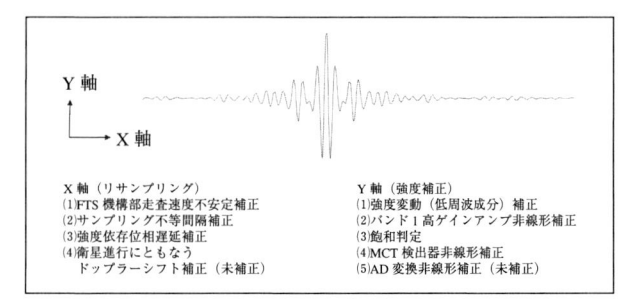

X軸（リサンプリング）
(1)FTS機構部走査速度不安定補正
(2)サンプリング不等間隔補正
(3)強度依存位相遅延補正
(4)衛星進行にともなう
　　ドップラーシフト補正（未補正）

Y軸（強度補正）
(1)強度変動（低周波成分）補正
(2)バンド1高ゲインアンプ非線形補正
(3)飽和判定
(4)MCT検出器非線形補正
(5)AD変換非線形補正（未補正）

図6　インタフェログラム上の非線形補正

タは広く使われるようになった[3]。その後もデータ処理の改善が繰り返され，精度は向上している。

またTurnerらはGOSATデータを用い北米のCH_4発生量を排出源別に導出し，従来の知見が過少評価であったことを示した[4]。衛星データから温室効果ガス削減対策に向けた情報を提供できるようになってきた。

さらにTANSO-FTSは高い分光分解能を活かして，細かい分光構造をもたない植物光合成時の蛍光を，フランフォーファー線の細かい構造をもつ太陽反射光から分離することで宇宙から初めて観測した[5]。総一次生産量に関する観測が宇宙から可能になった。

3.4 次々と登場するライバルと運用の改善

2009年に日本が先陣を切った宇宙からの温室効果ガス観測であるが，2014年には米国から，2016年には中国からCO_2観測衛星，2017年には欧州からCH_4観測衛星が打上がった。各国は太陽反射光に特化し，回折格子型のイメージング分光計を採用している。GOSATは約300 km間隔の格子点状の観測を続け，全球の温室効果ガスの動態を観測してきた。一方，削減をめざすCO_2の大半の人為排出は，全球に占める面積はわずかな大都市から，また油田・天然ガス田・炭田・ゴミ廃棄場・畜産など多様なCH_4人為排出源も大半は面積が小さくかつ局在化している。

FTSは観測点数では回折格子型イメージング分光計に劣るが，ポインティング機構を駆使して，どのようにサンプリングすれば，CO_2・CH_4の排出情報を効率的に抽出できるか検討し，衛星へアップロードするポインティングパターンの最適化を日々続けている。

4 次世代観測

4.1 これからの温室効果ガス観測

GOSATでは宇宙から1 ppmレベルの精度でCO_2をそもそも観測できるのかという課題に取組み，質の高い分光データが得られるFTSで実証してきた。今後は人為的な排出量を発生源別に把握するためのデータを，どれだけ効率的かつ空間的に細かく提供できるかが重要になる。

温室効果ガス排出は人間活動と密接に関係するため発生源別の情報は削減対策に有効である。ビッグデータの時代とは言え，宇宙からデータを伝送するにはそれなりのコストが発生する。温室効果ガス排出は人間活動に相関が高いため，世界地図帳の縮尺がサハラ砂漠とパリで異なるように，全球はくまなく，発生源周辺はkmレベルで凝視する組合せが求められる。

4.2 コンパクトなセンサで最大の情報抽出を

0.01℃まで識別できるが値段も10倍の高級体温計はまず売れないであろう。衛星温室効果ガス観測は視野内の平均濃度を観測するため空間的ばらつき程度の精度があればよい。また宇宙から1 ppmを超える精度の観測を仕様とすると，ハードウエアだけではなく，O_2・CO_2・CH_4の吸収断面積や放射伝達計算の精度も不足している。一点の精度を上げるよりも，空間分解能を向上させれば，発生源での排出に伴う濃度上昇を正確にとらえ，面的分布情報は排出後の流れをとらえることできる。衛星観測は地表面から大気上端までの気柱量全体を測定することができることが長所であり，面情報を加えれば排出の全貌の理解につながる。輸送・発電所など発生源が入組んでいるCO_2は面的情報が有用である。

FTSは，得られたインタフェログラムの切出し範囲を変えることで，任意の分光分解能の分光データを作ることができる。また多重化の利点を利用して各波長帯は波長幅に余裕をもたせて観測しているため，蓄積されたGOSATデータを利用して，CO_2・CH_4観測に程よい分光分解能・波長範囲を決定し，次のセンサの仕様に反映することができるようになった。

TANSO-FTSは1つの分光データを取得のため，4秒かけて，測距レーザの半波長間隔で7万6千点からなるインタフェログラムを取得するが，得られる物理量はCO_2・CH_4濃度，地上気圧・地表面反射率・エアロゾルの光学的厚さなど高々10程度である。一方，回折格子型分光計は，分光分解能はFTSに劣り，分光データ数はアレイ素子数に限定されるが，伝送データ量は桁違いに少ない。今後のセンサ設計においては分光・空間分解能，観測範囲，頻度の組み合わせから情報抽出の最適化を図っていく必要がある。

4.3 2次元赤外検出器の活用

地球を周回する衛星では，2次元検出器の1次元を分光に，1次元を衛星進行方向と垂直の画像取得に割り当てると空間的に密な分光データを取得できる。量子型赤外センサは液体窒素温度まで冷却するのが理想であるが，冷凍機の搭載や放射冷却を行うことは電力・質量などの多くのリソースを必要とする。近年CMOS技術は著しく進歩し，電子冷却で使用可能な短波長赤外の2次元InGaAs検出器は多素子化も進み，暗電流とカットオフ波長を決める検出器温度を適切に選択すれば1.6 μm波長帯でのCO_2・CH_4の吸収帯観測が実現する[6]。

現在主流なイメージングスペクトロメータは広波長範囲を連続分光するものであるが，数10 nmに限定することで1Å分光分解能を達成し，かつ効率の高い回折格子を用いることができる。

5 まとめ

2009年世界初の温室効果ガス観測衛星として打上げ，10年目の運用にはいったGOSATであるが，開発時には「そもそも実験室では主に熱赤外の波長を用いるFTSを短波長の0.76 μmまで拡張し，宇宙環境できちんと干渉光が得られるのか」，「FTS機構部・ポインティング機構・冷凍機が安定して動作するのか」など不安で一杯であった。その後，国際的にデータが使われるようになっただけでなく，各国から衛星が打ち上げられるようになった。周回衛星だけでなく静止衛星からの常時観測用のセンサも開発されている。各国宇宙機関だけでなく民間による小型センサも打上がるようになった。今後も，アイデアあふれる新しいセンサによる観測が生まれくるであろう。

6 最後に

GOSATは打上げ後，24時間休むことなく運用を続け，日々観測パターンの改良を重ねてきた。「軌道に乗る」という言葉とは裏腹に，軌道上で何回かトラブルにも見舞われてきたが，その度に，設計者が衛星運用室に駆けつけ乗切ってきた。9年の運用から得られたCO_2データは単純な年増加ではなく，熱波による光合成の低下などの事象も捉えてきた。世界で唯一の10年スケールの温室効果ガス観測センサとして，定期的な校正を行ってデータ質を維持し，解析においては国際的な競争のなかで切磋琢磨して，1日でも長く高精度のデータを提供していきたい。

参考文献

1) Kuze, A., *et al.*, "Thermal and near infrared sensor for carbon observation Fourier-transform spectrometer on the Greenhouse Gases Observing Satellite for greenhouse gases monitoring", Appl. Opt., 48, 6716-6733 (2009).

2) Kuze A. *et al.*, "Update on GOSAT TANSO-FTS performance, operations, and data products after more than 6 years in space", Atmos. Meas. Tech., 9, 2445-2461 (2016).

3) Butz, A. *et al.*, "Toward accurate CO_2 and CH_4 observations from GOSAT", Geophys. Res. Lett., 38, L14812, doi:10.1029/2011GL047888, (2011).

4) Turner. A. J., *et al.*, "Estimating global and North American methane emissions with high spatial resolution using GOSAT satellite data", Atmos. Chem. Phys., 15, 7049-7069 (2015).

5) Frankenberg, C, *et al.*, "New global observations of the terrestrial carbon cycle from GOSAT: Patterns of plant fluorescence with gross primary productivity", Geophys. Res. Lett., 38, L17706, doi:10.1029/2011GL048738 (2011).

6) Kuze, A., and Suto, H., "Imaging Spectrometer with an Agile Pointing System to Quantify Global and Regional Greenhouse Gas Fluxes and Monitor Localized Emission Sources", Trans. JSASS Aerospace Tech. Japan, 16, 147-151 (2018).

■**Atmospheric carbon dioxide monitoring from space with an accuracy of 1 ppm**
■Akihiko Kuze
■Earth Observation Research Center, Japan Aerospace Exploration Agency

クゼ　アキヒコ
所属：宇宙航空研究開発機構　地球観測研究センター　主任研究開発員

市場編

第5章　非冷却赤外線センサー市場

非冷却遠赤外線イメージング市場は本格勝負の時
—自動走行，Automation化，新規市場創造など—

㈱テクノ・システム・リサーチ
高澤里美

1　非冷却遠赤外線イメージング市場の現況

室温で動作する非冷却遠赤外線アレイセンサーの登場により，民間向けでの用途開拓が繰り広げられている非冷却遠赤外線イメージング市場であるが，技術の進化，市場の変化を鑑み，ローエンドからハイエンドに至るま

でIndustrial向けを中心に市場拡大のポテンシャルは一気に高まってきている。また，可視光カメラとは異なる部品材料などを要し，かつ課題克服が待たれる一面もあることから，新規開発に挑む光学関連メーカーが存在するなど，上流から下流まで，さまざまな動きが活発化している点も注目される。

まず，市場という観点においては，「現場最適化に即

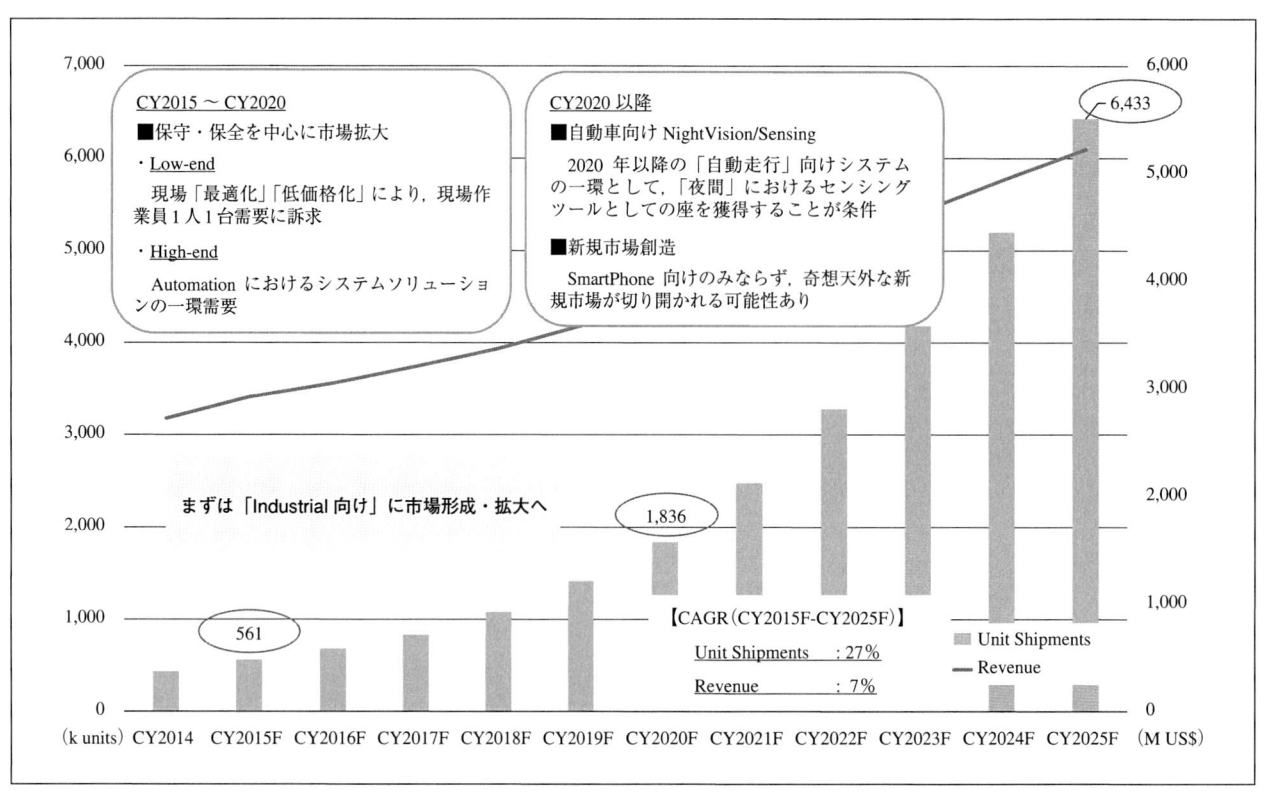

図1　非冷却遠赤外線イメージングの世界市場規模

した保守・保全」,「アレイ化センシング（非イメージング）市場立ち上がりのステージかつ新規市場開拓」,「自動走行に向けた自動車Night Vision/Sensing」という3つの伸長要因があると見る。また，これらの伸長要因促進の背景には，センサー単体での販売モデルから，Camera Core，Sensor Moduleでの販売モデルへの転換という市場構造の変化があることも特筆すべきポイントとなる（詳細は後述）。

こうした伸長要因を背景とした非冷却遠赤外線イメージングの世界市場規模は，数量ベースにて2015年の56万台（前年比30.2％増）から2020年には184万台，2025年には643万台へ，金額ベースでは同順に29億米ドル，39億米ドル，55億米ドルへと右肩上がりの市場拡大を見通す（図1）。

なお，㈱テクノ・システム・リサーチ（TSR）では，非冷却遠赤外線イメージングの波長領域を8〜14 μmとし，熱検知画像を表示するサーマルカメラ，同じく熱検知ではあるが温度差を疑似カラー表示するサーモグラフィーカメラの二つに大別し，各用途を表1のとおり区分している。また，映像にはしないまでもデータをアレイで取得するアレイ化センシング用途に関しても表1のように区分する。

1.1 市場構造の変化

市場伸長要因に関して検証するにあたり，その背景に市場構造の変化があることを確認しておきたい（図2）。非冷却遠赤外線イメージング製品は，パッシブにて8〜14 μm帯の放射エネルギー（熱エネルギー）を検知して画像表示するものである。そのため，真っ暗闇でも光源を用いることなく10 μm前後の人体や動物を遠方でも検知・識別し分けられる利点がある。しかし，センサー製品輸出に際し，この特徴ゆえに各国Defense分野に関連する輸出規制が厳しいことなどが市場拡大の阻害要因の一つとなっていた。また，技術面においても，センサー製品では，①センサー素子が感度高く熱検知するための真空封止，②センサーから出力されるデータへの専門的な補正技術を要する（ノイズが多いため）など，実際に活用するにはさまざまなハードルが存在していた。そのため，従来はこうしたハードルを克服可能な赤外線に精通したプレーヤーを中心とする市場形成に留まっていた。

しかし，こうした状況に風穴を開けるべく主要センサーメーカーの多くがセンサー単品での販売ではなく，購入者がストレスなく映像表示可能なCamera Core製品，Sensor Module品での提供へと大きく舵を切ってきた。これにより，誰でも容易に活用できる赤外線センサーとして位置付き，非冷却遠赤外線イメージング製品が世界各国へ普及促進される土壌が整ったことになる。

2 保守・保全では「現場最適化」が市場伸長を促進

さて，市場という観点にて本市場全体を俯瞰してみた図を図3に示す。足元の既存市場にて特徴的な流れは「現場最適化」である。保守・保全ではLow-endとHigh-endの二極化が鮮明になっているが，Low-endにおいては従来と異なり，現場作業員一人一台に最適化したデザイン，使い勝手，小型・軽量化，低価格化が促進されている。これに伴い，先進国，新興国を問わず，従来は必要に応じた台数しか所有できなかったサーモグラフィーカメラを現場作業員が一人一台所有して使用する環境が生まれたり，スポット計測されていた放射温度計などの市場をビジュアル化する新規市場が形成されてくるなど，日本

表1 非冷却遠赤外線イメージング市場および同アレイ市場（非イメージング）の用途別区分

非冷却遠赤外線イメージング市場		非冷却遠赤外線アレイ市場（非イメージング）
Thermal Imaging	Thermograhy Imaging	アレイ化センシング
Automotive（Night Vision/Sensing）	保守・保全 High-end （建築診断など） Middle-range （設備診断など） Low-end （簡易的設備診断など）	産業機器向け（Smart Building など）
防災・Security（政府・公共系／民生系）	医療	家庭向け（家電製品など）
	研究開発・試験	高齢者向け（高齢者見守りなど）
	新規市場・Others（Smart Phone 向けなど）	自動車向け（乗員検知，空調コントロールなど）

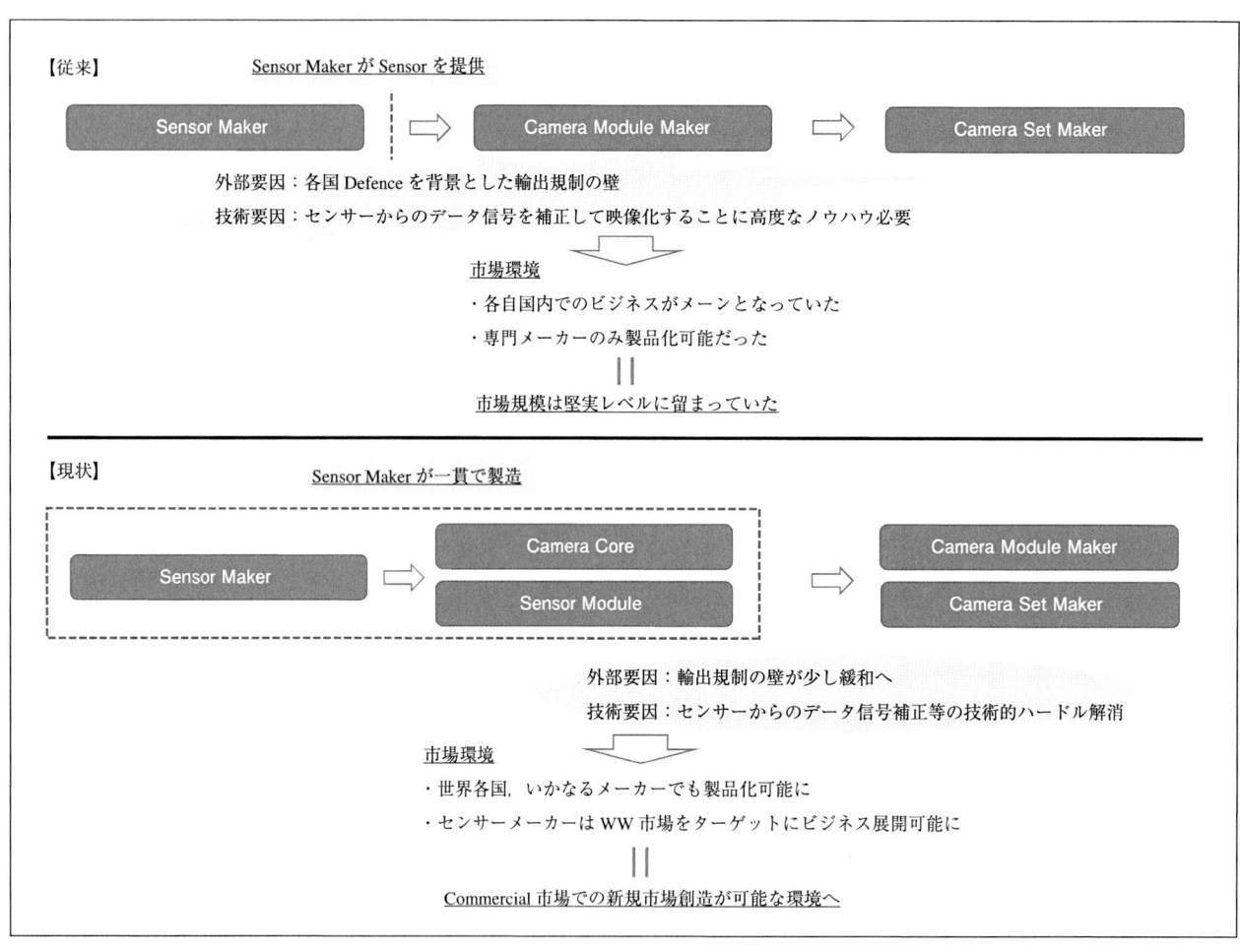

図2　非冷却遠赤外線イメージング全体市場の製品別における市場構造の変化

を含め世界的に市場規模(数量ベース)を押し上げている。

　一方，High-end領域では，Automation，Drone等での非破壊計測におけるシステムソリューションの一環として第一スクリーニング機能（欠陥検出など）を確実に担う製品化が促進され，技術革新が繰り広げられている。たとえば高画素化（XGAセンサー搭載＋超解像技術），常時監視に伴う膨大なデータ処理方法（無線を伴うクラウド管理，もしくは現場完結型のストレージ機能など）など。計測すべき内容によっては，より必要な機能部分に特化して洗練し，小型・軽量化を重視した製品アプローチも見受けられるようになってきた。また，研究開発・試験用という意味でのHigh-end領域では用途によっては「高速化」という要素もキーワードになりつつある。

　このように，Low-end，High-end共にそれぞれの現場

に即した最適化を図ることで，赤外線カメラ活用のすそ野が広がってきており，足元の本市場伸長を堅実にリードする牽引材料と成り得ていると見通す。

3　自動走行向け自動車 Night Vision/Sensingが鍵

　従来より本市場の起爆剤として期待されている自動車Night Vision/Sensingにおいては，まずは2018年のEuro-NCAPによる夜間のPD（歩行者検知：Pedestrian Detection），AEBS（先進緊急ブレーキシステム：Advanced Emergency Braking System），Cyclist（サイクリスト）へのポイント加算対応を見越して開発を進めてきた欧州の新規参入メーカー数社の台頭，また欧米市場展開を見据えてThermal Camera搭載を前向きに検討中の欧

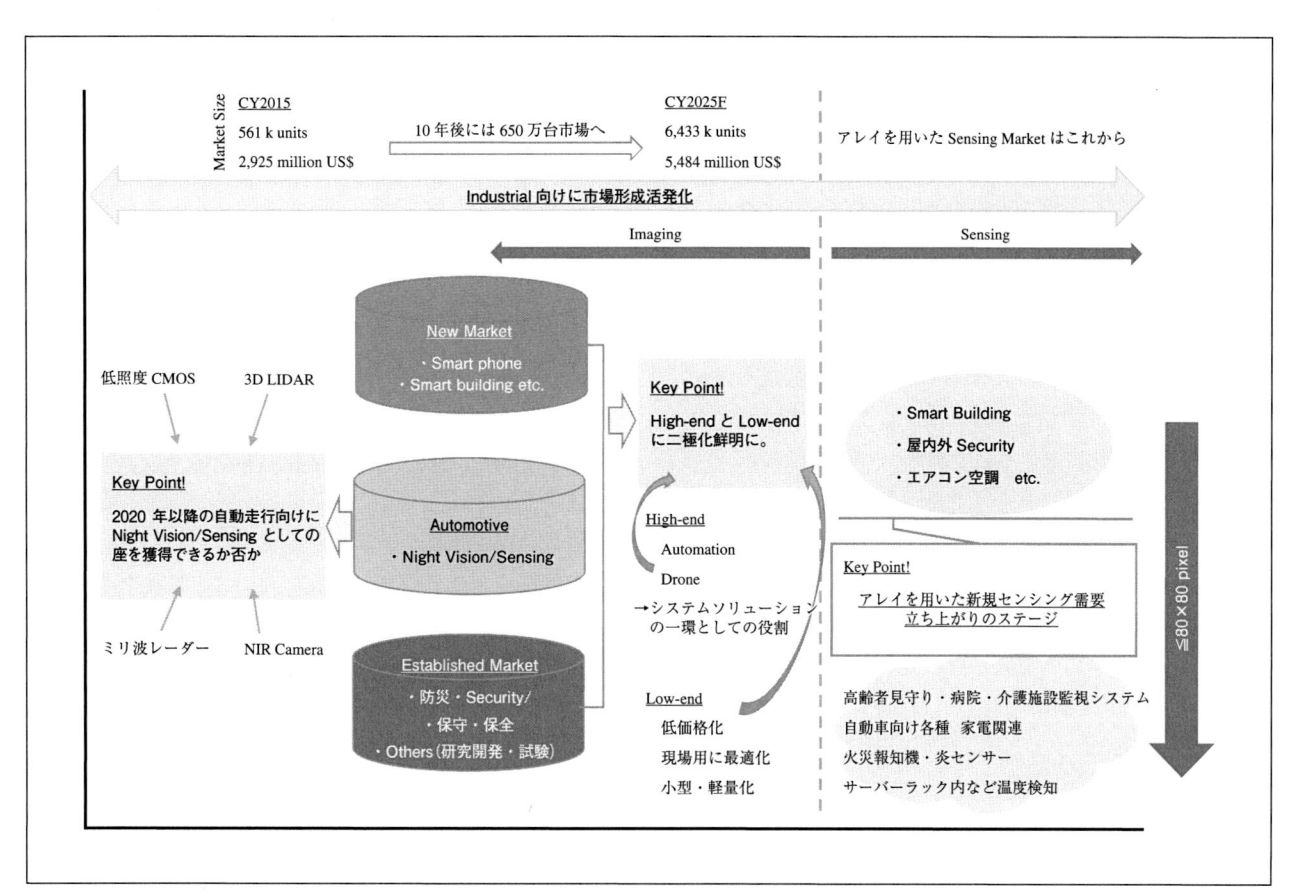

図3　非冷却遠赤外線イメージングの全体市場俯瞰図

州，米国，韓国などの自動車メーカーの動きも2018年あたりから具体化してくるものと見通されており，本市場の起爆剤としての期待値は依然高い。一方，日本の自動車メーカーを筆頭に，直近では既存搭載技術である単眼カメラ＋ミリ波レーダー，ステレオカメラなどの技術のブラッシュアップにより2018年のEuro-NCAPによる夜間のPDなど前述のポイント加算対応，2020年に向けた半自動走行をクリアーしていこうとする向きが強いのもまた事実である。しかしながら，2020年以降の完全自動走行のタイミングにおいては，システム全体の中における「夜間」対策としてThermal Camera搭載への期待値は高く，検知距離，悪天候なども含めた「夜間」対策に関する万全の解は何か，という視点にて，他技術とも比較されながら実搭載に向けた最終検証が行われつつある。この完全自動走行の際には，各自動車メーカーにおいてシステム，アルゴリズムを含め，抜本的な刷新にな

る可能性が高い。その意味でも，システム全体を見据えた「Thermal Camera」ありきな提案力も必須となる。

4 アレイ化センシング市場，新規市場創造が始動

　2014年初頭から顕著となったスマートフォン向け外付けアプリケーションに伴う低画素（6,000画素）帯ボロメーター登場は，一般消費者向けまでをターゲット市場に見据えたアクションであったが，現時点においては一般消費者に本格的に普及してくるほどにはまだ至っていない。しかしながら，従来は高価なセンサーであったボロメーターが80×80 pixel以下の低画素，かつ数万円以下の低価格で手に入る状況が実現したことにより，Industrial向けのアレイ化センシング（非イメージング）市場を刺激し，プラスの相乗効果をもたらしている。従来から低価格，低画素を特徴にサーモパイルアレイセン

サー，焦電アレイセンサーが新規市場創造に向けて挑戦
しているステージであった。しかし，実状はSingle〜
Quadなどの低価格品にてすでに市場形成がなされた環
境となっており，アレイ化という付加価値に対するコス
トアップメリットがなかなか享受されず，アレイ化セン
シング市場形成はスロースピードとなっていたのであ
る。その意味でも，低画素帯・低価格なボロメーターの
出現が従来からのサーモパイルアレイ品（8×8 pixel品
など）も巻き込みながら，アレイ化を用いた新規センシ
ング需要立ち上げにシナジー効果をもたらしていること
は，本市場活性化における好材料の一つと言える。

　直近において顕著なアレイ化センシング需要は，エア
コン空調におけるサーモパイルアレイ搭載実需である。
2015年後半からエアコン空調向けサーモパイルアレイセ
ンサー搭載需要が日本および中国等にて活発化。アレイ
化センシング市場の牽引者となっている。また，2017年
以降には，まずは欧州においてMIRTIC（Micro Retina
Thermal Infrared）プロジェクトを背景としたSmart
Building需要（エネルギーマネージメント需要）が立ち
上がり，その後，環境・省エネの観点からも同様の需要
が世界各国へ普及していくシナリオが見通せる。さらに，
世界各国においてテロの脅威が増す中，セキュリティー
システムにおける不審者の第一スクリーニング機能強化
の一環として低画素ボロメーター活用を検討する動きも
一部で始まっているもよう。

　その他，プライバシーを侵害しない高齢者見守りシス
テムにおけるアレイ化センシング需要，車室内における
さまざまなアレイ化センシング技術活用の可能性，エア
コン空調に留まらない高性能かつユニークな家電製品，
ゲーム機やモバイル端末，はたまた産業機器向けなどで
の新規市場創造など，現状には存在し得ない数々のイノ
ベーションが本市場において立ち上がりつつある。しか
も，こうした新規市場創造のポテンシャルの宝庫は実は
「日本」にあることも重要な視点となる。だからこそ，欧
州，米国などの主力メーカーが日本市場へのアプローチ

を強化しているのである。逆に日本のメーカーにとって
は，地の利を活かせる大きなチャンスとも言えるだろう。

　一方，新規市場の筆頭株となっているスマートフォン
向けの動きでは，2016年初頭に，産業向けではあるが，
ついにスマートフォンに低画素ボロメーターのコア製品
を搭載した新製品が米国にて599＄という価格帯にて登
場するという出来事があった。最終的には一般消費者に
サーマル機能搭載スマートフォンが販売される未来も近
いかもしれない。

5　市場促進に向け部品材料開発も活発化

　前述の市場伸長シナリオを実現するためには，非冷却
遠赤外線カメラのコスト構成において5割強を占めるセ
ンサー，レンズモジュールの低コスト化も必要不可欠な
要素となる。センサーに関しては欧米主要メーカーを中
心に，8インチ化，製造委託体制の整備，10〜12 μmへ
のピッチシュリンクなど量産化によってコストダウン可
能な道筋が見えてきている。その意味では，ゲルマニウ
ム材料含有が必須であることにより高価になりがちなレ
ンズ価格が課題となっている。製造方法の工夫，ゲルマ
ニウム材料含有量の低減など各社の絶え間ない開発努力
によりある一定レベルまでは低コスト化のめどが立って
きているが，材料リスクの壁は依然高い。こうした状況
下，日本勢を中心にゲルマニウム材料リスクに依存しな
いシリコンレンズ開発，中には樹脂レンズ開発に挑むグ
ループも出現している。固定概念を覆す部品材料開発に
挑む動き，新規市場創造に向けた準備は続々と整いつつ
ある。

　このように，民生市場において上流から下流まで本市
場製品が活用される土壌は整った。ここからは本製品活
用のすそ野を広げていく積極的な提案，アクションが求
められてくる。自動走行，Automation化など大きなウェ
ーブからボリュームゾーンに訴求する新規市場創造ま
で，本格勝負の時である。

レポート編

第6章　注目されているアプリケーション

次世代自動車の安全を担うか？住友電工のZnS赤外レンズ

先進運転支援システム（ADAS）やその先にある自動運転においては，多数のセンサーが安全な運転を支援する。既に多くのセンサーの搭載が始まっている一方で，技術自体は実用化されながらも車載が遅れているのが，夜間の自動車の「目」となり，暗闇の歩行者などを検出する遠赤外線カメラだ。

その理由の一つにコストの問題がある。遠赤外線カメラにはゲルマニウム（Ge）レンズが主に使用されているが，ゲルマニウムは希少金属（レアメタル）であることと，レンズ形成が切削加工で行なわれることがコストを押し上げており，カメラの価格の大きな部分を

占めると言われている。

さらに，遠赤外線カメラを車載するには，カメラ本体やGeレンズを飛び石や埃，酸性雨などから保護するためにケースに収めるが，このときレンズの前に設置する保護窓も，レンズと同じ波長を透過させるためにGeで作らねばならず，これが価格をさらに押し上げる要因となっている。

その結果，遠赤外線カメラは数十万円のオプションとして一部の高級車に搭載されているだけなのが現状だ。そのため，大衆車にも搭載が可能な安価な遠赤外線レンズが自動車メーカーから求められている。

遠赤外線レンズの素材には，Ge以外にもカルコゲナイドがある。カルコゲナイドガラスはモールド成形が可能

という長所があるものの強度の面で弱く，車載するためにはやはりGe窓の付いた保護ケースが必要になるほか，カルコゲナイド自体もGeを含有するため，コストを劇的に下げるには至っていないのが実情だ。

これに対し住友電気工業では，硫化亜鉛（ZnS）を用いた遠赤外線レンズ（透過波長：8〜12μm）を開発した。

このレンズの特長は，材料が安価に合成できるZnS粉末であることと，焼結によるモールド成形が可能な点にある。

さらに，ZnSレンズは，ダイヤモンドライクカーボン（Diamond - Like Carbon：DLC）コートを付けることで機械的強度を高めることができるので，ケースに保護窓を設けずに遠赤外線カメラを車載することができ，コス

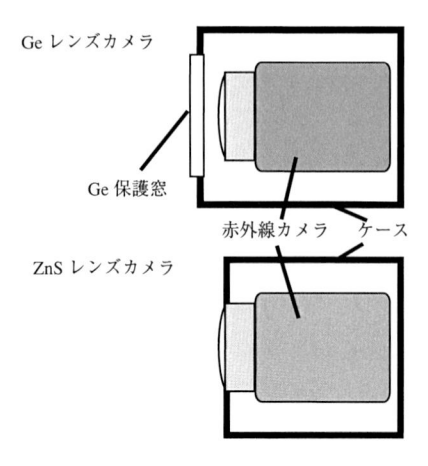

図1　GeレンズカメラはGe保護窓が必要

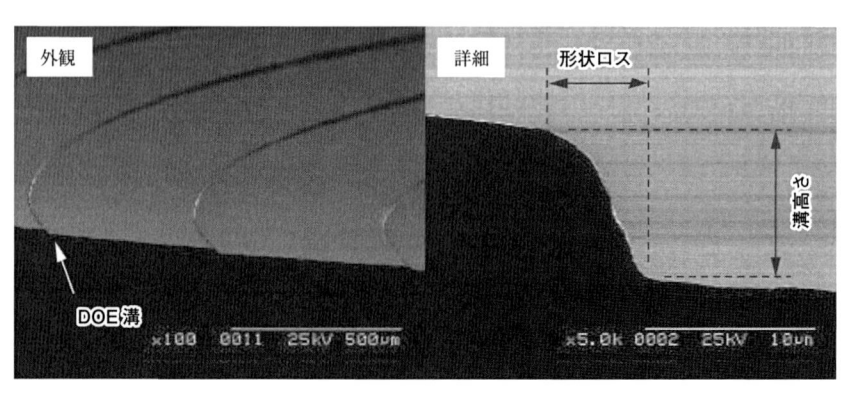

図2　ZnSレンズに形成したDOE形状（出典：SEIテクニカルレビュー・第175号）

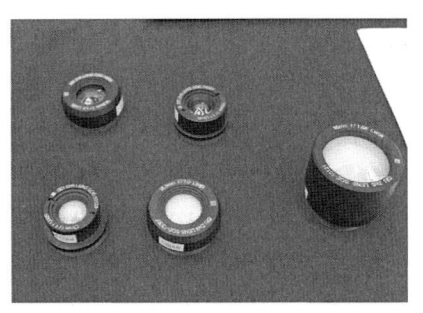

図3　ZnSレンズ（手前と右：IRコート品，奥：DLCコート品）

表1　ZnSレンズの特性

材質			焼結 ZnS
光学特性	透過率（AR コート）@3 mmt		0.90
	アッベ数　8–12 μm		22.8
	屈折率 @10 μm		2.200
熱特性	dn/dt@10 μm		41
	熱膨張係数 .α(10^{-6})		6.7
機械特性	ヌープ硬度（kg/mm^2）		230
	曲げ強度（MPa）		98
	ヤング率（GPa）		86

トの大幅な削減が可能になるという。

　光学特性を見ると，ZnSはGeと比べてアッベ数が小さいが，同社ではモールド型に高さ5 μm程度の段差を付けたDOE形状を形成する緻密な形成技術を開発しており，高い解像度を得ることに成功している。

　全体的な光学特性でZnSレンズはGeレンズをやや下回るが，DOEの形成が可能なことや，ケースの保護窓による透過ロスが無い分，車載カメラ用途においてはGeレンズとそん色のない性能が期待できるという。これは軍事用途など特殊な分野以外では十分なもので，監視カメラ大手メーカーでも同社のZnSレンズを採用しているという。

　さらに，温度変化に敏感なGeレンズに対しZnSレンズは温度に対する特性の変化が穏やかで，–20〜80℃においてMTFの低下量が少なく十分に使用できるという特長もある。同社では温度補償としてアサーマル機構も開発しており，使用環境が過酷な車載でも安定した動作が期待できるとしている。

　Geは産出国に偏りがあることから供給リスクが懸念される材料の一つであるほか，年間900万台近く生産される自動車が標準的に赤外線カメラを搭載するようになった場合，それだけのGeレンズを供給すること自体が不可能だという。

　今後，ADASでは遠赤外線カメラの暗視機能が標準化されていくと言われており，国内外の自動車関連メーカーが2018年までの製品化を目指して動いているほか，「保険業者もADAS搭載車を対象に保険料の値下げを始めている。今後，遠赤外線カメラの需要はますます高まっていくのは間違いない」（ZnSレンズ代理店）としている。

　ZnSレンズでどの程度のコスト低減が見込めるかについては製造量次第だというが，「うまくいけばカメラの価格を5分の1くらいにできるかもしれない」（同代理店）という。現在，引き合いは非常に多く来ているといい，今後の流れ次第では遠赤外線レンズの主役となるかもしれず，今後が注目される。◇

水処理へのUV-LED応用が加速 ——水ingがUV-LED水消毒装置を開発

300 nm以下の深紫外波長領域においてUV-LEDの実用化が進んでおり，用途開発も展開されている。とりわけ，光源の開発は260〜280 nmに集中して活発化しており，用途では殺菌市場に対する期待が大きい。

こうした中，総合水事業会社水ingは水殺菌・減菌用途を想定し，UV-LED水消毒装置の試作機を発表した。開発は，東京大学先端科学技術研究センター・准教授の小熊久美子氏と共同で取り組んだ。

欧州をはじめとして水処理分野では，処理能力に応じて低圧水銀UVランプや中圧水銀UVランプが利用されており，長らく浄水処理施設をはじめ，下水処理施設，飲料・食品工場における原料水・排水処理などにUVランプを搭載した殺菌システムが導入されてきた。

近年では従来のUVランプに含有する水銀に対し，健康被害や環境汚染につながると懸念され，規制や基準が厳しくなっている。実際，2020年までに水銀含有製品の製造・販売が原則禁止されるという，水銀に関する水俣条約（水銀条約）が採択されており，代替可能な製品の登場によって，従来の水銀含有製品は規制の対象になる。現

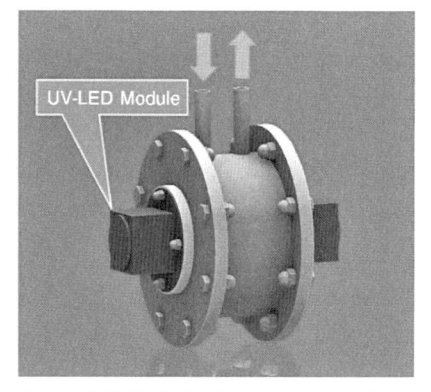

水ingが小熊氏と共同開発したUV-LED水消毒装置のモックアップ

状，従来のUVランプは水俣条約の規制対象外だが，大容量の水処理に耐えうるUV-LEDが市場に登場すれば，状況は一変する可能性がある。UV-LEDを搭載する装置開発が進んでいるのは，そのような背景もあるからだ。

現在，水ingと小熊氏が共同開発したUV-LED水消毒装置の性能評価が行われている。

具体的には，東大の実験施設で試作機を運転し，水流量や点灯させるUV-LEDの個数を変えたときの殺菌率の確認などを行なっているという。ここで得られたデータをフィードバックし，製品化をめざす。現状の処理能力は16ℓ/分となっているが，当初は中小規模の水処理用途向けに製品化を進

め，将来的には大規模な水処理用途向けへと展開させるとしている。

LEDは波長選択が可能で，ON-OFFの繰り返し運転に強い，メンテナンス性にも優れる，小型・軽量化や素子の配置などデザイン面でも自由度が高いなどといったメリットがある。

これにより，水処理用途でも，これまで設置が難しい場所に対応できる可能性がある。また，小型で水銀レスという安全性を享受するものでは，UV-LEDを搭載した家庭用浄水器の市販品も登場し始めている。

水の殺菌効果は光源の波長で決まってくるが，小熊氏によれば，「従来の水銀ランプは低圧のもので254 nm，中圧タイプではおよそ200−600 nmまでの広い波長が得られる。

これに対してLEDは単一波長が得られるため，どの波長が水処理に適するかを調べることができるとしている。

従来の低圧ランプは波長254 nmを放射するが，「殺菌効果は主に紫外線が微生物の遺伝子にキズをつけることで得られるが，実は遺伝子に対して光吸収率が高いのは260〜265 nmで，LEDではここを狙うことも可能である。」（小熊氏）という。

加えて，タンパク質に対しては280

水処理用途における従来ランプとUV-LEDの特性比較
(出典：「造水技術ハンドブック＜追補版＞，」（一社）造水促進センター，提供：小熊氏)

	エネルギー変換効率*1 (％)	寿命*2 (時間)
一般照明光源		
白熱電球	8 − 14	1,000
白色蛍光灯	25 − 30	12,000
照明用 LED	25 − 38	50,000 − 100,000
紫外線光源		
低圧 UV ランプ	35 − 40	9,000 − 12,000
低圧高出力 UV ランプ	30 − 35	8,000 − 12,000
中圧 UV ランプ	10 − 20	4,000 − 8,000
UV-LED	<1 − 4	1,000 − 10,000

(文献[3,4,5]) および各光源メーカーカタログより筆者作成)
＊1：投入電力エネルギーに対する光出力エネルギー（照明光源では可視光出力，紫外線光源では紫外線出力）の割合
＊2：出力が初期値の70％に低下するまでの点灯時間
　　　ただし，効率，寿命とも参考値であり，製品性能や使用環境により変動する。

〜285 nmに高い吸収率を持つとされており，この波長の殺菌効果も高いとする。ただ，現状ではUV-LEDの素子自体の性能や費用対効果という観点で，280〜285 nmが使い勝手が良いのではないかというのが小熊氏の見方だ。

水ingのUV-LED水消毒装置に搭載されている光源の波長も280 〜 285 nmとしているが，「実際に決まったものではない」（同社）としており，実用化に向けては装置仕様に適したUV-LEDデバイスの選択を進める考えを示している。

装置化するうえで要求されているのは，UV-LEDデバイスのさらなる高出力化と高効率化，長寿命化だ。エネルギー変換効率に関して言えば，従来ランプとの比較を見ても，低圧ランプの35〜40％，低圧高出力ランプの30〜35％，中圧ランプの10〜20％のそれぞれに対してUV-LEDは<1〜4％と，その差は極めて大きい。

「投入電力を大きくすると，高出力を得ることができるが，エネルギー変換効率と寿命が低下する」（同社）というのが実情で，LEDの本来のアドバンテージである省エネ性能が低下するという課題がある。このため，現状のUV-LEDデバイスのさらなる仕様向上が期待されている。

今回水ingによる装置開発の発表は，水殺菌市場におけるUV-LEDの需要拡大の可能性を示すものとなった。今後，参入企業によるUV-LEDを搭載した水処理装置の開発機運は高まっていくものと考えられているが，装置化するうえで，標準化・規格化の動きも気になるところだ。

これについて，小熊氏は「いま議論を進めているところであるが，現時点では国際的なコンセンサスはえられていないのが実情だ。例えば，米国で売られている家庭用浄水器に関していえば，米国の浄水場用の紫外線装置で性能を評価するときと同じ方法がとられている。つまり，従来の水銀ランプを使った装置の評価基準を踏襲している。

当面，実務上ではこの方法が良いと考えているが，学術的には照射している波長が異なるので，今後装置メーカーがそれぞれ異なる波長のLEDを搭載した水処理装置を開発されたとき，企業ごとに波長が統一されていないものであったり，異なる複数の波長を融合させたものであったりした場合，照射しているエネルギー量を従来のランプと同じ評価方法で計測するのは無理があると考えている」と語る。

現在は，従来ランプの性能に対してUV-LEDの性能を比較する方式が一般化されているが，将来的にはUV-LED搭載装置に対する，新たな評価基準を規格化する必要があるとしている。

富士キメラ総研によると，UV-LEDパッケージ市場は2015年が60億円だったが，2020年には830億円になると予測している。UV-LEDに代替可能なアプリケーションは多岐にわたるが，そのうちの一つである水殺菌市場は大きいものと考えられている。今回の水ingに代表されるように，既に対応装置の実用展開が見えているが，こうした中にあって，より高効率なUV-LEDの実現に対する期待は増している。今後の水殺菌市場を巡るUV-LEDとその関連機器の開発動向が注目される。◇

学振シンポに見る，
紫外発光デバイス技術と市場の課題

「2日間を是非楽しんで欲しい」と開会の挨拶をする，上智大学教授の岸野克巳委員長

約180名の参加者が集まった

日本学術振興会 ワイドギャップ半導体・電子デバイス第162委員会は，2018年9月27日，28日の二日間にわたり，第110回研究会・特別公開シンポジウム「紫外発光デバイスの最前線と将来展望」を，東京大学生産技術研究所コンベンションホールにて開催した。

このシンポジウムは深紫外線LEDおよびレーザーの開発動向を中心に発表を行なうもので，約180名が参加した。2日間で10本の講演とパネル討論会，若手研究者による35本のポスターセッションおよび，ナイトライド・セミコンダクターとLGイノテックによる深紫外LEDと応用製品の企業展示も行なわれた。

シンポジウムは理化学研究所の平山秀樹氏の講演「深紫外LEDの課題，進展と将来展望」によって幕が切って落とされた。この講演は深紫外LEDに期待される応用とその市場についての概観を示すとともに，実用化にあたって最大の課題となる高効率化を実現するために，内部量子効率，電子注入効率，光取出し効率のそれぞれの課題と見通しについて解説した。

続いては三重大学教授の三宅秀人氏が「AlNテンプレート高品質化の進展」について解説した。高効率AlGaN深

紫外LEDを作製するためには高品質AlN/サファイアテンプレートが求められるが，サファイア基板のAlN膜は格子不整合により高密度な貫通転移が発生する問題があった。これに対して三宅氏は，スパッタ法と高温アニールによって簡便に低転位密度（10^8 cm^{-2}台前半）のAlN膜が作製可能なことを報告した。

東北大学教授の秩父重英氏は，「AlN, AlGaN薄膜および量子井戸の発光特性」と題して講演を行なった。ここでは，AlGaN紫外発光デバイスの室温における発光内部量子効率を制限している要因を明らかにするとともに，それを改善するための手法について考察した。具体的な評価方法および，AlN単膜の発光特性や形成される点欠陥などについて詳細な解説を行なった。

初日の最後は大阪大学の森勇介教授が「波長変換による全固体紫外レーザー光源の進展とその応用」と題して講演を行なった。森氏は非線形光学結晶CLBO（CsLiB$_6$O$_{10}$）を発明し，深紫外波長域の固体レーザーの実用化に大きな役割を果たしている。ここでは，その開発から実用化に至るまでの物語や，今後，同レーザーによる検査装置が期待されるEUV市場について，ベンチャー設立など具体的な体験を交えた語り口で会場の注目を集めた。

初日の最後は，ポスターセッション会場に場所を移し，若手研究者による発表に対して活発に討論が行なわれた。その後は意見交換会が行なわれ，参加した産学の関係者が親睦を深めた。

二日目は大学や研究機関に加え，企業からも発表があった。まずは名城大

学准教授の岩谷素顕氏が「AlGaNドーピング技術と紫外レーザの進展」について発表をした。紫外半導体レーザーはその実用化が強く求められているものの，現状はキャリア注入，特にp型伝導性制御に課題がある。ここではこの解決を試みる様々な研究を解説したほか，ハイパワー化のための新たなアプローチである電子線励起レーザーのアイデアを紹介した。

トクヤマの永島徹氏は「深紫外LEDのためのHVPEバルクAlN基板の進展」を紹介した。同社は2017年，深紫外LEDの技術と製造設備をスタンレー電気に売却したが，AlN基板については開発を継続している。同社はHVPE法によるAlN基板を開発しており，1 inchウエハで試作したLEDが267 nm，50 mWで動作することを確認している。今後は実用サイズ（2 inch）ウエハの実現と成長速度を高めることで量産と低価格化を目指す。

日亜化学工業からは「直接接合を用いた深紫外LEDの光取出し効率の改善」について，市川将嗣氏より講演があった。深紫外LEDの大きな問題点の一つに光取出し効率がある。同社は東北大学と共同で，可視光LEDで用いられる光取出し技術の応用を検討した。その結果，いわゆる「砲弾型」LEDにその可能性を見出し，透明モールド材の代わりとなるガラス材料のADB法による接着によって，光取出し効率2.5倍を達成した。

「UV-LEDはUVランプ代替のみならず可視光LEDも置き換える」と挑戦的なタイトルで講演したのはナイトライド・セミコンダクター社長の村本宜

彦氏。同社は深紫外LEDの開発と製品化を行なっているが，ここでは紫外LEDの市場が限定的である理由をビジネス面から解説するとともに，今後の起爆剤として同社が力を入れているマイクロUV-LEDを紹介し，UV光を可視光に変換するマイクロLEDディスプレーの優位性と，他の光源としても期待ができる技術であることをアピールした。

旭化成の久世直洋氏は「バルクAlN基板上深紫外LEDの進展と応用展開」と題して講演を行なった。同社は米Crystal IS（CIS）を2011年に買収して深紫外LEDの開発に参入しているが，今年，265 nmで最大出力が50 mWの深紫外LED「Klaran-WD」を発表し，これを組み込んだ水浄化装置「Klaran-AKR」を上市した。ここではこの装置による世界戦略とロードマップ，このLEDを実現したCISのAlN基板の特性などについて紹介があった。

講演の最後は，韓国LG InnotekのOh Jeong-Tak氏が「高出力Deep-UV LEDの現状と今後の展望」について解説した。同社は2017年に278 nm, 100 mW級の深紫外LEDを発表し，業界予想を2年前倒しにする成果だと評価された。さらに2018年中には150 mW，そして2021年には300 mWを達成するとしたロードマップを紹介し，同社の先進性を改めて印象づけた。同社LEDの高いパワーは縦型構造によるものだが，そのためのサファイア基板を剥離するプロセスは日本では確立しておらず，理研の平山氏が「非常に高い技術だ」と高く評価したほか，Oh氏が回答を避けるような技術的な

質問も多数浴びせられた。

　その後予定されていたパネル討論は，市場調査会社である富士キメラ総研の安田燎平氏の講演「UV-C LED市場の最新動向と今後の展開」の後に質疑応答の形で行なわれた。

　青色LEDは新興国の大量生産によって低価格化が急速に進み，発明国の日本でも，ビジネスとしては旨味の残るものではなかった。深紫外LEDでも同様の事象は起きつつあり，UV-Cにおいても厳しい値下げ要請があること，今年から来年にかけて中国や台湾のメーカーが市場参入する予定であること，AlN基板についても10万円台の製品が出てきていること，UV-Aの低出力LEDではチップ単価が10円ほどにまで崩れていることが紹介されると，会場からはため息交じりの声が漏れた。

　同氏は日本のLED産業が水平分業となっていることに苦戦の一因があるとし，チップからパッケージング，モジュール化までを手掛けることでより高い競争力を持てるのではないかと，韓国のLEDメーカーが除菌や消臭用の家電も手掛けていることを引き合いにして提案した。

　これに対して参加者からは反論を含めて様々な意見が上がったが，深紫外LEDならではの新たなアプリケーションが求められるということでは意見が一致した。一方で，中国や台湾のメーカーの市場参入が目前であること，AlN基板や低出力UV-AのLEDの低価格化が始まってることに，深紫外線LEDの研究が青色LEDの轍を踏むことを危惧する声も聞かれた。

　厳しい現実となる内容もあったものの，市場の動向を知ることなく研究を進めていれば井の中の蛙となりかねない。今回のシンポジウムは，研究者が自らの研究と市場との位置関係を確認すると共に，最新の技術情報を交換する貴重な機会となったのではないであろうか。こうした交流を重ねることで日本の深紫外デバイスの研究と産業が両輪となり，世界をリードしていくことが期待される。◇

ナイトライド，
UV殺菌加湿消臭器を発売

　ナイトライドセミコンダクターは2018年12月4日，同社ショールームがある新宿パークタワーにて記者会見を開き，新製品のUV殺菌加湿消臭器「LED PURE HH1+」を発表した。

　一般的な加湿器には，スチーム式，超音波振動式，加湿フィルター式があるが，スチーム式はエネルギー消費量が大きく，また超音波振動式と加湿フィルター式は装置内で雑菌が繁殖しやすいという欠点がそれぞれあった。特にレジオネラ菌が繁殖すると致死率の高いレジオネラ症の原因となり，これまでも加湿器による集団感染が報告されている。

　同社の加湿器は，加湿フィルター式よりも加湿性能が高い超音波振動式を採用しながら，水タンク内を深紫外LED（275 nm）で殺菌することで安全性を確保している。新製品は，その加湿器に0.3 µmの粒子を捕集できるHEPAフィルターと，脱臭・殺菌効果を持つ光触媒フィルターを加え，加湿と空気清浄を同時に行なえるUV殺菌加湿消臭器とした。

　光触媒の活性化には365 nmの近紫外LEDを用いる。水タンクの殺菌用の275 nmの深紫外LEDの出力は現行製品の3.4 mWから7 mWと2倍にすることで殺菌能力を向上した。仙台医療センターウイルスセンターによる検証では，深紫外LEDを30分照射することによって，レジオネラ菌やバクテリア，ウイルス等を99.9％減菌・消毒することに成功したという。

　また，光触媒フィルターにより消臭効果も高いとする。汗やトイレ，酢酸薬品等，あらゆる匂いに対して効果を確認しており，その効果はプラズマイオン方式やオゾン方式と比べても高く，安全性の問題もない。水を入れなければ加湿せずに空気の殺菌・消臭器として1年中使うことができる。

　これからのシーズン，感染が拡大する恐れがあるインフルエンザウイルス

独特のフォルムの新製品

簡単に分解・清掃が可能な構造／白い正方形のパーツが光触媒フィルター

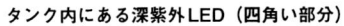

タンク内にある深紫外LED（四角い部分）

新宿パークタワー内のショールーム

は温度22度以上，湿度50%以上になると急激に生存率が下がるといい，「その対策には加湿が重要となる」（代表取締役社長 村本宜彦氏）という。HEPAフィルターと光触媒によりウイルスを捕獲・殺菌もできるこの製品が色句を発揮するとしている。

この製品は1月7日より発売を開始する。価格は35000円（税抜）。HEPAフィルターは消耗品（3000円程度を予定）となり，累計720時間で交換サインが点灯する。購入は専用サイトの他，ネット通販大手からも行なえる。同社では年間1万台の販売を計画している。

同社は紫外LEDメーカーとして名高いが，その応用製品の開発も積極的に行なっている。水俣条約の発効により水銀を用いた光源のLEDへの代替が期待されているが，さらに民生品に積極的に進出することで販路を拡大しようとしており，その動向が注目される。なお，新宿のショールームでは製品展示のほか，他社空気清浄機との性能比較の体験などができる。◇

OPTRONICS MOOK　紫外線・赤外線技術

基礎から応用、市場動向まで様々な視点で幅広く解説

定価（本体 15,000 円＋税）

令和元年 5 月 30 日　　第 1 版第 1 刷発行

編集・発行　　　㈱オプトロニクス社

〒162-0814

東京都新宿区新小川町 5-5 サンケンビル

TEL（03）3269-3550

FAX（03）3269-2551

E-mail　editor@optronics.co.jp（編集部）

　　　　booksale@optronics.co.jp（販売部）

URL　　http://www.optronics.co.jp/

9rKWvaMG

ISBN978-4-902312-59-1 C3055 ¥15000E